Gerd Otter, Raimund Honecker

Atome – Moleküle – Kerne

Band III Atome: Fragen und Antworten

Gerd Otter, Raimund Honecker

Atome – Moleküle – Kerne

Band III
Atome: Fragen und Antworten

Teubner

B. G. Teubner Stuttgart · Leipzig · Wiesbaden

Die Deutsche Bibliothek – CIP-Einheitsaufnahme
Ein Titeldatensatz für diese Publikation ist bei
Der Deutschen Bibliothek erhältlich.

Prof. Dr. phil. Gerd Otter

Geboren 1936 in Innsbruck, Studium und Promotion an der Universität Innsbruck, nach einigen Jahren Forschungsaufenthalt in CERN, Stockholm und London, Leiter der Blasenkammergruppe im Institut für Hochenergiephysik Wien, Habilitation bei W. Thirring an der Universität Wien, ab 1972 Univ.-Professor an der RWTH Aachen, wissenschaftliche Tätigkeit im Gebiet der Elementarteilchenphysik.

Dr. rer. nat. Raimund Honecker

Geboren 1932 in Freiburg i. Br., Studium in Freiburg, Frankfurt a. M. und Aachen, Promotion und wissenschaftliche Tätigkeit in Kern- und Elementarteilchenphysik bei M. Deutschmann in Aachen, 1968 Akad. Rat, ab 1991 akad. Direktor am III. Physikalischen Institut an der RWTH Aachen, seit Dezember 1997 im Ruhestand.

1. Auflage April 2001

Der Verlag Teubner ist ein Unternehmen der Fachverlagsgruppe BertelsmannSpringer.

www.teubner.de

Gedruckt auf säurefreiem und chlorfrei gebleichtem Papier.

Umschlaggestaltung: Ulrike Weigel, www.CorporateDesignGroup.de

ISBN-13:978-3-519-00329-8   e-ISBN-13:978-3-322-80029-9
DOI: 10.1007/978-3-322-80029-9

Vorwort

Die Fortsetzung des bisher zweibändigen Lehrbuchs ATOME–MOLEKÜLE–KERNE ergab sich aus der langjährigen Zusammenarbeit mit den Studenten. Das eigentliche Verständnis der zweifellos komplexen Materie bei der Behandlung von Atomen, Molekülen, Kernen und Teilchen vollzieht sich bekanntlich erst im Umgang mit dem Stoff in Übungs- und Diskussionsstunden. Erst hierbei werden bei den Lernenden Verständnisschwierigkeiten erkennbar, denen man durch weitergehende Erklärungen und durch Anwendungsbeispiele begegnen muß. Das dabei erarbeitete Material als Folgeband zusammenzustellen lag auf der Hand. Selbstverständlich steht der Stoff im engen Zusammenhang mit den ersten beiden Bänden.

Der vorliegende Band behandelt zunächst Probleme der Atomphysik, ist also vornehmlich mit Band I verknüpft. Es lag uns dabei fern, einen Lustlosigkeit erzeugenden "Übungsband" mit puren Serien von Übungsaufgaben vorzustellen. Wir haben uns hingegen bemüht, dem Lernenden nicht nur grundlegende Probleme zu erklären, sondern durch ganz moderne Experimente auch ein lebendiges Interesse an der Materie zu wecken. Daß wir viele Fragestellungen in Aufgabenform gekleidet haben hat rein methodische Gründe. Zum einen besteht der Stoff aus vielen einzelnen Aspekten, die sich nur schwer in einer durchgehenden Linie fassen lassen, zum anderen soll die Form der Darstellung zum selbständigen Lösen der Probleme anregen. Damit sich der Text aber flüssig lesen läßt, haben wir jeder Problemstellung unmittelbar die Erklärung bzw. Lösung angefügt. Sich wiederholende Problemstellungen mit lediglich geänderten Rahmenbedingungen wurden vermieden. Diese Art der Darstellung als Verbindung von fundamentalen Fragestellungen und einfachen bis schwierigen Anwendungen dürfte die Besonderheit dieses Bandes auf dem Lehrbuchsektor der Physik ausmachen.

In jedem Fall sollte sich der Leser mit dem Stoff der ersten beiden Bände hinreichend vertraut gemacht haben. Denn nach dem oben gesagten hat der Band im eigentlichen Sinn mehr Lehrbuch- als Anwendungscharakter und baut in jedem Fall auf dem vorangehenden Stoff auf. Als formale Leitlinie für den vorliegenden Band dient dabei die Reihenfolge der Kapitel des ersten Bandes. Die Kapitelnummern werden vom Ende des zweiten Bandes an weitergezählt.

In Kap.10 werden nach einigen Beispielen zum Welle–Teilchen–Dualismus die grundlegenden Beziehungen der speziellen Relativitätstheorie hergeleitet, gefolgt von Fragestellungen zu Materiewellen, wie z.B. zum zeitlichen Zerfließen der Wellenpakete. In Kap.11 wird vor allem auf praktische Anwendungen zum spezifischen Energieverlust bzw. zur Reichweite geladener Teilchen sowie auf Atomspektren eingegangen. In Kap.12 behandeln wir zunächst die Lösung der Schrödinger-Gleichung für eine Reihe von Potentialen, die in der Natur in abgewandelter Form vorkommen. Anschließend gehen wir auf die Eigenschaften wichtiger Operatoren und deren Transformationseigenschaften ein, u.a. auf diejenigen des Paritäts- und Zeitumkehroperators. Drehimpulse und Rotationen spielen in allen Bereichen atomarer Physik eine außerordentlich wichtige Rolle. Wir haben ihnen das ganze Kap.13 gewidmet, aufbauend auf Kap.4 von

Band I. Es setzt sich mit dem grundlegenden Transformationsverhalten von Drehimpulsoperatoren auseinander und schult den Umgang mit ihnen einschließlich der Behandlung von Drehimpulskopplungen. Kap.14 behandelt Probleme von Ein-Elektron-Atomen wie z.B. die Feinstruktur, die Hyperfeinstruktur und die Lamb-Verschiebung des Grundniveaus des H-Atoms sowie die Herleitung verschiedener Auswahlregeln, Winkelverteilungen, die Polarisation und die Helizität elektromagnetischer Strahlung sowie schließlich den Quanten-Zeno-Effekt. Danach werden verschiedene Effekte studiert, die bei der Verwendung konstanter Magnetfelder zu Tage treten, u.a. auch das Einstein-Podolsky-Rosen-Paradoxon. Kap.15 behandelt zunächst Zustände von Atomen mit wenigen Elektronen. Es folgt die Diskussion von Grotrian-Diagrammen, von Zuständen schwerer Atome sowie Rechnungen zur Röntgen-Strahlung. Abschließend diskutieren wir grundlegende Betrachtungen zum Laser wie die Lichtverstärkung und die Schwellenbedingung zum Einsetzen der Oszillation. Als typische und moderne Anwendung von Lasern stellen wir die Untersuchung von Rydberg-Atomen und die Atomstrahlkühlung vor. Der derzeit noch in Weiterentwicklung befindliche Freie-Elektron-Laser schließt die Darstellung dieses Bandes ab.

Eine Unterteilung des vermittelten Stoffs nach Schwierigkeitsgrad, wie wir sie in den Bänden I und II für Anfänger und Fortgeschrittene gemacht haben, wurde im vorliegenden Band nur insoweit getroffen, als schwierige Aufgaben mit einem * gekennzeichnet sind.

Wir haben diesem Band kein gesondertes Literaturverzeichnis angefügt. Literaturhinweise sind jeweils an den betreffenden Stellen angegeben. Im übrigen verweisen wir auf die ausführlichen Literaturhinweise der Bände I und II.

Wiederum danken wir allen Mitarbeitern des Aachener Physikzentrums, die uns durch kritische Durchsicht des Manuskripts, durch Verbesserungsvorschläge und durch guten Rat besonders hilfreich waren. Insbesondere gilt dieser Dank unseren engagierten Mitarbeitern, den Herren Dr. Dieter Rein, Dr. Reiner Schulte und Prof. Dr. Manfred Tonutti. Dem Institutsleiter Herrn Prof. Dr. Günter Flügge sind wir für seine wohlwollende Unterstützung und für die Bereitstellung der Infrastruktur des Instituts dankbar. Die Fassung und Formatierung des Textes verdanken wir im wesentlichen dem unermüdlichen Einsatz von Herrn Dietmar Otter. Die Figuren im Text fertigte dankenswerterweise Herr Hubert Schulz an.

Aachen, Oktober 2000   Gerd Otter und Raimund Honecker

Inhaltsverzeichnis

10 Welle und Teilchen

10.1 Welle–Teilchen Dualismus

Das grundlegende Verständnis von Licht einerseits und massebehafteten Teilchen andererseits beruht auf dem Welle–Teilchen Dualismus. Dieser Dualismus besagt, daß auf der einen Seite das Licht, das dem Kenner der klassischen Physik nur in der Form einer elektromagnetischen Welle begegnet, je nach den äußeren Beobachtungsbedingungen auch wie ein örtlich konzentriertes Teilchen erscheinen kann, und umgekehrt, daß ein korpuskulares, massebehaftetes Teilchen auch Welleneigenschaften besitzt, die aber nur bei geeigneten Versuchsbedingungen in Erscheinung treten. Die historisch wichtigsten experimentellen Nachweise zu diesem Phänomen haben wir in Kapitel 1 dargelegt. Es zeigt sich, daß diese Eigenschaften keine sich widersprechende Erscheinungsformen von Licht bzw. Teilchen sind, sondern daß man sie als zwei sich ergänzende Charakteristika verstehen muß in dem Sinne, daß bei Auftreten der Teilcheneigenschaften die Beschreibung als Welle keinen physikalischen Sinn ergibt und umgekehrt, daß im Fall des Nachweises der Welleneigenschaft das Korpuskelbild zu Widersprüchen führt.

Man kann aber nicht sagen, daß etwa das Licht in bestimmten Raumzeitbereichen eine Welle ist und in den übrigen Bereichen als Teilchen existiert. Ebensowenig gilt dies für massebehaftete Korpuskel. Der Welle–Teilchen Dualismus ist hingegen so zu verstehen, daß sowohl Licht als auch Korpuskel jeweils beide Eigenschaften zugleich in jedem betrachteten Raumzeitpunkt haben, daß jedoch bei der experimentellen Beobachtung je nach Art der äußeren Bedingungen selektiv jeweils nur eine der beiden Eigenschaften herausgefiltert wird und zu Tage tritt. Welle– und Teilchenerscheinung sind also Eigenschaften, die sich nur für einen außenstehenden Beobachter als unterschiedliche Beschreibungsformen zeigen.

Es stellt sich nun die Frage, nach welchen Kriterien sich die Teilchen– bzw. Welleneigenschaften bemessen. Grundlage für die Quantennatur des Lichts ist Gl.(1.1), d.h. die Energie eines Photons (Lichtquants) ist durch $E = h\nu$ gegeben, wobei ν die Frequenz des Lichts angibt. Alle weiteren physikalischen Größen für ein Lichtquant werden auf dieser Basis gebildet (Aufgaben 1 – 9); auch die Plancksche Strahlungsformel Gl.(1.4) basiert darauf. Kinematisch wird das Photon wie ein Korpuskel der Energie E und mit dem Impuls $p = h\nu/c$ behandelt.

Tritt eine Wechselwirkung eines Photons mit einem massebehafteten Teilchen ein wie z.B. beim Compton–Effekt, so kann dem Teilchen Impuls und Energie übertragen werden. Der Prozeß wird in der gleichen Weise wie derjenige rein korpuskularer Teilchen behandelt (Aufgaben 10 – 12). Gegebenenfalls ist eine relativistische Rechnung notwendig. Wir werden daher an den unten stehenden Aufgabenteil zum Photo– und Compton–Effekt eine Zusammenfassung der wichtigsten Beziehungen aus der speziellen Relativitätstheorie anfügen. Wir werden von dieser Zusammenstellung später auch bei der Behandlung praktischer Probleme zur Kern- und Teilchenphysik Gebrauch machen. Auf die Herleitung der angegebenen Beziehungen wird allerdings verzichtet. Wir verweisen auf entsprechend spezielle Literatur.

Grundlage für die Wellennatur von Korpuskeln sind die Gln.(1.13), wobei die erstere der beiden Gleichungen, $\lambda = h/p$ die praktisch wichtigere ist. Hierbei ist $p = mv$ der Teilchenimpuls, v seine Geschwindigkeit und m seine Masse.

Charakteristisches Signal für die Welleneigenschaft ist das Auftreten von Interferenzen. Ein solches Charakteristikum weisen z.B. das Davisson–Germer–Experiment auf (Fig. 1.14, ferner Aufgaben 13 und 15), aber auch modernere Versuche (Fig. 1.24). Das besondere Merkmal zeigt sich darin, daß der Verlauf der Ortswahrscheinlichkeit der Teilchen am Ausgang der Apparatur in einer Ebene senkrecht zur Flugrichtung einem Interferenzmuster folgt.

Aufgaben

Aufgabe 1: *Berechnen Sie die Energie (eV) von Lichtquanten für folgende typische Größenordnung von Wellenlängen: $\lambda = 3m$ (UKW), $0.1m$ (Radar), $10^{-5}m$ (infrarot), $5 \times 10^{-7}m$ (sichtbares Licht), $10^{-8}m$ (UV), $10^{-10}m$ (Röntgenstrahlung), $10^{-12}m$ (γ-Strahlung).*

Lösung: Mit $E = hc/\lambda$ ist die entsprechende Folge $4.1 \times 10^{-7}eV$, $1.2 \times 10^{-5}eV$, $0.12\ eV$, $2.5\ eV$, $124\ eV$, $12.4\ keV$, $1.24\ MeV$.

Aufgabe 2: *In Fig. 1.5 sind die Austrittsarbeiten einiger Metalle angegeben. An welchen dieser Metalle findet der Photoeffekt statt, wenn man sie mit Licht a) einer Quecksilberdampflampe ($\lambda = 254$ nm) und b) einer Natriumdampflampe ($\lambda = 589$ nm) bestrahlt ?*

Lösung: Die Energie der Quanten beträgt a) $4.88\ eV$ bzw. b) $2.11\ eV$. Photoeffekt findet daher a) bei allen, b) bei keinem der angegebenen Metalle statt.

Aufgabe 3: *Licht der Wellenlänge $\lambda = 400$ nm löse in einer Photozelle Elektronen von $T = 1$ eV maximaler kinetischer Energie ab. a) Wie groß ist die Austrittsarbeit B_0 des Metalls der Zelle ? b) Wie groß dürfte die Wellenlänge des Lichtes höchstens sein (Grenzwellenlänge λ_0), damit die Photozelle gerade noch anspricht ?*

Lösung: a) Nach Gl. (1.2) ist $B_0 = h\nu - T = hc/\lambda - T = 2.1eV$.
b) Die Photozelle spricht gerade noch an, wenn Elektronen ohne kinetische Energie abgelöst werden, d.h.

$$h\nu_0 = hc/\lambda_0 = B_0, \qquad \text{hieraus} \qquad \lambda_0 = 591nm.$$

Aufgabe 4: *Licht verschiedener Wellenlängen wird auf die Photokathode einer Photozelle eingestrahlt. Die maximale kinetische Energie der austretenden Photoelektronen wird mit Hilfe einer Gegenspannung V_0 gemessen:*

λ	$578nm$	$546nm$	$436nm$
V_0	$0.43V$	$0.55V$	$1.15V$

Bestimmen Sie aus diesen Daten a) den Wert des Planckschen Wirkungsquantums h, b) die Austrittsarbeit B_0 der Photokathode, c) die der Grenzfrequenz ν_0 entsprechende Grenzwellenlänge λ_0.

Lösung: Die Daten geben die Gerade Fig.1.4 wieder, rechnet man die Wellenlängen in Frequenzen um. Die Steigung der Geraden liefert h, der Achsenabschnitt auf der ν-Achse die Grenzfrequenz ν_0. Die numerische Auswertung ergibt die Werte mit den jeweiligen mittleren quadratischen Fehlern

a) $h = (6.7 \pm 0.1) \cdot 10^{-34} Js$,

b) $B_0 = (1.75 \pm 0.04)eV$,

c) $\lambda_g = (708 \pm 16)nm$.

Aufgabe 5: *Das auf Dunkelheit adaptierte menschliche Auge vermag eine Photonenrate von $N = 5$ Photonen pro Sekunde bei grünem Licht ($\lambda = 500$ nm) gerade noch als Lichtreiz wahrzunehmen. In welcher Entfernung R könnte man demnach eine Lichtquelle von $P = 100$ W dieser Wellenlänge gerade noch erkennen? Der Pupillendurchmesser des Auges sei zu 8 mm angenommen. Die Absorption des Lichts in der Luft sei vernachlässigbar.*

Lösung: Es gilt: $\dfrac{Nh\nu}{P} = \dfrac{F}{4\pi R^2}$, wobei F der Pupillenquerschnitt ist. Hieraus ergibt sich $R = 14\ 200\ km$.

Aufgabe 6: *Der Laserstrahl mit einer Strahlleistung von $P = 1$ mW und $\lambda = 560$ nm Wellenlänge wird auf die Cs–Elektrode einer Photozelle gerichtet. Berechnen Sie a) die maximale kinetische Energie der Photoelektronen, b) den elektrischen Strom I der Photoelektronen unter der Annahme, daß die Strahlenergie zu 0.1 % im Photoeffekt umgesetzt wird.*

Lösung: a) Es ist $T = h\nu - B_0 = 0.076eV$. b) Der Photonenfluß Φ ist aus $P = \Phi h\nu$ zu berechnen und ergibt sich zu $\Phi = 2.8 \cdot 10^{15}s^{-1}$. Der Strom ist $I = 10^{-3} \cdot e \cdot \Phi = 0.5\mu A$.

Aufgabe 7: *Nach der klassischen Vorstellung des Lichtes als Welle dürfte die Ablösung eines Elektrons beim Photoeffekt erst geraume Zeit nach dem Einfall des Lichts auf die Photokathode erfolgen. Die Elektronen sollten, im Atom um ihre Ruhelage schwingend, so viel Energie aus der einlaufenden Welle entnehmen, wie zur Überwindung der Austrittsarbeit B_0 nötig ist.*

Berechnen Sie die Zeit, die vom Beginn der Bestrahlung mit einer $d = 0.5$ m entfernten Lichtquelle von $P = 10$ W Leistung bis zur Ablösung eines Elektrons vergehen müßte. Es sei die Ablösearbeit $B_0 = 2.14$ eV (Cs). Gehen Sie von der Annahme aus, daß ein Elektron die Energie im Umkreis von $r = 10^{-10}$m (Größenordnung eines Atomradius) aufsammelt.

Lösung: Die Größe $L = \dfrac{P \times \pi r^2}{4\pi d^2}$ ist die von einem Elektron aufgenommene Leistung $= B_0/t$. Hieraus ergibt sich $t = 3.4s$. In Wirklichkeit wird aber keine Zeitverzögerung beobachtet.

Aufgabe 8: *Rechnen Sie die Wellenlängen- und Frequenzverteilung des Planckschen Strahlungsgesetzes Gl.(1.4) ineinander um.*

Lösung: Aus $u(\lambda, T)d\lambda = u(\nu, T)d\nu$ folgt $u(\lambda, T) = u(\nu, T)d\nu/d\lambda$, wobei wegen $\nu = c/\lambda$ sich $d\nu/d\lambda = -c/\lambda^2$ ergibt.

So kann die eine Gleichung aus der anderen berechnet werden. Das negative Vorzeichen besagt, daß mit zunehmender Frequenz die Wellenlänge abnimmt. Für die Angabe der Verteilungen ist dies ohne Belang.

Aufgabe 9: *Berechnen Sie die Temperatur der Sonnenoberfläche unter der Annahme, daß die Sonne ein schwarzer Körper ist und das Maximum ihres Spektrums etwa bei $\lambda = 500$ nm (grün) liegt.*

Lösung: Nach dem Wienschen Verschiebungsgesetz Gl.(1.5) ist $T = 5800K$.

Aufgabe 10: *Betrachten Sie den Compton–Effekt an Protonen. In welchem Energiebereich der Quanten könnte er meßbar werden, geht man davon aus, daß man relative Energieunterschiede der Quanten von $\delta = 10$ % messen kann ?*

Lösung: Für die Compton–Streuung an Protonen ändert sich Gl.(1.10) dahingehend, daß für λ_c die Comptonwellenlänge des Protons gesetzt werden muß, d.h. $\lambda_{c,p} = h/M_p c = 1.3 \times 10^{-15}m$. Wegen $\Delta\lambda/\lambda = \Delta E/E = \delta$ und $\Delta\lambda \leq 2\lambda_{c,p}$ gem. Gl.(1.10) ergibt sich $E \geq \dfrac{\delta}{2\lambda_{c,p}}hc = 48MeV$.

Aufgabe 11: *Leiten Sie einen Ausdruck her für die Energie $E' = h\nu'$ der Compton gestreuten Photonen in Abhängigkeit von der Primärenergie $E = h\nu$ und vom Streuwinkel ϕ der Photonen. Berechnen Sie E' im Grenzfall $lim(E \to \infty)$ für die Streuwinkel $\phi = 90°$ und $\phi = 180°$.*

Lösung: Ausgehend von Gl.(1.10), also $\lambda' = \lambda + \lambda_c(1 - \cos\phi)$, ergibt sich

$$E' = hc/\lambda' = \frac{hc}{hc/E + \lambda_c(1 - \cos\phi)},$$

und daher ist mit $\alpha = E/M_e c^2$ (M_e ist die Ruhemasse des Elektrons) und $\lambda_c = h/M_e c$

$$E' = \frac{E}{1 + \alpha(1 - \cos\phi)}.$$

Im Grenzfall $lim(E \to \infty)$ ist

$$E'_{limE\to\infty} = \frac{M_e c^2}{1 - \cos\phi}.$$

Es ist daher

$$E'_{limE\to\infty}(\phi = 90°) = M_e c^2 = 0.51 MeV,$$
$$E'_{limE\to\infty}(\phi = 180°) = \frac{M_e c^2}{2} = 0.25 MeV.$$

* **Aufgabe 12:** *Leiten Sie zum Compton-Effekt einen Ausdruck für die kinetische Energie T der gestreuten Elektronen in Abhängigkeit von ihrem Streuwinkel θ her. Für welchen Streuwinkel θ_m wird T maximal und wie lautet dann T_{max} ? Berechnen Sie T_{max} für Anfangsenergien der Photonen von $E = 1\ keV$ bzw. $E = 1\ MeV$.*

Lösung: Gemäß Fig. 1.8 ist $E = E' + T$ mit $E' = \dfrac{E}{1 + \alpha(1 - \cos\phi)}$ (nach dem Ergebnis von Aufgabe 11).
Die Impulskomponenten sind

$$cp_e sin\theta = E' sin\phi$$
$$cp_e cos\theta = E - E' cos\phi.$$

Demnach ergibt sich

$$tan\theta = \frac{E' sin\phi}{E - E' cos\phi} = \frac{cot\frac{\phi}{2}}{1 + \alpha}.$$

Hierbei wurde $1 - cos\phi = 2sin^2(\phi/2)$ und $\sin\phi = 2\sin(\phi/2)\cos(\phi/2)$ verwendet.
Aus $T = E - E'$ erhält man mit den obigen Ausdrücken für E' und $\tan\theta$ nach einigen Umrechnungen

$$T = 2\alpha E \frac{cos^2\theta}{(1 + \alpha)^2 - \alpha^2 cos^2\theta}.$$

T wird maximal bei $\theta = 0$, d.h. beim zentralen Stoß, bei dem die Elektronen vorwärts fliegen

$$T_{max} = \frac{2\alpha}{1 + 2\alpha} E.$$

Für $E = 1 keV$ bzw. $1\ MeV$ ist $T_{max} = 3.9\ eV$ bzw. $0.8\ MeV$.

Aufgabe 13: *Der Netzebenenabstand eines NaCl–Kristalls beträgt $a = 3 \times 10^{-10}m$. Vergleichen Sie den Winkel der Bragg–Reflexion erster Ordnung für $E_{Ph} = 4keV$ Photonen mit demjenigen für $E_{El} = 4keV$ Elektronen.*

Lösung: Die Wellenlängen sind $\lambda_{Ph} = hc/E_{Ph} = 3.1 \times 10^{-10}m$ bzw. $\lambda_{El} = h/p = hc/\sqrt{2E_{El}M_e c^2} = 1.94 \times 10^{-11}m$. Nach Gl.(1.14) ergibt sich $\theta_{Ph} = 31°$ bzw. $\theta_{El} = 1.8°$.

Aufgabe 14: *Elektronen der kinetischen Energie $T = 4keV$ werden auf eine polykristalline Graphitfolie geschickt. In der Vielzahl der willkürlich angeordneten Mikrokristalle des Graphit gibt es immer solche, für deren Orientierung gegenüber dem Elektronenstrahl die Bragg–Bedingung Gl.(1.14)*

$$2a \sin\theta = n\lambda \qquad n = 1, 2, 3, \ldots$$

erfüllt ist. Die experimentelle Anordnung ist im nachfolgenden Bild links zu sehen (θ ist der gleiche Winkel wie in Fig.1.12). Experimentell werden im Abstand $L = 13.5cm$

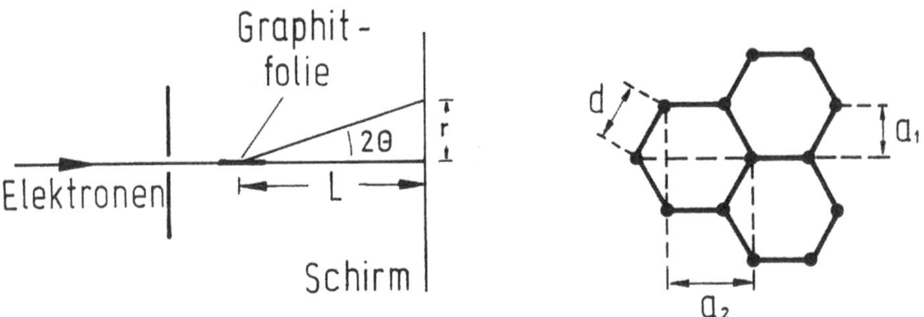

von der Folie auf dem Schirm um den Elektronenstrahl konzentrische Beugungsringe mit den Radien $r_1 = 2.13cm$ und $r_2 = 1.23cm$ in niedrigster Ordnung beobachtet. Bestimmen Sie die relevanten Netzebenenabstände a_1 und a_2 des C–Gitters (im Bild rechts) und daraus die Abstände d zwischen den nächsten C–Atomen.

Lösung: Die Wellenlänge berechnet sich wie in der vorigen Aufgabe, $\lambda = 1.94 \cdot 10^{-11}m$. Nach der linken Figur ist $r/L = \tan 2\theta \approx 2\theta \approx 2\sin\theta$ Mit Hilfe der Bragg–Bedingung für $n = 1$ erhält man die Netzebenenabstände $a_1 = 0.123nm$ und $a_2 = 0.213nm$. Die Geometrie der hexagonalen Struktur des Kohlenstoffringes liefert den Zusammenhang mit dem nächsten Abstand der C–Atome $d = 2a_2/3 = \sqrt{4/3}a_1 = 0.142nm$.

Die geschilderte Methode ist in der Röntgenstrukturanalyse als **Debye–Scherrer–Verfahren** bekannt, wobei man dort zur Intensitätserhöhung der Beugungsbilder pulverförmige Substanzen verwendet.

∗ Aufgabe 15: *Die Bragg–Bedingung Gl.(1.14) muß etwas modifiziert werden, berücksichtigt man, daß die einfallenden Elektronen innerhalb des Metalls wegen des hier herrschenden Potentials V_0 eine andere kinetische Energie (T_i) haben als außerhalb (T_a). Zeigen Sie, daß die Bragg-Bedingung dann lautet*

$$2a\sqrt{n^2 - \cos^2\theta} = m\lambda_a \qquad m = 1, 2, 3, \ldots$$

wobei λ_a die de Broglie–Wellenlänge außerhalb des Metalls und $n = \sqrt{\dfrac{T_a + V_0}{T_a}}$ der Brechungsindex für die Elektronen sind.

Lösung: Das Elektron hat innen und außen die gleiche Gesamtenergie $E = T_a = T_i + E_{pot}$, wobei $E_{pot} = -V_0$ (linkes Bild). Daher ist $T_i = T_a + V_0$. Der Brechungsindex ist wie in der Optik durch das Verhältnis der Phasengeschwindigkeiten w definiert

$$n = \frac{w_a}{w_i} = \frac{\lambda_a}{\lambda_i} = \frac{p_i}{p_a} = \sqrt{\frac{T_i}{T_a}} = \sqrt{\frac{T_a + V_0}{T_a}} > 1.$$

Das rechte Bild zeigt den Weg der Elektronenwellen mit ihrer Reflexion an der Oberfläche des Metalls und an der 1. Netzebene. Der optische Gangunterschied der bei-

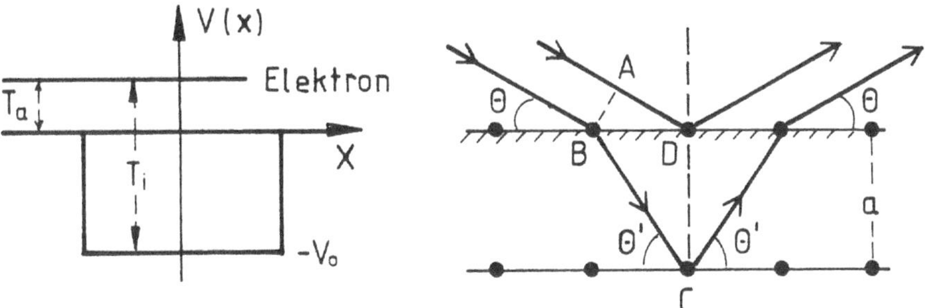

den Teilstrahlen ist $\Delta = 2n\overline{BC} - 2\overline{AD}$. Nach dem Snelliusschen Brechungsgesetz ist $n = \sin(90° - \theta)/\sin(90° - \theta') = \cos\theta/\cos\theta'$. Die Strecken $\overline{BC}$ und $\overline{AD}$ lassen sich durch die im Bild definierten Winkel und den Netzebenenabstand a ausdrücken. Hieraus ergibt sich für Δ der in der Aufgabenstellung angegebene Ausdruck, der für konstruktive Interferenz gleich $m\lambda_a$ sein muß.

10.2   Relativistische Beziehungen

Lorentz–Transformationen

Wir stellen wichtige Beziehungen der speziellen Relativitätstheorie zusammen, die für die Behandlung von Aufgaben, insbesondere solche zur Berechnung der Kinematik von Teilchenreaktionen benötigt werden (s. auch Abschn. 8.1.4).

Die spezielle Relativitätstheorie wurde von Albert Einstein entwickelt (1905). Sie befaßt sich mit Vorgängen in zwei Bezugssystemen S und S', die sich gegeneinander mit einer konstanten Geschwindigkeit $\vec{v}$ bewegen. Der Einfachheit halber betrachten wir nur die Bewegung der beiden Systeme in x– bzw. x'– Richtung.

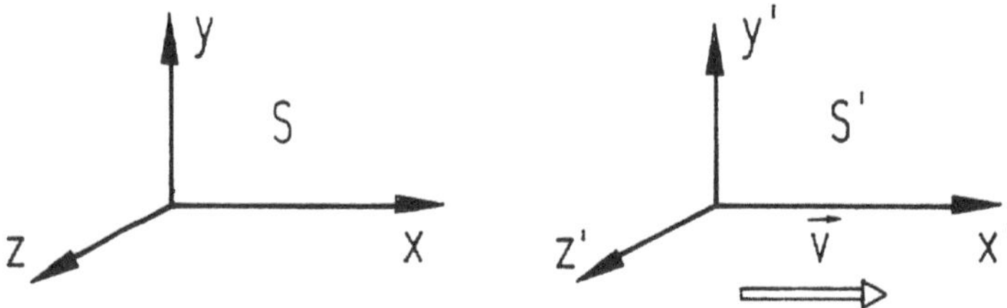

Grundlage der Betrachtung ist das Ergebnis des Michelson–Morley–Experiments (1887), nach welchem die auf der Erde gemessene Geschwindigkeit des Sonnenlichts unabhängig von der Bewegung der Erde relativ zur Sonne konstant und gleich der Lichtgeschwindigkeit im Vakuum $c = 3 \times 10^8 m/s$ ist.

Hieran anknüpfend ging Einstein zur Herleitung der speziellen Relativitätstheorie von den folgenden zwei Postulaten aus:

- Die Lichtgeschwindigkeit im freien Raum hat für alle Beobachter den gleichen Wert c.

- Die Gesetze der Physik sind in allen Inertialsystemen die gleichen.

Das erste Postulat bedeutet

$$(10.1) \qquad x^2 + y^2 + z^2 - c^2 t^2 = x'^2 + y'^2 + z'^2 - c^2 t'^2 = invariant.$$

Die eindeutige Zuordnung eines Raumpunktes $\vec{r}$ zur Zeit t in S zu einem Raumpunkt $\vec{r'}$ in S' kann durch den Ansatz einer linearen Transformation vermittelt werden

$$(10.2) \qquad x' = \gamma(x - vt), \qquad y' = y, \qquad z' = z.$$

Die Größe γ ist dabei eine Konstante, die von der Geschwindigkeit v der beiden Systeme gegeneinander abhängt.

Wegen des zweiten Postulats muß die Rücktransformation von S' nach S die gleiche Form haben wie der obige Ansatz, lediglich das Vorzeichen von v wechselt,

$$(10.3) \qquad\qquad x = \gamma(x' + vt').$$

Der Leser beachte, daß $t \neq t'$, wie man nach Einsetzen von Gl.(10.2) in Gl.(10.3) sofort sieht

$$(10.4) \qquad \begin{aligned} x &= \gamma^2(x - vt) + \gamma vt' \\ t' &= \gamma t + \frac{1 - \gamma^2}{\gamma v} x. \end{aligned}$$

Um mit den Transformationen Gln.(10.2) und (10.3) arbeiten zu können, brauchen wir die Größe γ. Es genügt, sie für einen beliebigen Raumzeitpunkt zu berechnen. Wir wählen den einfachsten Fall, daß zur Zeit $t = 0$ sich der Ursprung des Systems S', d.h. $x'=0$, im Ursprung des Systems S, d.h. $x=0$, befindet. Nach Gl.(10.4) ist dann auch $t'=0$. Die übrigen Koordinaten y, z, y', z' interessieren nicht. Ein von beiden Systemen zu den Zeiten $t = t'=0$ ausgesandtes Lichtsignal breitet sich längs der x- bzw. x'-Achse jeweils aus gemäß

$$(10.5) \qquad\qquad x = ct$$
$$(10.6) \qquad\qquad x' = ct'.$$

Setzt man die Gln.(10.2) und (10.4) in die Gl.(10.6) ein und löst diese nach x auf, so erhält man

$$x = \left[\frac{1 + \beta}{1 - (1/\gamma^2 - 1)/\beta} \right] ct \qquad mit \qquad \beta = v/c.$$

Der Vergleich mit Gl.(10.5) verlangt, daß der Ausdruck in der eckigen Klammer gleich 1 sein muß. Dies liefert die Größe γ

$$(10.7) \qquad\qquad \boxed{\gamma = \frac{1}{\sqrt{1 - \beta^2}}.}$$

Die Größe γ heißt **Lorentz–Faktor**. Er spielt bei relativistischen Rechnungen eine wichtige Rolle. Der Leser beachte, daß stets $\gamma \geq 1$ gilt. Wir können die Transformationsgleichungen (10.2) und (10.4) bzw. die entsprechenden Rücktransformationen nun komplett angeben.

$$(10.8) \qquad \begin{aligned} x' &= \gamma(x - \beta ct) & \qquad x &= \gamma(x' + \beta ct) \\ y' &= y & y &= y' \\ z' &= z & z &= z' \\ t' &= \gamma(t - \beta x/c) & t &= \gamma(t' + \beta x'/c). \end{aligned}$$

Die Gln.(10.8) heißen **Lorentz–Transformationen**. Der niederländische Physiker Hendrik Antoon Lorentz hatte bereits im Jahr 1899 gezeigt, daß die Grundgleichungen der Elektrodynamik in zwei relativ zueinander mit konstanter Geschwindigkeit bewegten Systemen die gleichen sind, wenn man die Transformationsgleichungen (10.8) für Ort und Zeit zugrundelegt. Man erkennt, daß die Gln.(10.8) im Fall kleiner Geschwindigkeiten $v \ll c$ in die bekannten Galilei–Transformationen übergehen.

Wir betrachten jetzt einige Folgerungen aus den Gln.(10.8).

Anwendungen

• **Längenkontraktion:** Mißt ein im System S' befindlicher Beobachter zur Zeit $t_1 = t_2$ eine Länge $L' = x_2' - x_1'$, so erscheint einem im System S befindlichen Beobachter diese Länge die Abmessung $L = x_2 - x_1$ zu haben. Nach Gln.(10.8) ist nämlich $L' = x_2' - x_1' = \gamma(x_2 - \beta ct_1 - x_1 + \beta ct_2) = \gamma(x_2 - x_1)$, also

$$(10.9) \qquad \boxed{L = \frac{L'}{\gamma}.}$$

Wegen $\gamma \geq 1$ bedeutet dies, daß einem in S befindlichen Beobachter die Länge L' stets um den Faktor $1/\gamma$ auf die Länge L verkürzt erscheint. Dieses Phänomen heißt Längenkontraktion.

• **Zeitdilatation:** Mißt ein im System S' befindlicher Beobachter am gleichen Ort $x_1' = x_2'$ eine Zeitdauer $T' = t_2' - t_1'$, so erscheint einem im System S befindlichen Beobachter diese Zeitdauer die Größe $T = t_2 - t_1$ zu haben. Nach Gln.(10.8) ist nämlich $T = t_2 - t_1 = \gamma(t_2' + \beta x_2'/c - t_1' - \beta x_1'/c) = \gamma(t_2' - t_1')$, also

$$(10.10) \qquad \boxed{T = \gamma T'.}$$

Das bedeutet, daß einem in S befindlichen Beobachter die in S' gemessene Zeitdauer T' um den Faktor γ auf die Zeitdauer T gedehnt erscheint. Dieses Phänomen heißt Zeitdilatation (Aufgabe 16).

• **Addition von Geschwindigkeiten:** Wir suchen die Gleichungen für die Transformation der Geschwindigkeit $\vec{V}' = (V_x', V_y', V_z')$ eines Körpers in S' in die Geschwindigkeit $\vec{V} = (V_x, V_y, V_z)$, die ein in S befindlicher Beobachter mißt.

Man bildet die Differentiale dx', dy', dz', dt' der Gln. (10.8) und erhält für die Komponenten $V_x' = dx'/dt'$, $V_y' = dy'/dt'$, $V_z' = dz'/dt'$ nach kurzer Rechnung, die wir dem Leser überlassen, die nachfolgenden Transformationsgleichungen sowie die entsprechenden Rücktransformationen für $V_x = dx/dt$, $V_y = dy/dt$, $V_z = dz/dt$, wenn wir β durch

$-\beta$ ersetzen.

$$
\begin{aligned}
V_x' &= \frac{V_x - \beta c}{1 - \beta V_x/c} & V_x &= \frac{V_x' + \beta c}{1 + \beta V_x'/c} \\[2mm]
V_y' &= \frac{1}{\gamma}\frac{V_y}{1 - \beta V_x/c} & V_y &= \frac{1}{\gamma}\frac{V_y'}{1 + \beta V_x'/c} \\[2mm]
V_z' &= \frac{1}{\gamma}\frac{V_z}{1 - \beta V_x/c} & V_z &= \frac{1}{\gamma}\frac{V_z'}{1 + \beta V_x'/c}
\end{aligned}
\tag{10.11}
$$

Der Leser beachte, daß anders als bei den Lorentz–Transformationen hier auch die y– und z–Komponenten transformiert werden, was von der Transformation der Zeitkoordinaten herrührt. Für den nichtrelativistischen Fall $\beta \ll 1$ ergibt sich aus den Gln.(10.11) die einfache Näherung, daß sich die x–Komponente der Geschwindigkeit jeweils nur durch die Relativgeschwindigkeit v der Systeme unterscheidet und die y– und z–Komponenten unverändert bleiben.

• **Relativistische Massenzunahme:** Ruht ein Körper mit der Masse m_0 im System S$'$, so mißt ein Beobachter im System S die Masse des Körpers zu

$$
\boxed{m = \gamma m_0 = \frac{m_0}{\sqrt{1 - \beta^2}}.}
\tag{10.12}
$$

Das bedeutet, daß die in S beobachtete Größe m des in S$'$ ruhenden Körpers mit wachsender Relativgeschwindigkeit der beiden Systeme unbegrenzt zunimmt. Die Größe m_0 heißt Ruhemasse.

• **Relativistischer Impuls:** Für eine in S$'$ ruhende Masse m_0 mißt ein in S befindlicher Beobachter den Impuls

$$
\boxed{p = mv = \gamma m_0 \beta c.}
\tag{10.13}
$$

Aus dieser Gleichung erkennt man, daß z.B. in Beschleunigern (s. Kap.8) die Impulszunahme von Teilchen, wenn ihre Geschwindigkeit v bereits an c herankommt, kaum mehr durch die Geschwindigkeitszunahme, sondern vielmehr durch die Massenzunahme erfolgt.

• **Relativistische Energie:** Hat ein in S$'$ ruhender Körper die Masse m_0, so besitzt er nach Einstein die **Ruheenergie**

$$
\boxed{E_0 = m_0 c^2.}
\tag{10.14}
$$

und der in S befindliche Beobachter mißt die **totale Energie** des Körpers zu

$$
\boxed{E_{tot} = mc^2 = \gamma m_0 c^2.}
\tag{10.15}
$$

Die totale Energie setzt sich additiv aus der Ruheenergie E_0 und der kinetischen Energie T des Körpers zusammen

$$(10.16) \qquad \boxed{E_{tot} = T + m_0 c^2.}$$

Der Zusammenhang zwischen dem relativistischen Impuls p und der totalen Energie lautet

$$(10.17) \qquad \boxed{E_{tot}^2 = p^2 c^2 + m_0^2 c^4.}$$

Gl.(10.17) heißt auch **relativistischer Energiesatz**. Den Zusammenhang zwischen kinetischer Energie T und Impuls p erhält man aus den Gln.(10.16) und (10.17),

$$(10.18) \qquad \boxed{\begin{aligned} T &= \sqrt{p^2 c^2 + m_0^2 c^4} - m_0 c^2 \\ pc &= \sqrt{T^2 + 2 T m_0 c^2}. \end{aligned}}$$

Nähert man die erste der beiden Gleichungen für kleine Impulse durch Entwicklung der Wurzel

$$T \approx m_0 c^2 \left(1 + \frac{p^2 c^2}{2 m_0^2 c^4}\right) - m_0 c^2 = \frac{p^2}{2 m_0},$$

so erkennt man im Ergebnis die bekannte nichtrelativistische Beziehung zwischen der kinetischen Energie T und dem Impuls p.

Für die Praxis wichtig ist das Kriterium für die Frage, in welchen Fällen man relativistisch rechnen muß bzw. noch nichtrelativistisch rechnen darf. Nach der obigen Näherung ist das der Fall, wenn $p^2 c^2 \ll m_0^2 c^4$. Das bedeutet unter Verwendung der Gln.(10.16) und (10.17)

$$
\begin{aligned}
E_{tot}^2 - m_0^2 c^4 &\ll m_0^2 c^4 \\
T + m_0 c^2 &\ll \sqrt{2} m_0 c^2 \\
T &\ll m_0 c^2.
\end{aligned}
$$

$$(10.19)$$

Das bedeutet, daß für Fälle, bei denen die Ungleichung(10.19) erfüllt ist, eine nichtrelativistische Rechnung noch zulässig ist. So kann man beispielsweise bei Protonen ($m_0 c^2 = 938\ MeV$) von $T = 1 MeV$ kinetischer Energie noch nichtrelativistisch rechnen, nicht jedoch bei Elektronen ($m_0 c^2 = 0{,}51\ MeV$) von $T = 1 MeV$. Elektronen aus dem β–Zerfall der Kerne (s. Abschn.8.3) sind als hochrelativistische Teilchen zu behandeln.

• **Impuls– und Energietransformation:** Analog zur Lorentz–Transformation eines Raumzeitpunktes $(\vec{r}',t')$ in S' in einen Raumzeitpunkt $(\vec{r},t)$ in S mittels der Gln. (10.8) lassen sich Impuls und totale Energie $(\vec{p}',E_{tot}')$ eines Körpers in S' in Impuls und totale Energie $(\vec{p}, E_{tot})$ in S bzw. umgekehrt transformieren. Die entsprechenden Beziehungen lauten (vgl. auch Gln.(8.47))

$$
\begin{aligned}
p'_x &= \gamma(p_x - \beta E_{tot}/c) & p_x &= \gamma(p'_x + \beta E'_{tot}/c) \\
p'_y &= p_y & p_y &= p'_y \\
p'_z &= p_z & p_z &= p'_z \\
E'_{tot} &= \gamma(E_{tot} - \beta c p_x) & E_{tot} &= \gamma(E'_{tot} + \beta c p'_x).
\end{aligned}
$$

(10.20)

Aufgaben

Aufgabe 16: *Durch Einwirkung der kosmischen Strahlung entstehe in $H = 10$ km Höhe über der Erdoberfläche ein Myon (s. Absch. 9.1.1), das in Richtung Erdoberfläche fliegt. Myonen besitzen in ihrem Ruhesystem eine mittlere Lebensdauer von $\tau' = 2 \times 10^{-6}$ s.*
a) Welche Geschwindigkeit muß das Myon mindestens haben, um vor seinem Zerfall (d.h. $t' \geq \tau'$) zur Erde zu gelangen ?
b) Wie groß erscheint die mittlere Lebensdauer τ des Myons einem Erdbeobachter?
c) Wie lange erscheint einem Beobachter im Ruhesystem des Myons der zurückgelegte Weg H' bis zur Erde?

Lösung: a) Die Erde sei das Bezugssystem S, das Myon das Bezugssystem S'. Die Zeitdilatation und die Beziehung $\beta = H/c\tau$ liefern $\beta = \dfrac{H}{\sqrt{H^2 + c^2\tau'^2}} = 0.9982$, also fast Lichtgeschwindigkeit.
b) Der Lorentz–Faktor ergibt sich zu $\gamma = 16.67$, sodaß $\tau = \gamma\tau' = 33.3 \times 10^{-6}s$.
c) Entsprechend ist $H' = H /\gamma = 600m$.

Aufgabe 17: *Ein Proton und ein Deuteron bewegen sich auf ihren im Laborsystem ruhenden Schwerpunkt zu. Das Deuteron hat die Geschwindigkeit von $\beta_d = 0.8$.*
a) Berechnen Sie die Relativgeschwindigkeit β_{rel} zwischen Proton und Deuteron.
b) Berechnen Sie im Laborsystem die Summe der kinetischen Energien E_{Kin}, sowie die totale Energie und die Impulse pc [GeV] beider Teilchen.

Lösung: a) Gemäß Voraussetzung sind die Impulsbeträge beider Teilchen im Laborsystem gleich $p_p = p_d$ bzw. $\gamma_p M_p \beta_p = \gamma_d M_d \beta_d$.
Nach β_p aufgelöst ergibt dies $\beta_p = \dfrac{\gamma_d \beta_d M_d / M_p}{\sqrt{1 + (\gamma_d \beta_d M_d / M_p)^2}} = 0.936$. Die beiden Geschwindigkeiten β_p und β_d sind gem. Gl.(10.11) zu addieren, $\beta_{rel} = (\beta_p + \beta_d)/(1 + \beta_p \beta_d) = 0.993$.

b) Die entsprechenden Werte der Lorentz–Faktoren sind: $\gamma_d = 1.666$ und $\gamma_p = 2.850$. Mit $M_d/M_p = 1.999$ ist dann $E_{tot} = M_p c^2(\gamma_p + 1.999\gamma_d) = 5.799 GeV$.
$E_{Kin} = E_{tot} - 2.999 M_p c^2 = 2.985 GeV$. Mit $pc = \gamma\beta M_0 c^2$ ist $p_p c = p_d c = 2.50 GeV$.

Aufgabe 18: *Zeigen Sie, daß der Photoeffekt an einem freien Elektron aus Gründen* *der Impuls- und Energie-Erhaltung nicht möglich ist.*

Lösung: Angenommen, er wäre möglich mit $E_\gamma = h\nu$ und $p_\gamma = h\nu/c$. Es muß dann gelten:

$p_e = p_\gamma = h\nu/c$ (Impulssatz) und $E_\gamma = h\nu = T_e = E_e - M_e c^2$ (Energiesatz) und daher

$$h\nu + M_e c^2 = E_e = \sqrt{p_e^2 c^2 + M_e^2 c^4} = \sqrt{(h\nu)^2 + M_e^2 c^4}.$$

Nach Quadrieren reduziert sich diese Gleichung auf

$$2h\nu M_e c^2 = 0.$$

Das bedeutet $E_\gamma = 0$, d.h. es gibt kein Photon, welches einen solchen Photoeffekt bewirken kann. Der Photoeffekt kann also nur an gebundenen Elektronen stattfinden, damit Impuls- und Energiesatz erfüllt sind. Das zurückbleibende Atom übernimmt den Restimpuls.

10.3 Materiewellen

Man beschreibt Teilchen oder Teilchensysteme durch eine Wellenfunktion $\psi(\vec{r}, t)$. Die physikalische Bedeutung dieser Funktion ist durch ihr Absolutquadrat $|\psi(\vec{r}, t)|^2 d^3 r$ gegeben, welches die Wahrscheinlichkeit angibt, daß sich das Teilchen zur Zeit t am Ort $\vec{r}$ im Volumenelement $d^3 r$ befindet.

Im einfachsten Fall ist die Wellenfunktion für den freien Raum, d.h. ohne Potential, eine ebene eindimensionale Welle

$$\psi(x, t) = A exp(i(kx - \omega t)) = A exp(i(px - Et)/\hbar),$$

wobei $k = p/\hbar$ die Wellenzahl, $E = \hbar\omega$ die Energie der Welle und A eine konstante Amplitude ist. Die Welle ist längs der x-Achse unendlich ausgedehnt und die Aufenthaltswahrscheinlichkeit $|\psi(x, t)|^2$ ist konstant, also unabhängig von x. Der Impuls p bzw. die de Broglie-Wellenlänge λ besitzt einen scharfen Wert. Wir betrachten nun alles zur Zeit $t = 0$.

Der Natur näher kommt die Beschreibung eines Teilchens durch Überlagerung von Wellenfunktionen verschiedener, eng beieinander liegender Impulse bzw. Wellenlängen mit unterschiedlichen Amplituden $A(p)$, zu einem örtlich begrenzten Wellenpaket. Die örtliche Begrenzung von $\psi(x)$ und der Impulsbereich von $A(p)$ bedingen einander und sind durch die Fourier-Transformation Gln.(1.15) und (1.16) gegeben. $|A(p)|^2 dp$ ist dann die Wahrscheinlichkeit, das Teilchen im Impulsintervall $(p, p+dp)$ zu finden. Dieses Wellenpaket zerfließt jedoch im Laufe der Zeit. Das Zerfließen läßt sich berechnen, ausgehend von $\psi(x)$ zur Zeit $t = 0$.

Eine wichtige Größe bei der Wahrscheinlichkeitsrechnung der Quantenphysik ist der Erwartungswert oder Mittelwert. So sind die Orts- und Impulserwartungswerte definiert durch

(10.21) $\qquad < x >= \int x |\psi(x)|^2 dx \qquad\qquad < p >= \int p |A(p)|^2 dp.$

Der Impulserwartungswert lautet ausgeschrieben mit Hilfe von Gl.(1.15)

$$\begin{aligned}
<p> &= \int \psi^*(x)\left(-i\hbar\frac{d}{dx}\right)\psi(x)\,dx \\
&= \frac{1}{2\pi\hbar}\iiint A^*(p')pA(p)\exp\left(\frac{ix}{\hbar}(p-p')\right)\,dx\,dp\,dp' \\
&= \iint A^*(p')pA(p)\delta(p-p')\,dp\,dp' = \int p|A(p)|^2 dp
\end{aligned}$$

Entsprechend können Erwartungswerte von Funktionen von x oder p, also $B(x)$ bzw. $B(p) = B(-i\hbar\frac{d}{dx})$ berechnet werden.

Ein Ausdruck der gegenseitigen Bedingtheit von Orts– und Impulsbereich eines Teilchens ist die Heisenbergsche Unschärferelation, die man durch die Unschärfen von Ort und Impuls, Δx und Δp, angeben kann (Gl.(1.17)). Es gibt auch Unschärfen von Energie und Zeit, ΔE und Δt (Gl.(1.18)) und für andere Größen.

Aufgaben

Aufgabe 19: *Schätzen Sie mit Hilfe der Heisenbergschen Unschärferelation die Größenordnung der Mindestenergie der Nukleonen im Kern ab.*

Lösung: Die Überlegung bzw. Rechnung ist analog zu den entsprechenden Beispielen zum Elektron im Atom bzw. Kern (Abschn.1.2.5)

$$cp \geq c\Delta p = \frac{\hbar c}{\Delta x} = 0.2 \times 10^8 eV \quad f\ddot{u}r \quad \Delta x = 10^{-14}m.$$

Wegen $cp \ll M_0c^2$ kann man nichtrelativistisch rechnen. Es ergibt sich $T = p^2/2M_0 = 0.2MeV$, also die Größenordnung MeV.

Aufgabe 20: *Die Atome eines Festkörpers haben selbst beim absoluten Nullpunkt der Temperatur noch kinetische Energie, die Atome eines idealen Gases jedoch nicht. Diskutieren Sie diesen Unterschied und seine Ursachen und geben Sie die Größenordnung der Nullpunktsenergie im Festkörper an.*

Lösung: Die Atome im Festkörper sind ortsgebunden, die Atome des idealen Gases (in Wirklichkeit gibt es kein vollkommen ideales Gas) jedoch nicht. Die Ortsbeschränkung (ca. $10^{-10}m$) bewirkt wie in den anderen Beispielen einen Mindestimpuls. Analog zur vorigen Aufgabe ergibt sich hier je nach Atommasse eine kinetische Energie der Größenordnung meV oder weniger.

Aufgabe 21: *Berechnen Sie die mittlere de Broglie–Wellenlänge von a) He–Atomen bei einer Gastemperatur von 300 K, b) thermischen Neutronen von 27°C (thermische Neutronen s. Abschn. 8.1.1).*

Lösung: Es ist $< \lambda >=< h/p >= (h/M) < 1/v >$. Die Größe $< 1/v >$ berechnet man aus der Maxwell–Boltzmannschen Geschwindigkeitsverteilung

$$f(v^2) = \frac{4}{\sqrt{\pi}} \left(\frac{M}{2kT} \right)^{3/2} v^2 \cdot \exp(-Mv^2/(2kT)).$$

Die Mittelwertbildung liefert $< 1/v >= \sqrt{2M/(\pi kT)}$, was $< \lambda >_{He}= 0.1nm$ für die He–Atome und $< \lambda >_n= 0.2nm$ für die thermischen Neutronen ergibt.

Erwähnenswert ist, daß das in Abschn. 1.2.4 beschriebene Gedankenexperiment zum Doppelspaltversuch zwischenzeitlich mit Teilchen verschiedener Art verifiziert wurde. C. Jönssen stellte auf elektronenoptischem Weg Gitter mit bis zu fünf Spalten von je $0.3\mu m$ Breite und $1\mu m$ Gitterabstand her, verwendete $50keV$ Elektronen (entspechend etwa $0.5nm$ Wellenlänge) für die Beugung und erhielt die erwarteten Interferenzmuster (C. Jönssen, Z. für Physik 161 (1961) 454).

Andere Autoren erhielten entsprechend mit der Theorie übereinstimmende Ergebnisse bei Verwendung von monochromatischen, kalten Neutronen aus einem Reaktor. A. Zeilinger et al. verwendeten als Doppelspalt eine Borsilikatscheibe mit einem eingelassenen Schlitz von etwa $150\mu m$ Breite, längs dessen mittig ein $100\mu m$ starker Bohrdraht befestigt war (Bor absorbiert langsame Neutronen), sodaß die beiden dadurch entstandenen Öffnungen des Doppelspalts eine Breite von je etwa $25\mu m$ hatten. Die Wellenlänge der verwendeten Neutronen konnte zwischen $1.5nm$ und $3nm$ eingestellt werden (A. Zeilinger et al., Rev. Mod.Phys 60 (1988) 1067).

Neuere Experimente werden sogar mit neutralen Atomen durchgeführt (z.B. O.Carnal und J. Mlynek, Phys.Rev.Lett. 66 (1991)2689), wobei sich Helium am besten eignet. Der Atomstrahl wird dabei durch eine Überschall–Gasexpansion erzeugt,die de Broglie–Wellenlänge der Atome beträgt ca. $0.1nm$ (s. Aufgabe oben). Die He–Atome des Strahls fallen auf einen Doppelspalt von $1\mu m$ Spaltbreite und $8\mu m$ Spaltabstand. In einer Ebene in ca. $0.6m$ Abstand vom Doppelspalt wird der Auftreffort der Atome registriert. Die Häufigkeitsverteilung gibt die erwartete Interferenzfigur wieder.

Aufgabe 22: *$\phi(x) = Nx\exp(-x^2/2\sigma^2)$ sei die Wellenfunktion eines Teilchens.*
a) Normieren Sie diese Wellenfunktion.
b) Welcher Ort des Teilchens ist der wahrscheinlichste, und wo liegt der Mittelwert des Teilchenortes?

Lösung: a) Unter Verwendung der Beziehung

$$\int_{-\infty}^{+\infty} x^2 \exp(-ax^2)\, dx = \frac{\sqrt{\pi}}{a^{3/2}} \qquad \textit{für} \quad a > 0$$

erhält man für die Normierung

$$N^2 \int_{-\infty}^{+\infty} x^2 \exp(-\frac{x^2}{\sigma^2})\, dx = N^2 \frac{\sqrt{\pi}\sigma^3}{2} = 1$$

bzw. für die Normierungskonstante N

$$N = \frac{\sqrt{2}}{\pi^{1/4}\sigma^{3/2}}.$$

b) Die Wahrscheinlichkeitsdichte für den Ort x beträgt

$$\mid \phi(x) \mid^2 = \frac{2}{\sqrt{\pi}\sigma^3} x^2 \exp(-x^2/\sigma^2).$$

Die Extremwerte liegen bei $\frac{d}{dx}\mid \phi(x)\mid^2 = 0$. Das liefert ein Minimun bei $x = 0$ und Maxima bei $x = \pm\sigma$. Der Mittelwert des Teilchenorts ist

$$< x > = \int_{-\infty}^{+\infty} x \mid \phi(x)\mid^2 dx = \frac{2}{\sqrt{\pi}\sigma^3} \int_{-\infty}^{+\infty} x^3 e^{-x^2/\sigma^2} dx = 0.$$

Aufgabe 23: *Zeigen Sie, daß der Erwartungswert der Größe $B(-i\hbar\frac{d}{dx})$ gegeben ist durch*

$$< B(p) > = \int \psi^*(x) B(-i\hbar\frac{d}{dx})\psi(x)\, dx.$$

Lösung: Eine Funktion eines Operators ist durch dessen Taylor–Entwicklung gegeben. Die folgende Zeile genügt daher als Beweis

$$\int \psi^*(x)\left(-i\hbar\frac{d}{dx}\right)^n \psi(x)\, dx =$$

$$\frac{1}{2\pi\hbar}\iiint A^*(p')p^n A(p)\exp\left(\frac{ix}{\hbar}(p-p')\right) dx\, dp\, dp' = < p^n > .$$

Aufgabe 24: *Gegeben sei eine eindimensionale ebene Welle zur Zeit $t = 0$ für einen begrenzten Bereich*

$$\psi(x) = \begin{cases} \exp(ip_0 x/\hbar) & \text{für } -a \leq x \leq a \quad a = \text{Konstante} \\ 0 & \text{im übrigen Bereich.} \end{cases}$$

Berechnen Sie die zugehörige Impulsfunktion $A(p)$ und skizzieren Sie die entsprechende Wahrscheinlichkeitsfunktion $|A(p)|^2$.

Lösung: $\psi(x)$ in Gl.(1.16) eingesetzt und integriert ergibt

$$A(p) = \sqrt{\frac{2}{\pi\hbar}}\, a \frac{\sin((p_0 - p)a/\hbar)}{(p_0 - p)a/\hbar}.$$

Die Impulse sind also gemäß der Funktion $|A(p)|^2$ um den zentralen Impulswert p_0 ver-

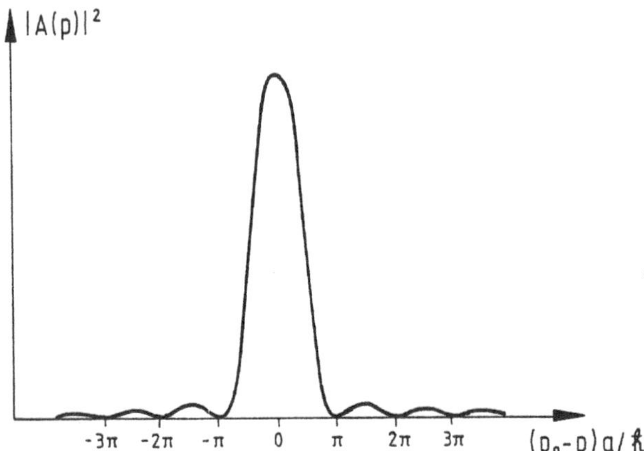

teilt. Das ist die gleiche funktionale Abhängigkeit wie beim Interferenzbild der Lichtin-
tensität infolge der Beugung von monochromatischem Licht an einem Spalt.

Aufgabe 25: *Berechnen Sie den Erwartungswert des Impulses für die in Aufgabe 24
angegebene Wellenfunktion $\phi(x) = A\exp(ip_0x/\hbar)$ im Intervall $-a \leq x \leq a$ und $\phi(x) =
0$ im übrigen Bereich. A ist eine Konstante.*

Lösung: Die Wellenfunktion muß zunächst normiert werden

$$1 = \int_{-a}^{+a} A\exp(ip_0x/\hbar) \cdot A^* \exp(-ip_0x/\hbar)\, dx.$$

Dies ergibt $|A| = \dfrac{1}{\sqrt{2a}}$.
Der gesuchte Erwartungswert ist

$$\begin{aligned}
<p> &= \int_{-a}^{+a} \frac{1}{2a}\exp(-ip_0x/\hbar)\left(-i\hbar\frac{\partial}{\partial x}\right)\exp(ip_0x/\hbar)\, dx \\
&= \frac{p_0}{2a}\int_{-a}^{+a} dx = p_0.
\end{aligned}$$

Aufgabe 26: *Ermitteln Sie die Impulsverteilung $A(p)$ für ein Wellenpaket mit Gaußscher Einhüllenden im Ortsraum*

$$\psi(x) = B\exp\left(-\frac{(x-x_0)^2}{2\Omega_x{}^2}\right)\exp(ip_0x/\hbar)$$

*und zeigen Sie, daß sich hierfür die Unschärferelation $\Omega_x \cdot \Omega_p = \hbar$ ergibt, wobei Ω_p die
zu Ω_x entsprechende Varianz der Impulsfunktion $A(p)$ ist.*

Lösung: Nach Gl.(1.16) ist

$$A(p) = \frac{1}{(2\pi\hbar)^{1/2}} \int_{-\infty}^{+\infty} \psi(x) \exp(-ipx/\hbar)\, dx$$

$$= \frac{B}{(2\pi\hbar)^{1/2}} \int_{-\infty}^{+\infty} \exp(-i(p-p_0)x/\hbar) \exp\left(-\frac{(x-x_0)^2}{2\Omega_x^2}\right) dx.$$

Mit Hilfe von

$$\int_{-\infty}^{+\infty} \exp(-i\alpha x)\exp(-\beta^2 x^2/2)dx = \frac{\sqrt{2\pi}}{\beta} exp\left(-\frac{\alpha^2}{2\beta^2}\right)$$

erhalten wir

$$A(p) = B\frac{\Omega_x}{\sqrt{\hbar}} \exp\left(-\frac{\Omega_x^2}{2\hbar^2}(p-p_0)^2\right)\exp(-i(p-p_0)x_0/\hbar),$$

d.h. eine Welle mit Gaußscher Einhüllenden um den Zentralwert p_0 (s. Absch.1.2.5 und Fig.1.25). Aus dem Exponenten der Gauß–Funktion ergibt sich die Varianz zu $\Omega_p = \hbar/\Omega_x$, d.h. $\Omega_p \cdot \Omega_x = \hbar$.

* **Aufgabe 27:** *Zeigen Sie, daß ein zur Zeit t_1 bekanntes Wellenpaket $\psi(x_1,t_1)$ zu einer späteren Zeit t_2 gegeben ist durch*

$$\psi(x_2,t_2) = \int_{-\infty}^{+\infty} T(x_2 - x_1, t_2 - t_1)\psi(x_1,t_1)dx_1.$$

Die Funktion $T(x,t)$ hat die Gestalt

$$T(x,t) = \frac{1}{2\pi\hbar} \int_{-\infty}^{+\infty} \exp(i(px - E(p)t)/\hbar)dp.$$

Im nichtrelativistischen Fall mit $E = p^2/2M$ (vgl. Abschn.3.1.1) ergibt sie sich zu

$$T(x,t) = \left(\frac{M}{2\pi\hbar t}\right)^{1/2} \exp(-i\pi/4)\exp\left(i\frac{Mx^2}{2\hbar t}\right).$$

Lösung: a) Man setzt $T(x,t)$ in die Funktion $\psi(x,t)$ ein und verwendet für $\psi(x,t)$ die um die t-Abhängigkeit erweiterte Gl.(1.15)

$$\psi(x_1,t_1) = \frac{1}{(2\pi\hbar)^{1/2}} \int A(p')\exp(i(p'x_1 - E(p')t_1)/\hbar)\, dp'.$$

Nutzt man gem. Anhang G die Integraldarstellung der δ–Funktion

$$2\pi\hbar\delta(p' - p) = \int_{-\infty}^{+\infty} \exp(ix'(p' - p)/\hbar)\, dx',$$

so ergibt sich

$$\psi(x_2, t_2) = \frac{1}{(2\pi\hbar)^{1/2}} \int\int A(p') \exp\left(i\frac{px_2}{\hbar}\right) \delta(p'-p) \exp\left(-i\frac{E(p)t_2}{\hbar} + i\frac{(E(p)-E(p'))t_1}{\hbar}\right) dp\,dp',$$

was über p integriert genau die Fourierzerlegung des Wellenpakets zur Zeit $t = t_2$ liefert

$$\psi(x_2, t_2) = \frac{1}{(2\pi\hbar)^{1/2}} \int_{-\infty}^{+\infty} A(p') \exp(i(p'x_2 - E(p')t_2)/\hbar)dp'.$$

b) Mit $E(p) = p^2/2M$ ist

$$T(x,t) = \frac{1}{(2\pi\hbar)} \int_{-\infty}^{+\infty} \exp(i(px - \frac{p^2t}{2M})/\hbar)\,dp.$$

Der Exponent läßt sich quadratisch erweitern

$$\frac{i}{\hbar}\left(px - \frac{p^2t}{2M}\right) = -i\frac{t}{2M\hbar}\left(p - \frac{Mx}{t}\right)^2 + i\frac{Mx^2}{2t\hbar}.$$

Zur Integration der hiermit geschriebenen Funktion $T(x,t)$ verwendet man das Integral $\int_{-\infty}^{+\infty} \exp(-i\xi^2)d\xi = \sqrt{\pi}\exp(-i\pi/4)$ und erhält damit den in der Aufgabenstellung angegebenen Ausdruck.

Mit diesem so beschriebenen Zeitverhalten eines Wellenpaketes läßt sich das zeitliche Zerfließen zeigen (s. nachfolgende Aufgabe).

* **Aufgabe 28:** *Zur Zeit $t = 0$ sei ein Wellenpaket mit Gaußscher Einhüllenden gegeben*

$$\psi(x, t = 0) = B\exp(-x^2/(2\sigma_0^2))\exp(ip_0x).$$

Zeigen Sie, daß dieses Wellenpaket im Lauf der Zeit zerfließt bzw. daß sich die ursprüngliche Varianz σ_0 dieser Funktion zu einer späteren Zeit $t \geq 0$ wie folgt vergrößert

$$\sigma(t) = \sigma_0\left(1 + \frac{\hbar^2t^2}{M^2\sigma_0^4}\right)^{1/2}.$$

Lösung: Geht man von den Vorgaben der Aufgabe 27 mit $t_1 = 0$ und $t_2 = t$ aus und setzt $T(x,t)$ von dieser Aufgabe ein, so erhält man

$$\psi(x,t) = B\sqrt{\frac{M}{2\pi\hbar t}}\exp(-i\pi/4)\int_{-\infty}^{+\infty} \exp\left(\frac{iM(x-x')^2}{2\hbar t}\right)\exp\left(\frac{ip_0x'}{\hbar} - \frac{x'^2}{2\sigma_0^2}\right)dx'.$$

Die Exponenten im Integral lassen sich zusammengefaßt umformen zu

$$\frac{i}{2\hbar t}\left(M + i\frac{\hbar t}{\sigma_0^2}\right)\left(x' + \frac{p_0t - Mx}{M + i\hbar t/\sigma_0^2}\right)^2 + \left[i\frac{Mx^2}{2\hbar t} - \frac{i}{2\hbar t}\frac{(p_0t - Mx)^2}{M + i\hbar t/\sigma_0^2}\right].$$

Der erste x'-abhängige Anteil läßt sich mit Hilfe des Integrals $\int_{-\infty}^{+\infty} e^{-Ky^2}\,dy = \sqrt{\pi/K}$ für $\Re e\,K \geq 0$ berechnen und ergibt eine Zahl. Den x'-unabhängigen, in eckigen Klammern gesetzten Anteil des Exponenten kann man nochmals umformen zu

$$-\frac{1}{2\sigma_0^2}\frac{(x - p_0 t/M)^2}{1 + \dfrac{\hbar^2 t^2}{\sigma_0^4 M^2}} + i\frac{M}{2\hbar t}\left(x^2 - \frac{(x - \dfrac{p_0 t}{M})^2}{1 + \dfrac{\hbar^2 t^2}{M^2 \sigma_0^4}} \right).$$

Dies bedeutet, daß man wieder eine Welle mit Gaußscher Einhüllenden erhält, deren Zentralwert jetzt bei $\bar{x} = p_0 t/M = v_0 t$ liegt und deren Varianz $\sigma(t)$ die oben angegebene Größe besitzt.

11   Klassische Atomphysik

Auch wenn wir wissen, daß nur die Quantenmechanik das Atom richtig beschreibt, so ist es doch interessant und lehrreich, die historische Entwicklung von der Vorstellung des Atoms und der Atommodelle zu verfolgen. Der Übergang von der spekulativen zur empirisch begründeten Atomvorsstellung vollzog sich zu Beginn des 19. Jahrhunderts und führte zu der Formulierung der Daltonschen Gesetze (1809) sowie der Gesetze über die Volumenverhältnisse reagierender Gase durch Joseph Louis Gay–Lussac (1808). In den 60er Jahren des 19. Jahrhunderts diente die konkrete Vorstellung vom Atom als Ausgangsbasis für die Entwicklung der kinetischen Gastheorie. Über diesen Formalismus konnten bereits Abschätzungen von der Masse und der Abmessung des Atoms sowie der Zahl der Atome bzw. Moleküle pro Volumeneinheit getroffen werden.

Aber erst die Entdeckung des Elektrons durch Joseph John Thomson (1897) führte konkret auf die Frage nach der inneren Struktur des Atoms und ist somit als Startpunkt für die Entwicklung der Atommodelle anzusehen. Das von Thomson subtil ausgedachte Modell des elektrisch neutralen Atoms bestehend aus einer kugelförmigen, homogenen positiven Ladungs- und Massenverteilung, durchsetzt von negativ geladenen Elektronen ("Plum–Pudding–Model"), wurde bald durch die Experimente von Philip Lenard (1903)und Ernest Rutherford (1911) widerlegt. Angeregt durch den Erfolg der Streuversuche mit α-Teilchen kam Rutherford mit dem von ihm entwickelten "Planetenmodell" der Realität näher. Er konnte zwar die Stabilität der Atome, die nach seinem Modell elektromagnetische Strahlung aussenden müßten, nicht erklären, die Übereinstimmung seiner Streuversuche zwischen Theorie und Experiment erhärtete jedoch seine Vorstellung vom Atom als ein Gebilde mit einer zentralen punktförmigen Masse und sich darum herum bewegenden Elektronen. Das Stabilitätsproblem schaffte schließlich Niels Bohr aus der Welt durch die Einführung einer ad hoc postulierten Quantenbedingung. Hiermit gelang es immerhin, die Spektren der Einelektronenatome richtig zu beschreiben.

Dies war bereits das Ende der klassischen Atommodelle. Auch die ausgeklügelten Verfeinerungen von Arnold Sommerfeld durch Einführung weiterer Quantenzahlen und durch Berücksichtigung relativistischer Effekte führten im Prinzip nicht weiter (Bohr–Sommerfeldsches Atommodell). Die klassischen Atommodelle waren zum Scheitern verurteilt, weil sie den Wellencharakter der Teilchen nicht in Betracht zogen. Sie wurden aus der impliziten Annahme entwickelt, daß sich das Atom wie ein auf atomare Dimension verkleinertes, makroskopisches Korpuskelsystem mit definierten Elektronenbahnen verhalten sollte. Aber diese anschaulichen Analogien erwiesen sich als falsch. Die Beschreibung durch die Quantenmechanik zeigt, daß die Annahme definierter Elektronenbahnen gar nicht zulässig ist. An deren Stelle tritt der Energiezustand des Atoms, der zusammen mit dem Drehimpuls allein relevant ist. Über andere physikalische Größen lassen sich nur Wahrscheinlichkeitsaussagen treffen. Das einzige Faktum, welches in der Quantenmechanik von den klassischen Modellen übernommen wird, ist das Coulomb–Potential. Es ist der entscheidende Term, der in die Schrödinger–Gleichung zur Beschreibung des Atoms eingeht. Er wird zu einer Summe von Termen im Fall mehrerer Elektronen im

Atom. Maßgebend für den Aufbau von Atomen sind dann die erlaubten Besetzungszahlen der Elektronen für jeden Energiezustand, die durch das Pauli–Prinzip geregelt werden. Erst dieser quantenmechanische Formalismus beschreibt die Atome richtig.

Immerhin bleibt festzuhalten, daß die Behandlung der Rutherford–Streuung sowie diejenige der Einelektronenspektren durch die klassischen Modelle trotz deren grundsätzlicher Schwächen jeweils die gleichen Ergebnisse liefert wie die quantenmechanische Rechnung. Man sollte also die klassischen Modelle nicht völlig verwerfen. Um die Größenordnung physikalischer Größen abzuschätzen, lassen sich – mit gewisser Vorsicht – ihre einfachen Formeln durchaus verwenden. Bereits dem Anfänger sollte aber klar sein, daß die korrekte Beschreibung der Atome erst mit der Schrödinger–Gleichung möglich ist.

11.1 Wechselwirkung geladener Teilchen

Die Wechselwirkung geladener Teilchen mit Materie kann sehr vielfältiger Art sein. Wir beschränken uns hier gemäß den Abschn. 2.2 und 2.3 auf die Rutherford–Streuung sowie auf den Energieverlust geladener Teilchen beim Durchgang durch Materie. Elementarteilchen–Reaktionen mit geladenen Teilchen werden erst später behandelt.

Die Rutherford–Streuung, also die Streuung von α–Teilchen bzw. allgemein von schweren geladenen Teilchen im Coulomb–Feld der Kerne eines Materials, ist in Abschn. 2.2.2 ausführlich behandelt. Die erste signifikante Beziehung ist zunächst der Zusammenhang zwischen dem Stoßparameter b und dem Streuwinkel θ (s.Gl.(2.4)). Die wichtigste Aussage, nämlich die Wahrscheinlichkeit für die Streuung, wird durch den **differentiellen Wirkungsquerschnitt** $d\sigma/d\Omega$, Gl.(2.6), wiedergegeben. Weil dieser Begriff ein grundsätzliches Charakteristikum jeder Reaktion ist, also die Atom–, Kern– und Teilchenphysik in gleicher Weise betrifft, soll für den Anfänger nochmals kurz darauf eingegangen werden. Der Fortgeschrittene findet die etwas allgemeinere Formulierung in Abschn. 8.1.3 .

Eine statistische Betrachtung führt zunächst über Gl.(2.5) zur Zahl der α–Teilchen dn, die um den Winkel θ abgelenkt werden, von dort zur Zahl der Teilchen dn/df, die in eine um den Eingangsstrahl konzentrische Kreisringfläche df (Fig. 2.6) bzw. zur Zahl der Teilchen $dn/d\Omega$, die in den Raumwinkel $d\Omega$ gestreut werden. Im Grunde genommen könnte man bereits mit der Größe dn/df bzw. $dn/d\Omega$ arbeiten, sie ist jedoch eine experimentabhängige Größe, weil sie die Zahl n, also den Eingangsstrom der Teilchen sowie die Zahl $N\Delta$x, die Anzahl der Kerne pro Flächeneinheit auf der Strecke Δx des Targetmaterials enthält. Die experimentunabhängige, d.h. tabellenfähige Größe $d\sigma/d\Omega$ erhält man erst, wenn man dn/df bzw. $dn/d\Omega$ auf den Eingangsstrom und die Zahl der Kerne normiert und gelangt somit zu dem üblichen verwendeten Ausdruck des differentiellen Wirkungsquerschnitts, Gl. (2.6).

$$\frac{d\sigma}{d\Omega} = \frac{1}{n \cdot N \cdot \Delta x} \cdot \frac{dn}{d\Omega} = \frac{1}{nN\Delta x} \cdot \frac{dn}{df/r^2}$$

$$= \frac{1}{4}\left(\frac{zZe^2}{8\pi\epsilon_0 T}\right)^2 \frac{1}{\sin^4\theta/2}.$$

Neben der Rutherford–Streuung als Einzelprozeß gerät das schwere geladene Teilchen mit den Hüllenelektronen der Atome in Wechselwirkung mit dem Ergebnis, daß die Atome in der Umgebung der Teilchenbahn angeregt und ionisiert werden. Die Energie für derartige Prozesse wird der kinetischen Energie des durchdringenden Teilchens entnommen. Das Teilchen wird somit abgebremst. Sein Energieverlust wird aber erst dann signifikant, wenn die durchlaufene Materialschicht nicht allzu dünn ist. Wegen seiner großen Masse bleibt das Teilchen zunächst auf gradliniger Bahn. Für die Praxis wichtig ist der **spezifische Energieverlust** dE/dx des Teilchens (Bethe–Bloch–Formel), Gl.(2.11).

Ist die Schichtdicke des Materials so groß, daß mehrere oder viele Rutherford–Prozesse in Folge auftreten können, dann weicht das Teilchen mit großer Wahrscheinlichkeit auch von seiner gradlinigen Bahn ab. Der Teilchenstrahl wird aufgespreizt. Die Verteilung $P(\theta)\,d\theta$ des Spreizwinkels θ ist in Gl.(2.13) angegeben.

Der Begriff des Wirkungsquerschnitts ist für Teilchenreaktionen jeglicher Art eine wichtige Größe (Abschn.8.3.6.). Ist der differentielle Wirkungsquerschnitt für alle Streuwinkel bekannt, so läßt sich der gesamte Wirkungsquerschnitt σ durch Integration über $d\Omega$ ermitteln Gl.(8.308). Einfacher noch kann diese Größe aus einer Transmissionsmessung bestimmt werden (Gl.(8.307)).

Im Fall der Rutherford–Streuung divergiert $d\sigma/d\Omega$ für $\lim(\theta \to 0)$ gegen Unendlich, sodaß die Größe σ keinen Sinn ergibt. Das liegt an der idealisierten Voraussetzung des isolierten Kerns als Streuzentrum mit dem bis ins Unendliche reichende Coulomb-Potential. Zu realen Verhältnissen gelangt man durch die Berücksichtigung der Abschirmung infolge der Hüllenelektronen. Der so berechnete differentielle Wirkungsquerschnitt divergiert nicht mehr für $\lim(\theta \to 0)$ (s. Fußnote 95 in Abschn.8.2 und Aufgabe 37).

Aufgaben

Aufgabe 29: *Ein α-Teilchen von $T = 5\,MeV$ kinetischer Energie stößt zentral auf einen Goldkern. Wie nahe kommt das α-Teilchen bis zur Oberfläche des Goldkerns höchstens heran? Die Oberfläche des Goldkerns sei als scharf definiert angenommen. Der Radius des Kerns berechnet sich nach $R = R_0 \sqrt[3]{A}$ mit $R_0 = 1.4 \times 10^{-15}m$ und $A = 197$ (Anzahl der Nukleonen).*

Lösung: Das α-Teilchen wird im Coulomb-Feld abgebremst und seine kinetische Energie wird bis zum Stillstand vollständig in potentielle Energie umgewandelt

$$T = \frac{zZe^2}{4\pi\epsilon_0 r_m}.$$

Der Minimalabstand r_m vom Kernmittelpunkt ergibt sich mit $z = 2$ und $Z = 79$ zu $r_m = 4.5 \times 10^{-14}m$. Mit $A = 197$ beträgt der Radius des Goldkerns $R = 8.1 \times 10^{-15}m$. Der Minimalabstand zur Kernoberfläche ist also $r_m - R = 3.7 \times 10^{-14}m$.

Aufgabe 30: *α–Teilchen von 5MeV kinetischer Energie werden auf eine 1μm dicke Cu–Folie geschossen. Welcher Anteil der α–Teilchen wird unter Winkeln von $\theta \geq 5°$ gestreut verglichen mit den unter Winkeln von $\theta \geq 1°$ gestreuten?*

Lösung: Anstatt den differentiellen Wirkungsquerschnitt über einen Winkelbereich zu integrieren ist es einfacher, die Streuwahrscheinlichkeit $dP = dn/n$ über den entsprechenden Stoßparameterbereich zu integrieren. Nach Gl.(2.5) ist $dP = N\Delta x d\sigma = N\Delta x 2\pi b db$ und $P = \int_0^b dP = N\Delta x \pi b^2$. Für die Auswertung ersetzt man b gemäß Gl.(2.4) und berechnet N nach

$$N = \frac{\rho N_A}{A},$$

wobei N_A die Avogadro–Konstante, ρ die Dichte und A das Atomgewicht von Cu sind. Die Rechnung liefert das Verhältnis $P(\theta \geq 5°)/P(\theta \geq 1°) \approx 0.01$. Das bedeutet, daß die meisten α–Teilchen in den Vorwärtsbereich gestreut werden.

Aufgabe 31: *In einem Rutherford–Streuexperiment treffen 5.3 MeV α–Teilchen mit einer Rate von $n = 10^4 s^{-1}$ auf eine $\Delta x = 0,1\mu$m dicke Goldfolie. Ein Detektor mit einer Zählfläche von $f = 2 cm^2$ ist unter einem Streuwinkel von $\theta = 45°$ in $r = 10 cm$ Abstand von der Goldfolie aufgestellt.*
a) Welche Zählrate dn des Detektors bei 100% Empfindlichkeit wird erwartet?
b) Angenommen, es werden stündlich 20 Ereignisse gemessen. Wie groß ist der hierdurch bestimmte differentielle Wirkungsquerschnitt?

Lösung: a) Die Berechnung von dn erfolgt nach der Gleichung für dn/df in Abschn.2.2.2. Hierbei verwendet man $N = \rho N_A/A = 5.9 \cdot 10^{28} m^{-3}$. Die Zählrate ist dann $dn = 22.8 h^{-1}$.

b) Den differentiellen Wirkungsquerschnitt erhält man aus $d\sigma/d\Omega = \dfrac{dn/d\Omega}{nN\Delta x}$ mit $d\Omega = df/r^2$. Es ergibt sich der Zahlenwert $(47 \pm 7) \cdot 10^{-28} m^2 = (47 \pm 7) b\, sr^{-1}$. Zur Einheit 1 barn $= 1b = 10^{-28} m^2$ siehe Abschn.8.1.3. Für den nach Gl.(2.6) berechneten theoretischen Wirkungsquerschnitt erhält man 54 $b\, sr^{-1}$.

Aufgabe 32: *Ein Strom langsamer Neutronen eines Spaltreaktors durchsetzt eine Cd–Schicht von 0.5mm Stärke. Das Metall Cd hat für langsame Neutronen (thermisch bis etwa 0.3eV Energie) einen sehr hohen Wirkungsquerschnitt der Größenordnung $3 \cdot 10^3 b$. Auf wieviel % seines anfänglichen Wertes ist der Neutronenstrom nach dem Austritt aus der Cd–Schicht geschwächt?*

Lösung: Die Gl.(8.307) liefert den Wert von 0,1% mit $N = \rho N_A/A = 4.6 \cdot 10^{28} m^{-3}$.

Aufgabe 33: *Leiten Sie aus der Gleichung für den spezifischen Energieverlust $-dE/dx$ Gl.(2.10) eine Näherung für die Reichweite R schwerer geladener Teilchen in Materie in Abhängigkeit von ihrer Anfangsenergie E_0 her und zwar*

a) für den nichtrelativistischen Energiebereich mit der Näherung $\ln(b_{max}/b_{min}) = kon$-*stant*

b) für den anschließenden relativistischen Energiebereich, für den näherungsweise gilt $-dE/dx = konstant$ *(s.Fig. 2.10).*

Lösung: a) Faßt man die nicht interessierenden Größen in einer Konstanten K zusammen und schreibt $v^2 = 2E/M_0$, wobei M_0 die Teilchenmasse ist, so läßt sich Gl.(2.10) integrieren

$$-\int_{E_0}^{0} E\,dE = KNZz^2 M_0 \int_0^R dx,$$

und

$$R = \frac{1}{2K}\frac{E_0^2}{NZz^2 M_0} \sim E_0^2.$$

b)In diesem Fall ist

$$-\int_{E_0}^{0} dE = konst \int_0^R dx$$

$$R = \frac{1}{konst}E_0 \sim E_0.$$

Aufgabe 34: *Die Reichweite von α–Teilchen von $5MeV$ kinetischer Energie beträgt in der Luft $35mm$. Schätzen Sie hieraus die Reichweite von Protonen gleicher kinetischer Energie in Aluminium ab.*

Lösung: In der vorherigen Aufgabe erhielt man $R \sim \dfrac{E_0^2}{NZz^2 M_0}$. Da $NZ = \rho N_A Z/A$ und $Z/A \approx 1/2$ für nicht zu schwere Atome, so ist bei gleichen Energien $R_{Al}(p) = \dfrac{\rho_{Luft} z_\alpha^2 M_{0\alpha}}{\rho_{Alu} z_p^2 M_{0p}} R_{Luft}(\alpha) = 0.27mm$.

Aufgabe 35: *Ein gemischter Teilchenstrahl von $30MeV/c$ Impuls erzeugt in einem dE/dx-Detektor die spezifischen Energieverluste a) $3.5\ keV/cm$, b) $18\ keV/cm$ und c) $27\ keV/cm$, bezogen auf Luft. Prüfen Sie mit Hilfe von Fig. 2.10, aus welchen Teilchen der Strahl besteht.*

Lösung: Die Skalierung der Achsen in Fig. 2.10 läßt zahlenmäßige Abschätzungen zu. Mit Hilfe von Gl.(10.18) für die kinetische Energie T der Teilchen und mit den möglichen Teilchenmassen findet man die Zuordnung
a) Elektronen mit $T_e = 29.5MeV$, b) Myonen mit $T_\mu = 4.2MeV$ und c) Pionen mit $T_\pi = 3.2MeV$.

Aufgabe 36: *Ein Protonenstrahl von $T = 100MeV$ bzw. $10GeV$ kinetischer Energie durchdringe eine $x = 2mm$ starke Aluminiumschicht.*

a) Wie groß ist der mittlere Spreizwinkel $< \theta >$ durch Vielfachstreuung? Die Strahlungslänge in Al ist $x_0 = 24 gcm^{-2}$.
b) Wie stark muß eine Bleischicht sein, um den gleichen Spreizwinkel $< \theta >$ zu erhalten? Für Pb ist $x_0 = 6.37 gcm^{-2}$.

Lösung: a) Gem. Abschn.2.3.2 ist

$$< \theta >= \sqrt{\frac{\pi}{2}} \sqrt{< \theta^2 >} = \sqrt{\frac{\pi}{2}} \frac{zZ}{vp} \sqrt{\frac{x}{x_0}} 21 [MeV],$$

eine zugeschnittene Größengleichung, die den Wert $< \theta >$ in Grad liefert. Mit $vp = (pc)^2/E_{tot} = (E_{tot}^2 - M_0^2 c^4)/E_{tot}$ und $E_{tot} = T + M_0 c^2$ ergibt sich $vp = 190 MeV$ bzw. $10.9 \times 10^3 MeV$. Mit $x[gcm^{-2}] = \rho\bar{x}\ [cm] = 0.54 gcm^{-2}$ ergibt sich $< \theta >= 0.27°$ bzw. $0.005°$.
b) Die Rechnung ergibt $x = 3.2\mu m$ Blei.

Anmerkung: Einen mittleren Wert der Strahlungslänge erhält man auch aus der zugeschnittenen Formel (*R.M.Barnett* et al., Phys. Rev. D54(1996)135)

$$x_0 = \frac{716.4 A}{Z(Z+1)\ln(287/\sqrt{Z})} \quad [gcm^{-2}].$$

Für Al ergibt dies mit $A = 27 g/Mol$ den Wert $x_0 = 24.3 gcm^{-2}$.

* **Aufgabe 37:** *Korrigieren Sie die Rutherfordsche Streuformel Gl.(2.6) durch Berücksichtigung der Abschirmung aufgrund der Elektronenhülle des Atoms. Legen Sie hierfür eine exponentiell abfallende Ladungsverteilung*

$$\rho(r) = \frac{Z}{8\pi a^3} \cdot \exp(-r/a) \qquad a = Konstante$$

zugrunde und berechnen Sie den zugehörigen Atomformfaktor $F(q^2)$ nach Gl.(8.120). Zeigen Sie, daß der dadurch modifizierte Rutherfordsche Streuquerschnitt für $\lim(\theta \to 0)$ nicht mehr divergiert.

Lösung: Ausgangspunkt ist die 1.Bornsche Näherung (s.Abschn.8.1.3) für die Streuung eines punktförmig gedachten Teilchens an einem Potential, das vom Kern und der Elektronenhülle gebildet wird. Die Rechnung verläuft analog zu derjenigen von Gl.(8.114) an, jedoch mit dem Potential für das ganze Atom

$$V(r) = \frac{zZe^2}{4\pi\varepsilon_0}\frac{1}{r} - \frac{ze^2}{4\pi\varepsilon_0} \int \frac{\rho(r')d^3r}{|\vec{r'} - \vec{r}|},$$

wobei ze die Ladung des α–Teilchens und Ze die Kernladung sind. Dies in die 1.Bornsche Näherung Gl.(8.46) eingesetzt liefert die Streuamplitude

$$f(\theta) = -\frac{M_0}{2\pi\hbar^2}\frac{ze^2}{4\pi\varepsilon_0}\left(\int Z\frac{\exp(i\vec{q}\vec{r}/\hbar)}{r}d^3r - \int\int \exp(i\vec{q}\vec{r}/\hbar)\frac{\rho(r')}{|\vec{r'} - \vec{r}|}d^3r\,d^3r'\right).$$

Das erste Integral in der Klammer ergibt nach Gl.(8.117) den Wert $4\pi Z\hbar^2/q^2$. Das zweite Integral läßt sich entsprechend über r integrieren

$$\int\int \frac{\exp(i\vec{q}(\vec{r}-\vec{r'})/\hbar)}{|\vec{r'}-\vec{r}|}\cdot\exp(i\vec{q}\vec{r'}/\hbar)\rho(r')d^3r\,d^3r' = \frac{4\pi\hbar^2}{q^2}\cdot F(q^2),$$

wobei die Größe

$$F(q^2) = \int \exp(i\vec{q}\vec{r}/\hbar)\rho(r)d^3r$$

der Formfaktor ist (Gl.(8.120)). Die Streuamplitude lautet dann

$$f(\theta) = -\frac{2M_0 ze^2}{4\pi\varepsilon_0}\frac{1}{q^2}\cdot(Z - F(q^2)).$$

Für kugelförmige Potentiale ist $F(q^2)$ in Abschn. 8.2.3, Fußnote 94 bereits umgeformt zu

$$F(q^2) = 4\pi\int_0^\infty \frac{\sin(qr/\hbar)}{qr/\hbar}\rho(r)r^2 dr.$$

Setzt man die Ladungsverteilung $\rho(r)$ der Aufgabenstellung ein, so erhält man

$$\begin{aligned}
F(q^2) &= \frac{Z}{2a^3k^3}\int_0^\infty \exp(-\frac{\zeta}{ak})\sin\zeta\cdot\zeta d\zeta \\
&= \frac{Z}{2a^3k^3}\frac{1}{2i}\left(\int_0^\infty \exp(-(\frac{1}{ak}-i)\zeta)\zeta d\zeta - \int_0^\infty \exp(-(\frac{1}{ak}+i)\zeta)\zeta d\zeta\right).
\end{aligned}$$

Beide Integrale in der Klammer lassen sich gemäß $\int_0^\infty \exp(-\lambda x)x dx = \frac{1}{\lambda^2}$ lösen und man erhält schließlich (vgl. Tab. 8.4)

$$F(q^2) = \frac{Z}{(1 + a^2q^2/\hbar^2)^2}.$$

Der modifizierte differentielle Wirkungsquerschnitt für die Rutherford–Streuung lautet also

$$\frac{d\sigma}{d\Omega} = |f(\theta)|^2 = 4\left(\frac{M_0 ze^2}{4\pi\varepsilon_0}\right)^2\frac{Z^2}{q^4}\cdot\left(1 - \frac{1}{(1 + a^2q^2/\hbar^2)^2}\right)^2,$$

wobei (s. Abschn. 2.2.2) $q = 2p\sin\theta/2$. Der zweite Term der rechten Klammer steht dabei für den Einfluß der Elektronenhülle (vgl. Gl. (2.7)).

Im Grenzwert $\lim(\theta\to 0)$ bilden wir $\lim(q\to 0)$ bei festem p und verwenden die Reihenentwicklung

$$\frac{1}{(1 + \alpha x)^2} = 1 - 2\alpha x + 3(\alpha x)^2 \pm ...$$

Man sieht sofort nach Einsetzen, daß $\lim_{q\to 0}(d\sigma/d\Omega) = konstant$.

11.2   Die Atomspektren

Die Messung der diskreten Linien der Emissions– und Absorptionsspektren der Atome sowie auch der Moleküle begann bereits im 19. Jahrhundert und war später die wichtigste Voraussetzung für die Entwicklung der klassischen Atommodelle, die bekanntlich im Bohrschen Atommodell gipfelten.

Die Grundlage bildete die Erkenntnis, daß das Atom durch Energieaufnahme bzw. –abgabe in diskreten Schritten seinen Energiezustand verändern kann. Durch die Messung der Wellenlängen bzw. Frequenzen der emittierten bzw. absorbierten Strahlung können die entsprechenden Energien dem Abstand zweier Energieniveaus zugeordnet werden und lassen somit die Ermittlung des ganzen Termschemas eines Atoms zu. Als einfachstes und wichtigstes Termschema erwies sich dasjenige des Wasserstoffatoms bzw. der Einelektronenatome. Es wurde dann später im Zuge der Entwicklung der Quantenmechanik und der Quantenelektrodynamik auch stets als erster Testfall der Theorie herangezogen. Rein empirisch wurde es bereits durch die verallgemeinerte Balmer–Formel Gl.(2.15) beschrieben. Die Gleichungen des Bohrschen Atommodells liefern erstmals die Energiezustände der Einelektronenatome Gl.(2.23) und sind mit Gl.(2.15) vereinbar. Es zeigt sich schließlich, daß die Energieformeln des Bohrschen Modells mit den quantenmechanischen Rechnungen übereinstimmen.

Auf experimenteller Seite war die Entwicklung der optischen Instrumente von großer Bedeutung. Durch Steigerung der Linienauflösung bis in den Bereich von $\lambda/\Delta\lambda = 10^7$ mit Hilfe von Interferometern und Monochromatoren gelang es, auch sehr geringfügige Aufspaltungen und Verschiebungen von Spektrallien infolge des Einflusses magnetischer und elektrischer Felder auszumessen (Feinstruktur, Zeeman–Effekt, Hyperfeinstruktur, Stark–Effekt, usw.).

Die experimentellen Methoden der Spektroskopie bzw. der Anregung von Atomen sind in den Abschnitten 2.4 und 2.6 zusammenfassend dargestellt.

Aufgaben

Aufgabe 38: *Berechnen Sie aus der Kenntnis der Sommerfeldschen Feinstrukturkonstanten*
a) jeweils die vier ersten Energieniveaus, die zur Lyman–Serie und zur Balmer–Serie des H–Atoms gehören,
b) jeweils die Energien und Wellenlängen der entsprechenden drei energieärmsten Übergänge,
c) die Ionisierungsenergie des H–Atoms.

Lösung: Ausgangspunkt ist Gl.(2.23), besser noch Gl.(5.13),

$$E_n = -(Z\alpha)^2 M_e c^2/(2n^2) = -13.6/n^2 [eV]$$

für $Z = 1$, mit $M_e c^2 = 511\ keV$ und $\alpha = 1/137$.

a) Die Lyman- bzw. Balmer-Serie umfaßt jeweils alle Übergänge nach $n = 1$ bzw. nach $n = 2$. Daraus ergeben sich die gefragten Energieniveaus und Übergänge wie folgt

Energieniveaus

n	1	2	3	4	5
$E_n[eV]$	-13.6	-3.4	-1.51	-0.85	-0.54

b) Die Energien und Wellenlängen der Übergänge sind

	Lyman–Serie $n' \to n = 1$		Balmer–Serie $n' \to n = 2$	
n'	$h\nu[eV]$	$\lambda[nm]$	$h\nu[eV]$	$\lambda[nm]$
2	10.2	122		
3	12.1	103	1.89	656
4	12.8	97	2.55	486
5			2.86	434

c) Die Ionisierungsenergie des H–Atoms beträgt $E_i = 13.6 eV$.

Aufgabe 39: *Die Emissionslinien eines Gasgemisches aus Wasserstoff- und Deuteriumatomen werden gemessen.*
a) Wie groß ist der Wellenlängenunterschied zwischen der H_α- und der D_α-Linie?
b) Wie groß muß das Auflösungsvermögen $\lambda/\Delta\lambda$ eines Spektroskops zur getrennten Messung der beiden Linien mindestens sein?

Lösung: Der Übergang $n' = 3 \to n = 2$ liefert die α–Linie des leichten bzw. schweren Wasserstoffs. Für den sehr kleinen Wellenlängenunterschied muß die Mitbewegung des Kerns berücksichtigt werden, was sich in der reduzierten Masse in der Rydberg-Konstanten R' ausdrückt $R' = R_\infty/(1 + \frac{M_e}{M})$; M ist dabei die jeweilige Kernmasse.
a) Gl.(2.30) liefert $\Delta\lambda = \lambda_H - \lambda_D = 1.79 \times 10^{-10} m$.
b) $\lambda/\Delta\lambda = 3.7 \times 10^3$, d.h. ein gutes Prismenspektroskop genügt zur Trennung der beiden Linien.

Aufgabe 40: *Bestimmen Sie die Rückstoßenergie T_R, die ein H–Atom beim Übergang von $n = 2$ nach $n = 1$ durch die Emission des Photons erhält. Ist eine nachfolgende Resonanzabsorption des Photons durch ein anderes H–Atom möglich, selbst in Anbetracht des weiteren Energieverlustes T_R infolge des Absorptionsprozesses? Die Lebensdauer des Zustandes beträgt $\Delta t = 2 \times 10^{-9} s$.*

Lösung: Der Rückstoßimpuls p_H des Atoms ist gleich dem Impuls $h\nu/c$ des Photons. Die Übergangsenergie E ist $E = h\nu + p_H^2/(2M_H)$. Aus diesen beiden Gleichungen erhält man mit Hilfe einer einfachen Näherung ($h\nu \ll 2M_H c^2$) die Rückstoßenergie

$T_R \approx E^2/(2M_H c^2)$. Mit $E = 10.2 eV$ ergibt sich $T_R = 5.5 \times 10^{-8} eV$.
Die natürliche Linienbreite beträgt $\Delta E = \hbar/\Delta t = 3 \times 10^{-7} eV$. Wegen $\Delta E > 2T_R$ ist Resonanzabsorption möglich.

Aufgabe 41: *Um ein He–Atom vollständig zu ionisieren, wird eine Energie von 79 eV benötigt. Berechnen Sie die Energie, die jeweils zum Ablösen des ersten und des zweiten Elektrons erforderlich ist.*

Lösung: Ist eines der beiden Elektronen entfernt, so benötigt man nach Gl.(2.26) die Energie $Z^2 E_i$, wobei $E_i = 13.6 eV$ die Ionisierungsenergie des H–Atoms ist. Für He ($Z = 2$) ergibt dies 54.4 eV. Die Differenz zu 79 eV, d.i. 24.6 eV ist die Ionisierungsenergie des ersten Elektrons.

Aufgabe 42: *Welche Spektrallinien des einfach ionisierten He–Atoms und welche des zweifach ionisierten Li–Atoms liegen im Spektrum an der gleichen Stelle wie die Spektrallinien der Balmer–Serie des H–Atoms? Vom jeweiligen Unterschied infolge der Mitbewegung des Kerns werde abgesehen.*

Lösung: Die Quantenenergien sind $h\nu = Z^2 R_H hc(\frac{1}{n'^2} - \frac{1}{n^2})$ mit $Z = 1$ für das H–Atom, $Z = 2$ für He^+ und $Z = 3$ für Li^{++}.
Alle Linien des He^+ für die Übergänge von $n_{He} = 6, 8, 10 \ldots$ nach $n'_{He} = 4$ und alle Linien des Li^{++} für die Übergänge von $n_{Li} = 9, 12, 15 \ldots$ nach $n'_{Li} = 3$ fallen mit Linien der Balmer–Serie des H–Atoms zusammen.

Aufgabe 43: *Ein Myon μ^- wird von einem Ag–Atom ($Z = 47$, Massenzahl $A = 108$) eingefangen.*
a) Berechnen Sie den mittleren Bahnradius des Myons im Grundzustand und vergleichen Sie ihn mit dem Radius des Ag–Kerns.
b) Setzt man beim H–Atom das Myon an die Stelle des Elektrons, wie groß wäre seine Bindungsenergie, und welche Wellenlänge hätte die H_α–Linie der Balmer–Serie?

Lösung: In den für das Elektron im H–Atom hergeleiteten Gleichungen (2.26) bzw. (5.18) muß jeweils die Elektronenmasse durch die Myonmasse ersetzt werden (vgl. Abschn.6.5.1). Das ergibt
a) $<r_\mu> = 8.2 \times 10^{-15} m$ gegenüber dem Kernradius $R_K = R_0 \sqrt[3]{A} = 5.7 \times 10^{-15} m$.
b) $E_B^{(\mu)} = 2.8 keV$ und $\lambda_{H\alpha}^{(\mu)} = 3.2 nm$.

12 Aspekte der Quantentheorie

Dieses Kapitel versteht sich als Abrundung von Kap.3 über die Schrödinger–Gleichung und über Operatoren. Zunächst besprechen wir einige Anwendungen der Schrödinger–Gleichung auf eindimensionale, einfache Probleme. Weil der Begriff des Operators in der Quantenmechanik zentrale Bedeutung hat, vertiefen wir die kurzen Darstellungen von Abschn. 3.4 und erläutern sie anhand einiger Beispiele. Als besonders eigentümlich zeigt sich dabei der Zeitumkehroperator.

12.1 Anwendungen der Schrödinger–Gleichung

Zunächst behandeln wir Probleme, denen Rechteckpotentiale zugrunde liegen und die besonders einfach zu rechnen sind. Anschließend fügen wir Aufgaben zum eindimensionalen harmonischen Oszillator und starren Rotator hinzu, die dem tieferen Verständnis dieser Gebilde dienen.

Aufgabe 44: *Zeigen Sie, daß die Wellenfunktion bei einer endlichen Sprungstelle des Potentials stetig differenzierbar bleibt.*

Lösung: Wir betrachten als Beispiel die eindimensionale Potentialstufe für ein Teilchen der Energie E (vgl. Fig.3.6)

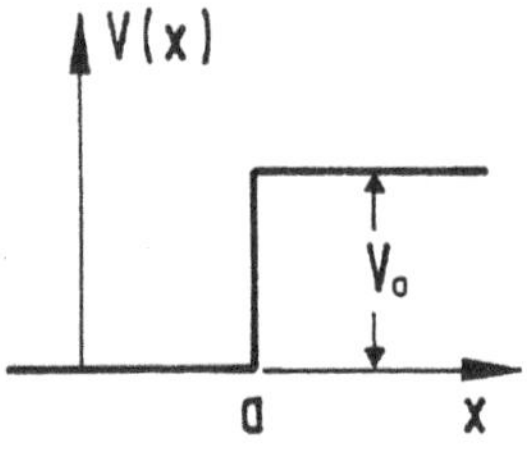

$$V(x) = \begin{cases} 0 & x \leq a \\ V_0 & x > a. \end{cases}$$

Die Schrödinger–Gleichung lautet

$$\frac{d^2\phi}{dx^2} = \frac{2M}{\hbar^2}(V(x) - E)\phi.$$

Die Integration im Bereich von x = a bis x = a + Δx ergibt

$$\frac{d\phi}{dx}\Big|_{x=a+\Delta x} - \frac{d\phi}{dx}\Big|_{x=a} = \frac{2M}{\hbar^2}\int_a^{a+\Delta x}(V(x) - E)\phi(x)\,dx.$$

Im Grenzwert $\Delta x \to 0$ verschwindet das Integral, da der Integrand endlich bleibt, und daher ist

$$\frac{d\phi}{dx}\Big|_{x=a+0} = \frac{d\phi}{dx}\Big|_{x=a}.$$

Die Ableitung bleibt bei der Sprungstelle stetig und daher auch die Funktion $\phi(x)$.

Liegt eine unendliche Sprungstelle des Differentials vor ($V_0 = \infty$), wie im Beispiel des Potentialkastens mit unendlich hohen Wänden (Fig.3.4), so ist dies nicht der Fall. Die Ableitung macht dort bei x = L einen Sprung, die Wellenfunktion $\phi(x)$ bleibt trotzdem stetig. Für den Bereich 0 < x < L ist das Potential V(x) = 0, außerhalb aber V(x) = ∞. Im Bereich 0 < x < L lautet die Lösung der Schrödinger–Gleichung (s. Gl.(3.15))

$$\phi_n(x) = \sqrt{\frac{2}{L}} \sin(\frac{n\pi}{L}x) \qquad mit \qquad n = 1, 2, 3, ...$$

und außerhalb dieses Bereiches ist $\phi(x) = 0$, da das Teilchen nicht in das unendlich hohe Potential eindringen kann. Bei x = 0 bzw. x = L ist $\phi_n(0) = \phi_n(L) = 0$, die Ableitung ist aber von Null verschieden.

Aufgabe 45: *Berechnen Sie für den Tunneleffekt (Abschn.3.3.4) die einzelnen Teilwellen für den Fall $E < V_0$ und daraus den Transmissionskoeffizienten T Gl.(3.23).*

$$V(x) = \begin{cases} 0 & \text{für } x < 0 \\ V_0 & \text{für } 0 \leq x \leq a \\ 0 & \text{für } x > a. \end{cases}$$

Lösung: Der Lösungsansatz in den 3 Potentialbereichen lautet

$$\begin{aligned} \phi_1 &= A\exp(ikx) + B\exp(-ikx) \\ \phi_2 &= C\exp(-\kappa x) + D\exp(\kappa x) \\ \phi_3 &= E\exp(ikx) \end{aligned}$$

mit $k = \sqrt{2ME/\hbar^2}$ und $\kappa = \sqrt{2M(V_0 - E)/\hbar^2}$.
Die Stetigkeitsbedingungen liefern die 4 Gleichungen

$$\begin{aligned} A + B &= C + D & Ce^{-\kappa a} + De^{\kappa a} &= Ee^{ika} \\ ik(A - B) &= \kappa(D - C) & \kappa(De^{\kappa a} - Ce^{-\kappa a}) &= ikEe^{ika}. \end{aligned}$$

Eleminiert man aus den letzten beiden Gleichungen E und aus den ersten beiden B, so erhält man

$$\begin{aligned} C &= \frac{2ik(ik - \kappa)}{(ik - \kappa)^2 - e^{-2\kappa a}(ik + \kappa)^2}A \\ D &= \frac{2ik(ik + \kappa)}{(ik + \kappa)^2 - e^{2\kappa a}(ik - \kappa)^2}A. \end{aligned}$$

Daher folgt die Amplitude E zu

$$E = e^{-ika}(Ce^{-\kappa a} + De^{\kappa a}) = \frac{-4ik\kappa e^{-ika}}{(ik - \kappa)^2 e^{\kappa a} - (ik - \kappa)^2 e^{-\kappa a}}A$$

und daraus

$$E = \frac{-4ik\kappa e^{-ika}}{(\kappa^2 - k^2)(e^{\kappa a} - e^{-\kappa a}) - 2ik\kappa(e^{\kappa a} + e^{-\kappa a})} A.$$

Der Transmissionskoeffizient Gl.(3.23) ergibt sich dann zu

$$T = \frac{|E|^2}{|A|^2} = \frac{16k^2\kappa^2}{16k^2\kappa^2 + (\kappa^2 + k^2)^2(e^{2\kappa a} + e^{-2\kappa a} - 2)} = \left(1 + \frac{\sinh^2(\kappa a)}{(4E/V_0)(1 - E/V_0)}\right)^{-1}$$

bei Benutzung der Beziehung $e^{2x} + e^{-2x} - 2 = \sinh^2(x)$ und der Formeln für k und κ.

Aufgabe 46: *Berechnen Sie für ein Teilchen im Potentialkasten*

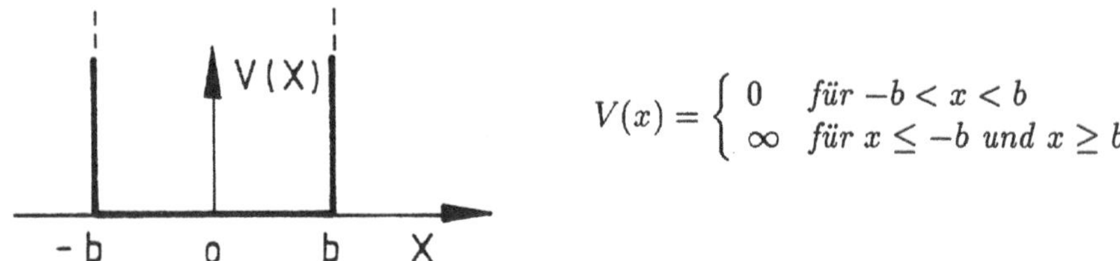

$$V(x) = \begin{cases} 0 & \text{für } -b < x < b \\ \infty & \text{für } x \leq -b \text{ und } x \geq b \end{cases}$$

die Wellenfunktionen und die zugehörigen Energien, indem Sie bei der Rechnung die Paritätssymmetrie des Problems (vgl. Abschn. 3.3.1) nutzen.

Lösung: Der Hamilton–Operator des Problems

$$H = \frac{p^2}{2M} + V(x)$$

kommutiert mit dem Paritätsoperator P. Die Lösungen der Schrödinger–Gleichung müssen daher auch Eigenfunktionen des Paritätsoperators sein, d.h. sie sind entweder symmetrisch oder antisymmetrisch bzgl. des Ursprungs.

Die symmetrischen bzw. antisymmetrischen Lösungen des Lösungsansatzes

$$\phi(x) = A\exp(ikx) + B\exp(-ikx) \qquad mit \qquad k = \sqrt{\frac{2ME}{\hbar^2}}$$

sind:

$$\begin{aligned} \phi^S(x) &= A(\exp(ikx) + \exp(-ikx)) = 2A\cos(kx) \\ \phi^A(x) &= A(\exp(ikx) - \exp(-ikx)) = 2Ai\sin(kx). \end{aligned}$$

Die Grenzbedingungen $\phi(b) = \phi(-b) = 0$ ergeben

- für die symmetrischen Lösungen $\cos(kb) = 0$, d.h. $kb = \frac{2n+1}{2}\pi$ mit n = 0,1,2...

$$E_n = \frac{\pi^2\hbar^2}{(2b)^2 2M}(2n + 1)^2 \qquad\qquad \phi_n^S(x) = \sqrt{\frac{1}{b}}\cos\left(\frac{2n+1}{2b}\pi x\right).$$

• für die antisymmetrischen Lösungen $\sin(kb) = 0$, d.h. $kb = n\pi$ mit n = 1,2...

$$E_n = \frac{\pi^2\hbar^2}{(2b)^2 2M}(2n)^2 \qquad\qquad \phi_n^A(x) = \sqrt{\frac{1}{b}}\sin\left(\frac{n\pi}{b}x\right).$$

Die beiden Lösungen entsprechen den Lösungen Gl.(3.15).

Aufgabe 47: *Berechnen Sie die Lösung der Schrödinger-Gleichung für folgendes Potential*

$$V(x) = \begin{cases} \infty & f\ddot{u}r\ x < 0 \\ 0 & f\ddot{u}r\ 0 \le x \le a \\ V_0 & f\ddot{u}r\ x > a. \end{cases}$$

Lösung: Der übliche Lösungsansatz lautet in den zwei Bereichen:

$$\phi_1(x) = e^{ik_1 x} + B e^{-ik_1 x}$$

$$\phi_2(x) = \begin{cases} C e^{-\kappa x} & f\ddot{u}r \quad E < V_0 \\ C e^{ik_2 x} + D e^{-ik_2 x} & f\ddot{u}r \quad E > V_0. \end{cases}$$

Einfacher ist der Lösungsansatz mit reellen Funktionen

$$\phi_1(x) = \sin(k_1 x + \delta_1)$$

$$\phi_2(x) = \begin{cases} C e^{-\kappa x} & f\ddot{u}r \quad E < V_0 \\ C \sin(k_2 x + \delta_2) & f\ddot{u}r \quad E > V_0, \end{cases}$$

wobei $k_1 = \sqrt{\dfrac{2ME}{\hbar^2}}$ und $\kappa = \sqrt{\dfrac{2M(V_0 - E)}{\hbar^2}}$ für $E < V_0$ bzw. $k_2 = \sqrt{\dfrac{2M(E - V_0)}{\hbar^2}}$ für $E > V_0$. Die Gesamtlösung muß normiert werden, so daß

$$N\int_0^a |\phi_1|^2 dx + N\int_a^\infty |\phi_2|^2 dx = 1.$$

Für $E < V_0$ bzw. $E > V_0$ lauten die Grenzbedingungen

1.) $\sin\delta_1 = 0$ $\qquad\qquad\qquad\quad$ $\sin\delta_1 = 0$

2.) $\sin(k_1 a + \delta_1) = C e^{-\kappa a}$ $\quad$ *bzw.* $\quad$ $\sin(k_1 a + \delta_1) = C\sin(k_2 a + \delta_2)$

3.) $k_1\cos(k_1 a + \delta_1) = -C\kappa e^{\kappa a}$ $\qquad$ $k_1\cos(k_1 a + \delta_1) = Ck_2\cos(k_2 a + \delta_2).$

Hieraus folgt $\delta_1 = n\pi$ mit $n = 0, \pm 1, \pm 2, ...$

Für $E < V_0$ gibt es nur eine Unbekannte C und zwei Bedingungen, sodaß

$$\tan(k_1 a + \delta_1) = -\frac{k_1}{\kappa} = -\sqrt{\frac{E}{V_0 - E}}$$

erfüllt sein muß; d.h. es existieren nur Lösungen für ganz bestimmte diskrete Energiewerte.

Umgekehrt gibt es für $E > V_0$ die Unbekannten C und δ_2, die für alle Energien $E > V_0$ berechnet werden können. Es gibt unendlich viele Lösungen.

Es gilt $\quad \tan(k_1 a + \delta_1) = \dfrac{k_1}{k_2} \tan(k_2 a + \delta_2) = \sqrt{\dfrac{E}{E - V_0}}\, \tan(k_2 a + \delta_2).$

Die Lösung der transzendenten Gleichung für $E < V_0$ ergibt im einfachsten Fall folgendes Bild

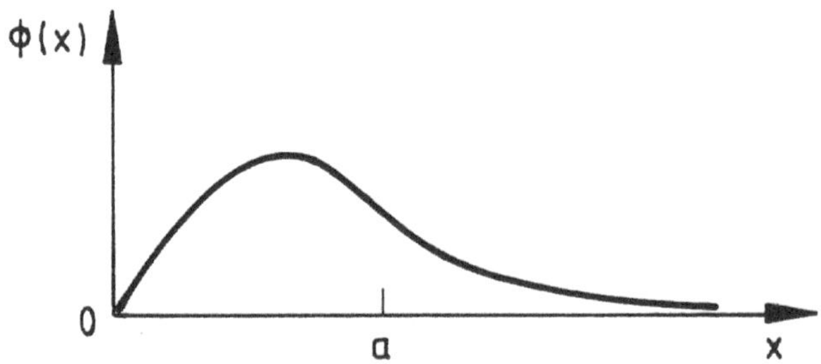

Der für die Praxis (s.Kap.8, Kernphysik) wichtige Fall mit verschobenem Potential wird auf die gleiche Weise berechnet, mit dem Unterschied, daß für die zwei betrachteten Fälle bei $-V_0 < E < 0$ bzw. $E > 0$ die Wellenzahlen

$$k_1 = \sqrt{\frac{2M(E + V_0)}{\hbar^2}} \qquad \kappa = \sqrt{\frac{2M|E|}{\hbar^2}} \quad bzw. \quad k_2 = \sqrt{\frac{2ME}{\hbar^2}}$$

zu verwenden sind.

Aufgabe 48: *Berechnen Sie die Lösung der Schrödinger–Gleichung für folgendes Potential*

$$V(x) = \begin{cases} \infty & \text{für } x > b \text{ bzw. } x < -b \\ 0 & \text{für } a < x \leq b \text{ bzw. } -b \leq x < -a \\ V_0 & \text{für } -a \leq x \leq a. \end{cases}$$

Lösung: In den drei Bereichen $(-b \leq x < -a, -a \leq x \leq a, a < x \leq b)$ lautet der Lösungsansatz

$$\begin{aligned}
\phi_1(x) &= e^{ikx} + Be^{-ikx} \\
\phi_2(x) &= \begin{cases} Ce^{-\kappa x} + De^{\kappa x} & \text{für } E < V_0 \\ Ce^{ikx} + De^{-ikx} & \text{für } E > V_0 \end{cases} \\
\phi_3(x) &= Fe^{ikx} + Ge^{-ikx},
\end{aligned}$$

mit $k = \sqrt{\dfrac{2ME}{\hbar^2}}$ und $\kappa = \sqrt{\dfrac{2M(V_0 - E)}{\hbar^2}}$ für $E < V_0$ bzw. $K = \sqrt{\dfrac{2M(E - V_0)}{\hbar^2}}$ für $E > V_0$.

Die Gesamtlösung muß normiert werden, so daß

$$N \int_{-b}^{-a} \mid \phi_1 \mid^2 dx + N \int_{-a}^{a} \mid \phi_2 \mid^2 dx + N \int_{a}^{b} \mid \phi_3 \mid^2 dx = 1.$$

Die Grenzbedingungen für $E < V_0$ lauten

$$
\begin{aligned}
&1) & e^{-ikb} + B e^{ikb} &= 0 \\
&2) & e^{-ika} + B e^{ika} &= C e^{\kappa a} + D e^{-\kappa a} \\
&3) & ik(e^{-ika} - B e^{ika}) &= \kappa(-C e^{\kappa a} + D e^{-\kappa a}) \\
&4) & C e^{-\kappa a} + D e^{\kappa a} &= F e^{ika} + G e^{-ika} \\
&5) & \kappa(-C e^{-\kappa a} + D e^{\kappa a}) &= ik(F e^{ika} + G e^{-ika}) \\
&6) & F e^{ikb} + G e^{-ikb} &= 0.
\end{aligned}
$$

Für $E > V_0$ bleiben die Bedingungen 1) und 6) erhalten; die verbleibenden Bedingungen verändern sich zu

$$
\begin{aligned}
&2a) & e^{-ika} + B e^{ika} &= C e^{-iKa} + D e^{iKa} \\
&3a) & k(e^{-ika} - B e^{ika}) &= K(C e^{-iKa} - D e^{iKa}) \\
&4a) & C e^{iKa} + D e^{-iKa} &= F e^{ika} + G e^{-ika} \\
&5a) & K(C e^{iKa} - D e^{-iKa}) &= k(F e^{ika} - G e^{-ika}).
\end{aligned}
$$

Für beide Fälle ($E < V_0$ bzw. $E > V_0$) haben wir 6 Bedingungen mit 5 Unbekannten (B, C, D, F, G). Diese Bedingungen werden nur erfüllt, wenn E (und damit k,κ, K) ganz bestimmte Werte annehmen (Eigenwerte der Lösung). Durch Eleminieren der Unbekannten erhält man eine komplizierte transzendente Gleichung in E, die durch numerische Methoden gelöst werden kann.

Einfacher wird die Berechnung, wenn die Symmetrie des Problems genützt und die Lösung reell angesetzt wird. Wir geben den Lösungsansatz für $E < V_0$ für die symmetrische bzw. antisymmetrische Lösungen in den 3 Bereichen (b > x > a, bzw. a > x > -a bzw. -a > x > -b) an

$$
\begin{aligned}
\phi_1(x) &= \sin(kx + \phi) & \qquad\qquad \phi_1(x) &= \sin(kx + \phi) \\
\phi_2(x) &= C(\exp(\kappa x) + \exp(-\kappa x)) & \phi_2(x) &= C(\exp(\kappa x) - \exp(-\kappa x)) \\
\phi_3(x) &= \sin(-kx + \phi) & \phi_3(x) &= -\sin(-kx + \phi).
\end{aligned}
$$

Ähnlich ist der Ansatz für $E > V_0$. Die Berücksichtigung der Grenzbedingung $\phi_1(b) = \phi_3(-b) = 0$ und der Stetigkeitsbedingung bei $x = \pm a$ ergeben für die symmetrische bzw. antisymmetrische Lösung

$$\kappa \tan(ka - kb) = k \coth(\kappa a) \qquad bzw. \qquad \kappa \tan(ka - kb) = k \tanh(\kappa a).$$

Die Lösung dieser transzendenten Gleichung ergibt die Eigenwerte E und daraus die gesamte Lösung. Für einen Spezialfall (Elektron im Potential mit $V_0 = 20eV, a =$

$0.1nm, b = 0.5nm$) sind die ersten 4 Lösungen in beigegebener Figur zu sehen. Gleichzeitig sind auch die Lösungen für den Fall $V_0 = 0$ (Teilchen im Potentialkasten) eingezeichnet. Man sieht, daß sich die Lösungen des Falles $V_0 > 0$ von denjenigen des Falles $V_0 = 0$ vor allem darin unterscheiden, daß die Aufenthaltswahrscheinlichkeiten im Bereich des Potentials V_0 klein wird. Eine interssante Eigenschaft der Lösungen ist, daß für genügend große Werte von V_0 je zwei der Lösungen (je eine symmetrische und eine antisymmetrische Lösung) fast gleiche Energiewerte E_S bzw. E_A ergeben. In unserem Beispiel unterscheiden sich die Werte erst in der zweiten Dezimalen. Überlagerungen von diesen Lösungen ergeben ein interessantes Zeitverhalten

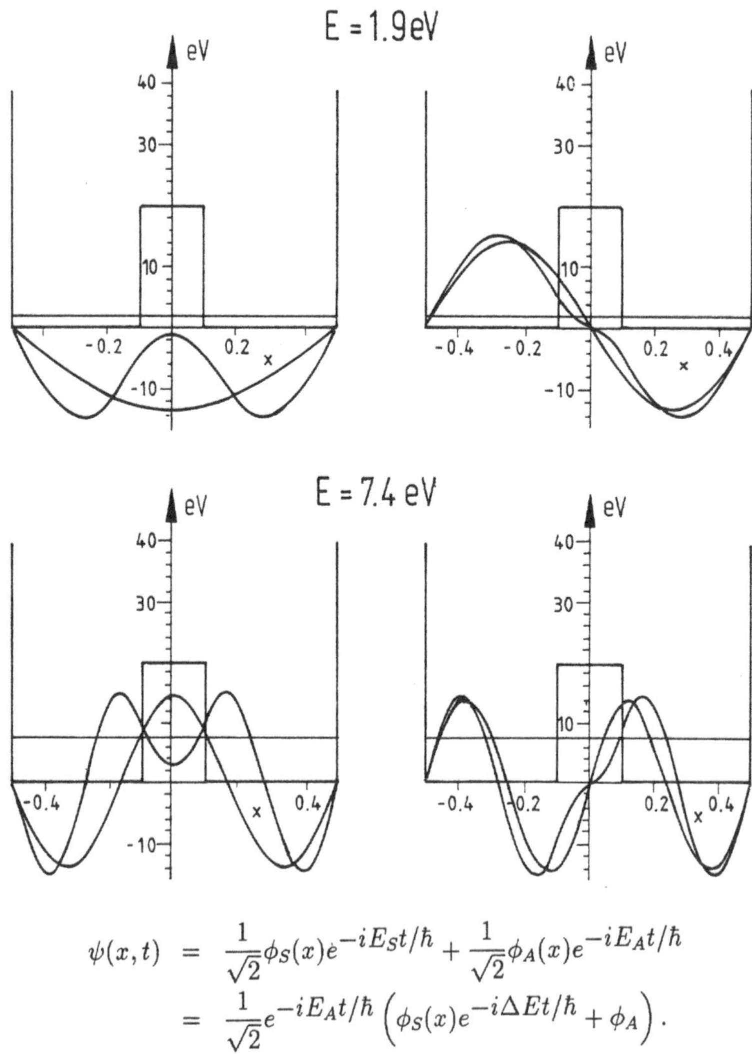

$$\psi(x,t) \;=\; \frac{1}{\sqrt{2}}\phi_S(x)e^{-iE_St/\hbar} + \frac{1}{\sqrt{2}}\phi_A(x)e^{-iE_At/\hbar}$$

$$=\; \frac{1}{\sqrt{2}}e^{-iE_At/\hbar}\left(\phi_S(x)e^{-i\Delta Et/\hbar} + \phi_A\right).$$

Zur Zeit $t = 0$ ergibt sich $\phi \sim \phi_S + \phi_A$, was bedeutet, daß sich das Teilchen praktisch nur im Bereich rechts vom Potential V_0 befindet. Nach der Zeit $\tau/2 = \pi\hbar/\Delta E$ ist $\phi \sim \phi_A - \phi_S$ und das Teilchen hält sich praktisch nur links von V_0 auf. Das Teilchen durchtunnelt also mit der Periode $\tau = 2\pi\hbar/\Delta E$ das Potential V_0.

Dieses Phänomen findet in der Molekülphysik (Kap.7) zur Erklärung der Inversionsschwingung des N-Atoms beim NH_3-Molekül (s. Abschn.7.2) Anwendung. Dabei schwingt das Atom N mit der Frequenz $\nu = 2.38 \times 10^{10} Hz$ durch die Ebene, die durch die drei H-Atome gebildet wird. Das realistische Potential hat allerdings nicht exakt die Form wie in unserem Beispiel, sondern es ist stark abgerundet. Unser Beispiel ist aber gut geeignet, die Inversionsschwingung vom Prinzip her zu verstehen.

$*$ **Aufgabe 49:** *Berechnen Sie für einen ausgedehnten dreidimensionalen Potentialkasten*

$$V(x,y,z) = \begin{cases} 0 & \text{für } 0 < x < L \text{ und } 0 < y < L \text{ und } 0 < z < L \\ \infty & \text{außerhalb dieses Bereiches} \end{cases}$$

die Zahl der Energiezustände pro Energieintervall dZ/dE. Die verschiedenen Energiezustände liegen für große L-Werte praktisch dicht. Dieses Problem ist für die Festkörperphysik der Metalle wichtig, wenn sich die Elektronen innerhalb eines Würfels der Länge L frei bewegen.

Lösung: Die Lösung der zugehörigen Schrödinger-Gleichung ist eine Verallgemeinerung des eindimensionalen Potentialkastenproblems (Abschn. 3.3.1) und ergibt sich mit $n_1, n_2, n_3 = 1, 2, 3\ldots$ zu

$$\Phi_{n_1,n_2,n_3}(x,y,z) = \left(\frac{2}{L}\right)^{3/2} \sin\left(\frac{n_1\pi}{L}x\right) \cdot \sin\left(\frac{n_2\pi}{L}y\right) \sin\left(\frac{n_3\pi}{L}z\right)$$

Die zugehörigen Energiewerte sind

$$E_{n_1 n_2 n_3} = \frac{h^2}{8 M_e L^2}(n_1^2 + n_2^2 + n_3^2) = \frac{h^2}{8 M_e L^2} N^2.$$

Für große n-Werte liegen die Energiezustände praktisch dicht. Alle degenerierten Zustände für ein bestimmtes N^2 (alle Wertetripel n_1, n_2, n_3 die den selben Wert N^2 ergeben) liegen in einem dreidimensionalen Koordinatensystem mit den Achsen n_1, n_2, n_3 auf einer Kugelschale im Bereich positiver n-Werte (im Fall $n_3 = 0$ ist dies eine Kreisscheibe).

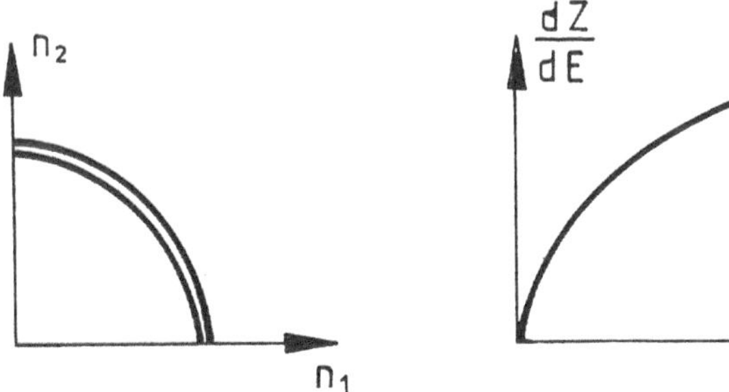

Die Zahl der Zustände Z für Energien von 0 bis E ist $Z(E) = \frac{1}{8}(\frac{4}{3}\pi N^3)$, wobei

$\frac{4}{3}\pi N^3$ das Kugelvolumen mit dem Radius N ist. Der Faktor $\frac{1}{8}$ begründet sich aus der Tatsache, daß n_1, n_2, n_3 nur positive Werte annehmen können. Setzt man die Größe N aus obiger Gleichung ein, so erhält man

$$Z(E) = \frac{8\pi L^3}{3h^3}(2M_e^3)^{1/2}E^{3/2}.$$

Die Dichte der Zustände ist hiermit (s. Figur rechts)

$$\frac{dZ}{dE} = \frac{4\pi L^3}{h^3}(2M_e^3)^{1/2}E^{1/2}.$$

Aufgabe 50: *Die hermiteschen Polynome können nach folgender Formel erzeugt werden*

$$H_n(x) = (-1)^n e^{x^2}\frac{d^n}{dx^n}(e^{-x^2}).$$

Berechnen Sie hiermit die ersten vier Wellenfunktionen des eindimensionalen harmonischen Oszillators und zeigen Sie, daß sie orthonormal sind.

Lösung: Es ergibt sich

$$\phi_0(x) = \left(\frac{a}{\pi}\right)^{1/4}\exp(-\frac{ax^2}{2}) \qquad\qquad \phi_2(x) = \left(\frac{a}{4\pi}\right)^{1/4}(2ax^2 - 1)\exp(-\frac{ax^2}{2})$$

$$\phi_1(x) = \left(\frac{4a^3}{\pi}\right)^{1/4}x\exp(-\frac{ax^2}{2}) \qquad\qquad \phi_3(x) = \left(\frac{a^3}{9\pi}\right)^{1/4}(2ax^3 - 3x)\exp(-\frac{ax^2}{2}).$$

Für den Nachweis der Orthonormalität verwendet man die Beziehung

$$\int_{-\infty}^{+\infty} x^n \exp(-ax^2)\, dx = \begin{cases} 0 & \text{für } n \text{ ungerade} \\[2mm] \dfrac{\Gamma(n/2 + 1/2)}{a^{(n+1)/2}} & \text{für } n \text{ gerade} \end{cases}$$

mit

$$\Gamma(n + 1/2) = \frac{(2n)!\sqrt{\pi}}{n!2^{2n}}.$$

Aufgabe 51: *Wie groß ist die Nullpunktsenergie des zweiatomigen Moleküls CO, wenn die beiden Atome mit der Frequenz $\nu = 6.43 \times 10^{11}Hz$ schwingen.*

Lösung:

$$\begin{aligned} E_0 &= \frac{1}{2}h\nu = \frac{1}{2}\hbar\omega = 4.136 \times 10^{-15}eVs \times \frac{1}{2}6.43 \times 10^{11}s^{-1} \\ &= 1.34 \times 10^{-3}eV. \end{aligned}$$

Aufgabe 52: *Zeigen Sie, daß beim harmonischen Oszillator die Erwartungswerte von Ort und Impuls eines Teilchens wie im klassischen Fall mit der Frequenz $\omega = \sqrt{K/M}$ (s. Abschn.3.3.6) schwingen.*

Lösung Die orthonormierten Energie–Eigenfunktionen des harmonischen Oszillators lauten nach Gl.(3.33)

$$\phi_n(x) = \left(\frac{\sqrt{a}}{\sqrt{\pi}2^n n!}\right)^{1/2} H_n(\sqrt{a}x)\exp(-ax^2/2) \quad mit \quad E_n = \hbar\omega(n+1/2), \quad n = 0,1,2...$$

Für die Lösungen gelten ferner folgende Rekursionsformeln

$$x\phi_n(x) = \sqrt{\frac{n+1}{2a}}\phi_{n+1}(x) + \sqrt{\frac{n}{2a}}\phi_{n-1}(x)$$

$$\frac{d\phi_n(x)}{dx} = -\sqrt{\frac{a(n+1)}{2}}\phi_{n+1}(x) + \sqrt{\frac{an}{2}}\phi_{n-1}(x).$$

Die Wellenfunktion $\psi(x,t)$ des Teilchens kann nach Eigenzuständen $\phi_n(x)$ zerlegt werden

$$\psi(x,t) = \sum_n b_n e^{-iE_n t/\hbar}\phi_n(x).$$

Daher ergibt sich für den Erwartungswert von x

$$\begin{aligned}
<x(t)> &= \int \psi^*(x,t)x\psi(x,t)\,dx \\
&= \sum_{n,m} b_n b_m^* \exp(i(E_m - E_n)t/\hbar)\int \phi_m^*(x)x\phi_n(x)\,dx \\
&= \sum_{n,m} b_n b_m^* \exp(i(E_m - E_n)t/\hbar)\left(\sqrt{\frac{n+1}{2a}}\delta_{n+1,m} + \sqrt{\frac{n}{2a}}\delta_{n-1,m}\right) \\
&= \sum_n \sqrt{\frac{n+1}{2a}}(b_n b_{n+1}^*\exp(i\omega t) + b_n^* b_{n+1}\exp(-i\omega t)) \\
&= \sum_n \sqrt{\frac{2(n+1)}{a}}\,\Re e(b_n b_{n+1}^*\exp(i\omega t)).
\end{aligned}$$

Entsprechend berechnet sich der Impulserwartungswert zu

$$\begin{aligned}
<p(t)> &= \int \psi^*(x,t)(-i\hbar d/dx)\psi(x,t)\,dx \\
&= \sum_n \hbar\sqrt{2a(n+1)}\,\Im m(b_n b_{n+1}^*\exp(i\omega t)).
\end{aligned}$$

Aufgabe 53: *Die Kugelfunktionen können aus den zugeordneten Legendre–Polynomen $P_l^m(\cos\theta)$ ($l = 0, 1, 2, ...; m = 0, 1,...l$) gewonnen werden. Berechnen Sie die Kugelfunktionen für $l = 3$.*

Lösung: Für die Legendre–Polynome $P_l(x)$ gilt mit $x = \cos\theta$ und $l = 0,1,2,\dots$

$$P_l(x) = \frac{1}{2^l l!}\frac{d^l}{dx^l}(x^2 - 1)^l$$

und für das zugeordnete Legendre–Polynom $P_l^m(x)$ mit ($l = 0, 1, 2,\dots$; $m = 0, 1, \dots, l$)

$$P_l^m(x) = (1 - x^2)^{m/2}\frac{d^m}{dx^m}P_l(x).$$

Die Kugelfunktionen für $l = 0, 1, 2, \dots$; $m = 0,1, \dots,l$ lauten (s.Gl.(3.44))

$$Y_l^m(\varphi,\theta) = (-1)^m \left(\frac{2l+1}{4\pi}\frac{(l-m)!}{(l+m)!}\right)^{1/2} P_l^m(\cos\theta)e^{im\varphi}.$$

Obige Formeln liefern daher $P_3(x) = \frac{1}{2}(5x^3 - 3x)$ und

$P_3^3(\cos\theta) = 15\sin^3\theta$	$Y_3^3(\varphi,\theta) = -\sqrt{\frac{35}{64\pi}}\sin^3\theta e^{3i\varphi}$
$P_3^2(\cos\theta) = 15\sin^2\theta\cos\theta$	$Y_3^2(\varphi,\theta) = \sqrt{\frac{105}{32\pi}}\sin^2\theta\cos\theta e^{2i\varphi}$
$P_3^1(\cos\theta) = \frac{3}{2}\sin\theta(5\cos^2\theta - 1)$	$Y_3^1(\varphi,\theta) = -\sqrt{\frac{21}{64\pi}}\sin\theta(5\cos^2\theta - 1)e^{i\varphi}$
$P_3^0(\cos\theta) = \frac{1}{2}(5\cos^3\theta - 3\cos\theta)$	$Y_3^0(\varphi,\theta) = \sqrt{\frac{7}{16\pi}}(5\cos^3\theta - 3\cos\theta).$

Kugelfunktionen mit $m < 0$ berechnen sich aus $Y_l^{-m}(\varphi,\theta) = (-1)^m Y_l^{m*}(\varphi,\theta)$.

Aufgabe 54: *Der starre Rotator wird durch Kugelfunktionen $Y_l^m(\varphi,\vartheta)$ beschrieben, wobei für große Werte von l die Beschreibung in den klassischen Fall übergeht. Skizzieren Sie qualitativ das Polardiagramm von $Y_l^m(\varphi,\vartheta)$ für große Werte von l und $m = l$ bzw. $m = 0$.*

Lösung: Für große Werte von l und $m = l$ liegt der Drehimpuls und – im klassischen Fall die Drehachse – entlang der z–Achse. Das bedeutet, daß sich das Teilchen nur in der x–y–Ebene aufhalten kann. Man erwartet eine in der x–y–Ebene flache Verteilung der Aufenthaltswahrscheinlichkeit. Für große Werte von l und $m = 0$ liegt der Drehimpuls bzw. die Drehachse irgendwo in der x–y–Ebene. Nur in z–Richtung gibt es für jede der Drehachsen in der x–y–Ebene eine von Null verschiedene Aufenthaltswahrscheinlichkeit des Teilchens. Man erwartet eine große Aufenthaltswahrscheinlichkeit entlang der z–Achse. Die theoretischen Verteilungen für die beiden Fälle sind nachfolgend skizziert.

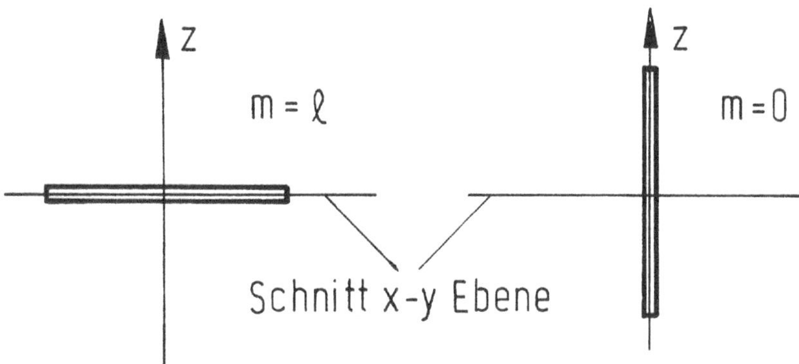

12.2 Hermitesche Operatoren

Im atomaren Bereich werden bekanntlich für manche physikalische Größen im Gegensatz zu den Erwartungen der makroskopischen Physik nur diskrete Werte gemessen. Hieraus entstand die Idee, physikalische Größen durch mathematische Operatoren zu beschreiben. Aus der Mathematik weiß man nämlich, daß in vielen Fällen die Eigenwerte von Operatoren nur diskrete Werte annehmen. Unter diesen Größen besitzen gerade die linearen, hermiteschen Operatoren die Eigenschaft, daß ihre Eigenwerte den physikalischen Meßgrößen zugeordnet werden können. Man nennt sie dann **Observable**. Wie in der Mathematik üblich stellt man die Eigenwertgleichung

$$A\varphi_n = a_n\varphi_n.$$

auf, wobei A die Observable für die physikalische Größe, φ_n die Eigenfunktionen und a_n die Eigenwerte sind. A kann z.B. ein Differentialoperator sein (s. Tab. 3.3 in Abschn. 3.4). Einen solchen Operator enthält die zeitunabhängige Schrödinger–Gleichung Gl.(3.12) bzw. (3.13), deren Eigenwerte das Energiespektrum des betrachteten Systems liefern. Aber auch abstrakte Operatoren sind bekannt wie z.B. der Paritätsoperator (Abschn. 4.1) oder der Permutationsoperator (Abschn.6.1.1).

Linear ist ein Operator, wenn seine Wirkung auf eine Linearkombination $\lambda_1\psi_1(\vec{r},t) + \lambda_2\psi_2(\vec{r},t)$ mit konstanten, komplexen Koeffizienten λ_i wie folgt aussieht

$$A(\lambda_1\psi_1 + \lambda_2\psi_2) = \lambda_1(A\psi_1) + \lambda_2(A\psi_2).$$

Wir werden weiter unten einen Operator kennenlernen, der diese Eigenschaft nicht hat, der aber trotzdem physikalisch bedeutsam ist.

Im übrigen sind die Eigenschaften der Observablen, ihrer Eigenwerte und ihrer Eigenfunktionen in Abschn.3.4 genauer diskutiert und werden hier als bekannt vorausgesetzt.

Bekanntlich bestimmt die Wellenfunktion $\psi(\vec{r}, t)$ das physikalische System vollständig, beinhaltet also die gesamte mögliche Information über das Problem. Ihre Aussagen sind aber immer nur Wahrscheinlichkeitsaussgen, wie sie für die Quantenphysik typisch sind. Die Wellenfunktion wird auf 1 normiert, damit die Wahrscheinlichkeitsinterpretation der Quantenmechanik einen Sinn macht. Ist eine Normierung auf 1 nicht möglich, so wird die δ-Funktion verwendet.

Die zeitliche Entwicklung der Wellenfunktion wird mit Hilfe der zeitabhängigen Schrödinger-Gleichung (Gln. 3.8 bzw. 3.9) beschrieben

$$i\hbar\frac{\partial\psi(\vec{r}, t)}{\partial t} = H(\vec{r}, \vec{p})\psi(\vec{r}, t),$$

wobei H der Operator der Energie (Hamilton-Operator) ist. Die Schrödinger-Gleichung beinhaltet alle Forderungen, die an die Wellenfunktion gestellt werden. Als Differentialgleichung erster Ordnung in der Zeit wird die Zukunft eines physikalischen Systems, das zur Zeit t_0 gegeben ist, eindeutig vorhergesagt. Außerdem gilt hier das Superpositionsprinzip von Lösungen und das Korrespondenzprinzip für physikalische Bereiche, in denen die Vorhersagen der Quantenphysik mit denen der klassischen Physik übereinstimmen sollen. Die allgemeine Lösung der Schrödinger-Gleichung ergibt (s. Abschn. 3.2)

$$\psi(\vec{r}, t) = \sum_n a_n \exp(-\frac{i}{\hbar}E_n t)\phi_n(\vec{r}).$$

$\phi_n(\vec{r})$ und E_n stellen die Eigenfunktionen und die zugehörigen Eigenwerte des betreffenden Problems (Gln. 3.13) dar. Die Koeffizienten a_n sind beliebig und fixieren die Wellenfunktion $\psi(\vec{r}, t = 0)$ zur Anfangszeit t = 0. Sie müssen jedoch so gewählt werden, daß die Wellenfunktion normiert ist (Aufgaben 61 – 62).

Betrachten wir nun, was die Quantentheorie für die Messung einer physikalischen Größe vorhersagt. Die physikalische Situation ist durch die Wellenfunktion $\psi(\vec{r}, t)$ gegeben, die physikalischen Größen durch ihre Observablen. Es ergibt sich folgendes: Wenn die Wellenfunktion eine der Eigenfunktionen der Observablen ist (beide Wellenfunktion und Eigenfunktion seien normiert), dann wird der zur Eigenfunktion zugehörige Eigenwert mit der Wahrscheinlichkeit 1 (Sicherheit) gemessen. Wenn dies nicht der Fall ist, so wird die Wellenfunktion nach dem vollständigen Satz der Eigenfunktionen zerlegt, also $\psi(\vec{r}) = \sum b_n \varphi_n(\vec{r})$; die Größen $|b_n|^2$ geben nun die Wahrscheinlichkeit an, den zu φ_n zugehörigen Eigenwert der Observablen zu messen.

Kommen wir nochmals auf den Mittelwert einer physikalischer Größe zurück, die durch eine Observable angegeben wird. Der Mittelwert bzw. Erwartungswert einer Größe, die sowohl vom Ort als auch vom Impuls abhängt, ist eine Verallgemeinerung von Gl.(10.21) und ergibt sich bei normierter Wellenfunktion aus dem Integral Gl.(3.59) (s.Aufgabe 61)

$$< B(t) >= \int \psi^*(\vec{r}, t)B(\vec{r}, -i\hbar\vec{\nabla}, t)\psi(\vec{r}, t)\, d^3r.$$

Eine wichtige Eigenschaft folgt aus der Zeitableitung dieses Mittelwertes

$$\frac{d<B(t)>}{dt} = \frac{d}{dt}\int \psi^* B\psi \, d^3r$$

$$= \int \frac{\partial \psi^*}{\partial t} B\psi \, d^3r + \int \psi^* \frac{\partial B}{\partial t}\psi \, d^3r + \int \psi^* B\frac{\partial \psi}{\partial t} \, d^3r.$$

Wenn die Größe $\frac{\partial \psi}{\partial t}$ bzw. $\frac{\partial \psi^*}{\partial t}$ aus der Schrödinger–Gleichung eingesetzt wird, so erhalten wir

$$\frac{d<B(t)>}{dt} = \int \psi^*(\vec{r},t)\left(\frac{\partial B}{\partial t} + \frac{i}{\hbar}[H,B]\right)\psi(\vec{r},t)\, d^3r.$$

Der Ausdruck $[H,B]$ ist der Kommutator der Operatoren H und B (Abschn. 3.4.2). Aus dieser Gleichung können wir zwei Folgerungen ableiten:

- Hängt eine Observable nicht explizit von der Zeit ab ($\frac{\partial B}{\partial t} = 0$) und kommutiert sie mit dem Hamilton–Operator H, ist also mit der Energie gleichzeitig scharf meß-bar, so ist $\frac{d<B(t)>}{dt} = 0$, d.h. so bleibt der Mittelwert zeitlich erhalten. Das ist der Erhaltungssatz der Größe B in der Quantentheorie (z.B. Erhaltungssatz von Drehimpuls, Parität usw.). Wenn z.B. am Anfang eines paritätserhaltenden Prozesses der Paritätseigenwert gleich $+1$ ist, so bleibt er im Laufe der Zeit erhalten und damit auch die dazugehörige Symmetrie der Wellenfunktion (z.B. Kernreaktionen, Abschn. 8.3.6).

- Man kann mit Hilfe der obigen Gleichung den Operator herleiten, der durch Zeit-differentiation eines anderen entsteht. Ein Beispiel ist der Operator der Geschwindigkeit, der aus dem Ortsoperator abgeleitet wird. Dabei muß aber angenommen werden, daß folgendes gilt

$$\frac{d}{dt}<B> = <\frac{dB}{dt}> \equiv <B^\bullet> \equiv \int \psi^*(\vec{r},t)B^\bullet\psi(\vec{r},t)\, d^3r.$$

Dann gilt die Operatorgleichung

(12.1)
$$\boxed{B^\bullet = \frac{\partial B}{\partial t} + \frac{i}{\hbar}[H,B].}$$

Beispiele zu diesen Resultaten finden Sie in den Aufgaben 55 – 62.

Aufgaben

Aufgabe 55: *Beweisen Sie, daß das Produkt zweier Observablen $A(\vec{r},-i\hbar\vec{\nabla})$ und $B(\vec{r},-i\hbar\vec{\nabla})$ nur dann hermitesch ist, wenn diese Observablen kommutieren. Zeigen Sie, daß jedoch die Kombinationen $(A\,B + B\,A)$ und $i(A\,B - B\,A)$ immer hermitesch sind. Beweisen Sie außerdem, daß das Produkt von zwei unitären Operatoren auch unitär ist.*

Lösung: Die zwei Observablen sind hermitesch, d.h. $A = A^+$ und $B = B^+$. Es gilt daher (s. Anhang B)

$$(AB)^+ = B^+ A^+ = BA \neq AB$$

für nichtkommutierende Operatoren.
Andererseits gilt

$$\begin{aligned}
(AB + BA)^+ &= (AB)^+ + (BA)^+ = BA + AB \\
(i(AB - BA))^+ &= -i(AB)^+ + i(BA)^+ = i(AB - BA).
\end{aligned}$$

Für einen unitären Operator S gilt $S^+ = S^{-1}$. Daher ergibt sich das Produkt zweier unitärer Operatoren $S = S_1 S_2$ zu

$$S^+ = (S_1 S_2)^+ = S_2^+ S_1^+ = S_2^{-1} S_1^{-1} = (S_1 S_2)^{-1} = S^{-1}.$$

* **Aufgabe 56:** *Zeigen Sie, daß der Impulsoperator $p_x = -i\hbar \frac{d}{dx}$ und der Operator der kinetischen Energie $T = -\frac{\hbar^2}{2M} \frac{d^2}{dx^2}$ hermitesche Operatoren sind (einfachheitshalber betrachten wir das Problem nur eindimensional).*

Lösung: Für hermitesche Operatoren $A(x, -i\hbar d/dx)$ gilt nach Gl.(3.52)

$$\int_{-\infty}^{+\infty} \psi(x)(A^* \phi(x))\, dx = \int_{-\infty}^{+\infty} \phi(x)(A\psi(x))\, dx,$$

wobei $\phi(x)$ und $\psi(x)$ zwei im Unendlichen verschwindende beliebige Funktionen sind, also $\phi(\pm\infty) = \psi(\pm\infty) = 0$.

Operator p_x. Es ist

$$\frac{d}{dx}(\psi(x)\phi(x)) = \psi\frac{d\phi}{dx} + \frac{d\psi}{dx}\phi.$$

Die Integration dieser Gleichung liefert die behauptete Eigenschaft

$$i\hbar \int_{-\infty}^{+\infty} \psi(x)\frac{d\phi}{dx}\, dx = -i\hbar \int_{-\infty}^{+\infty} \phi(x)\frac{d\psi}{dx}\, dx.$$

Operator T. Wir benutzen

$$\frac{d}{dx}\left(\psi\frac{d\phi}{dx} - \phi\frac{d\psi}{dx}\right) = \psi\frac{d^2\phi}{dx^2} - \phi\frac{d^2\psi}{dx^2}.$$

Die Integration liefert auch hier die behauptete Eigenschaft

$$-\frac{\hbar^2}{2M} \int_{-\infty}^{+\infty} \psi(x)\frac{d^2\phi}{dx^2}\, dx = -\frac{\hbar^2}{2M} \int_{-\infty}^{+\infty} \phi(x)\frac{d^2\psi}{dx^2}\, dx.$$

Aufgabe 57: *Die Eigenfunktionen einer Observablen mit diskretem Spektrum erfüllen die Orthonormalitätsbedingung Gl.(3.53)*

$$\int \varphi_n(\vec{r})\varphi_m^*(\vec{r})\, d^3r = \delta_{nm}.$$

Für kontinuierliche Spektren wird anstelle des Kronecker–Deltas δ_{nm} die δ–Funktion verwendet. Zeigen Sie solche Eigenfunktionen für den Impuls- und Ortsoperator.

Lösung: Die Eigenwertgleichung für den Impulsoperator $-i\hbar\vec{\nabla} = -i\hbar\vec{grad}$ ist

$$(-i\hbar\vec{grad})\varphi_{\vec{p}}(\vec{r}) = \vec{p}\varphi_{\vec{p}}(\vec{r}).$$

Man erkennt sofort den Eigenvektor $\varphi_{\vec{p}}(\vec{r}) = A\exp(i\vec{p}\vec{r}/\hbar)$. Das Impulsspektrum ist kontinuierlich. Die Normierung lautet daher

$$\int \varphi_{\vec{p}}^*(\vec{r})\varphi_{\vec{p}'}(\vec{r})d^3r = \delta(\vec{p}' - \vec{p}).$$

Die Funktion $\varphi_{\vec{p}}(\vec{r})$ eingesetzt, liefert nach Anhang G

$$\mid A \mid^2 \int \exp(i(\vec{p}' - \vec{p})\vec{r}/\hbar)\, d^3r = \mid A \mid^2 (2\pi\hbar)^3\delta(\vec{p}' - \vec{p})$$

d.h.

$$\varphi_{\vec{p}}(\vec{r}) = \frac{1}{(2\pi\hbar)^{3/2}} \exp(i\frac{\vec{p}\vec{r}}{\hbar}).$$

Die Eigenwertgleichung für den Ortsoperator $\vec{r}$ lautet

$$\vec{r}\bar{\varphi}(\vec{r},\vec{r}') = \vec{r}'\bar{\varphi}(\vec{r},\vec{r}').$$

Diese Gleichung ist erfüllt für

$$\bar{\varphi}(\vec{r},\vec{r}') = \delta(\vec{r} - \vec{r}').$$

Damit ist auch die Normierung erfüllt

$$\int \bar{\varphi}(\vec{r},\vec{r}')\bar{\varphi}(\vec{r},\vec{r}'')\, d^3r = \int \delta(\vec{r} - \vec{r}')\delta(\vec{r} - \vec{r}'')\, d^3r = \delta(\vec{r}' - \vec{r}'').$$

Aufgabe 58: *Kann die y–Komponente des Impulses gleichzeitig scharf mit der x–Komponente des Ortes gemessen werden?*

Lösung: Zwei physikalische Größen können gleichzeitig scharf gemessen werden, wenn ihre Operatoren kommutieren. Dies ist für die Operatoren der Aufgabenstellung der Fall.

$$[x, p_y] = -i\hbar x\frac{\partial}{\partial y} + i\hbar\frac{\partial}{\partial y}x = 0.$$

Entsprechend gleichartige Komponenten sind jedoch nicht vertauschbar, $[x, p_x] \neq 0$, $[y, p_y] \neq 0, [z, p_z] \neq 0$.

Aufgabe 59: *Wenn über alle Eigenfunktionen einer Observablen summiert wird, gilt die Vollständigkeitsrelation*

$$\delta(\vec{r} - \vec{r}') = \sum_n \varphi_n(\vec{r})\varphi_n^*(\vec{r}').$$

Zeigen Sie, daß aus dieser Beziehung die Gleichung (3.54) folgt, daß also jede Funktion $f(\vec{r})$ nach dem Satz von Eigenfunktionen $\varphi_n(\vec{r})$ zerlegt werden kann.

Lösung: Eine Funktion $f(\vec{r})$ läßt sich wie folgt schreiben

$$f(\vec{r}) = \int \delta(\vec{r} - \vec{r}')f(\vec{r}')\,d^3\vec{r}'.$$

Setzt man obige Beziehung für die δ–Funktion ein, so erhält man

$$
\begin{aligned}
f(\vec{r}) &= \sum_n \varphi_n(\vec{r}) \int f(\vec{r}')\varphi_n^*(\vec{r}')\,d^3r' \\
&= \sum_n g_n\varphi_n(\vec{r}).
\end{aligned}
$$

Aufgabe 60: *Beweisen Sie: Wenn zwei Observable $A(\vec{r}, \vec{p})$ und $B(\vec{r}, \vec{p})$ mit dem Hamilton Operator H kommutieren $[A, H] = [B, H] = 0$, selbst aber nicht vertauschen $[A,B] \neq 0$, so folgt daraus eine Entartung der Energieniveaus.*

Lösung: Auf Grund von $[A, H] = 0$ können gemeinsame Eigenfunktionen von A und H gefunden werden

$$
\begin{aligned}
H\varphi(\vec{r}) &= E_n\varphi(\vec{r}) \\
A\varphi(\vec{r}) &= a_n\varphi(\vec{r}).
\end{aligned}
$$

Da nach Voraussetzung $[A, B] \neq 0$, so ist $\varphi_n(\vec{r})$ keine Eigenfunktion von B

$$B\varphi(\vec{r}) \neq b_n\varphi(\vec{r}).$$

Anderseits ist $B\varphi_n(\vec{r})$ aber eine Eigenfunktion von H mit den Eigenwerten E_n

$$H(B\varphi_n(\vec{r})) = BH\varphi_n(\vec{r}) = E_n(B\varphi_n(\vec{r})).$$

Die Energien E_n sind also Eigenwerte sowohl von φ_n als auch von $B\varphi_n \neq \varphi_n$, d.h. die Energieniveaus E_n sind entartet.

Die entarteten Energieniveaus beim Zentralfeldproblem (z.B. beim H–Atom Abschn. 5.1) sind Beispiele dafür. Der Hamilton-Operator H kommutiert mit den drei

Komponenten des Drehimpulsoperators l_x, l_y, l_z, diese sind aber selbst nicht miteinander vertauschbar, d.h. nicht gleichzeitig scharf meßbar.

Aufgabe 61: *Zeigen Sie, daß der Ausdruck*

$$<A> = \int \phi^*(x) A(x, -i\hbar d/dx) \phi(x)\, dx$$

den Erwartungswert einer physikalischen Größe A(x,p) darstellt. $\phi(x)$ ist hierbei die Wellenfunktion des betrachteten Systems.

Lösung: Der hermitesche Operator A besitzt die Eigenwerte a_n (das sind die Meßwerte der entsprechenden physikalischen Größen) und die Eigenfunktionen $\varphi_n(x)$. Letztere sind orthonormal und bilden ein vollständiges System, d.h. die Wellenfunktion $\phi(x)$ läßt sich danach zerlegen

$$
\begin{aligned}
A(x, -i\hbar d/dx)\varphi_n(x) &= a_n \varphi_n(x) \\
\int \varphi_m^*(x)\varphi_n(x)\, dx &= \delta_{nm} \\
\phi(x) &= \sum_n g_n \varphi_n(x).
\end{aligned}
$$

Die Größe $|g_n|^2$ ist die Wahrscheinlichkeit, mit welcher der zur Eigenfunktion $\varphi_n(x)$ gehörende Eigenwert a_n gemessen wird. Demnach gilt

$$
\begin{aligned}
<A> &= \int \phi^*(x) A(x, -i\hbar d/dx) \phi(x)\, dx \\
&= \sum_{m,n} \int g_m^* g_n \varphi_m^*(x) A(x, -i\hbar d/dx) \phi_n(x)\, dx \\
&= \sum_{m,n} g_m^* g_n a_n \int \varphi_m^*(x)\varphi_n(x)\, dx \\
&= \sum_n |g_n|^2 a_n.
\end{aligned}
$$

*** Aufgabe 62:** *Ermitteln Sie den Geschwindigkeitsoperator $\vec{v} = \dot{\vec{r}} = \frac{i}{\hbar}[H, \vec{r}]$ für die folgenden zwei Fälle*
a) Bewegung eines Teilchens im Potential $V(\vec{r})$ mit dem Hamilton–Operator

$$H = \frac{\vec{p}^2}{2M} + V(\vec{r}) = -\frac{\hbar^2}{2M}\Delta + V(\vec{r}).$$

b) Bewegung eines geladenen Teilchens mit der Ladung q im Magnetfeld $\vec{B}$, wobei $\vec{B}(\vec{r})$ durch das zugehörige Vektorpotential $\vec{A}(\vec{r})$ dargestellt wird, $\vec{B} = \text{rot}\vec{A}$, mit (s. Gl.(H.6))

$$H = \frac{1}{2M}(\vec{p} - q\vec{A})^2 = -\frac{\hbar^2}{2M}\Delta + \frac{i\hbar q}{2M}(\vec{\nabla}\vec{A} + \vec{A}\vec{\nabla}) + \frac{q^2}{2M}\vec{A}^2.$$

Lösung: Für beide Aufgaben werden folgende Kommutationsrelationen benutzt (verifizieren Sie diese!)

$$[p_m, r_n] = -i\hbar\delta_{mn} \qquad [\vec{p}^{\,2}, r_n] = -2i\hbar p_n \qquad [p_m, \vec{A}(\vec{r})] = -i\hbar\frac{\partial \vec{A}(\vec{r})}{\partial r_m}.$$

a) Somit ist

$$r_n^\bullet = \frac{i}{2M\hbar}[\vec{p}^{\,2}, r_n] + \frac{i}{\hbar}[V(\vec{r}), r_n] = \frac{i}{2M\hbar}(-2i\hbar p_n)$$

und daraus

$$\vec{v} = \vec{r}^\bullet = \frac{\vec{p}}{M} = -\frac{i\hbar}{M}\vec{\nabla}.$$

Das Ergebnis ist wie erwartet der Impulsoperator $-i\hbar\vec{\nabla}$ dividiert durch die Masse des Teilchens.

b) Der Ausdruck für $v_n = r_n^\bullet$ lautet

$$\begin{aligned}
r_n^\bullet &= \frac{i}{2M\hbar}[\vec{p}^{\,2}, r_n] - \frac{iq}{2M\hbar}[\vec{p}\vec{A} + \vec{A}\vec{p}, r_n] + \frac{iq^2}{2M\hbar}[\vec{A}^2(\vec{r}), r_n] \\
&= \frac{p_n}{M} - \frac{iq}{2M\hbar}(-i\hbar A_n - i\hbar A_n)
\end{aligned}$$

also

$$\vec{v} = \vec{r}^\bullet = \frac{1}{M}(\vec{p} - q\vec{A}) = \frac{1}{M}(-i\hbar\vec{\nabla} - q\vec{A}).$$

Daraus ergibt sich, daß die drei Geschwindigkeitskomponenten v_x, v_y, v_z im Magnetfeld nicht kommutieren. Das geladene Teilchen kann also nicht gleichzeitig feste Werte der Geschwindigkeitskomponenten in alle drei Richtungen annehmen.
Es gilt

$$[v_x, v_y] = i\frac{q\hbar}{M^2}B_z \qquad [v_y, v_z] = i\frac{q\hbar}{M^2}B_x \qquad [v_z, v_x] = i\frac{q\hbar}{M^2}B_y.$$

Wir beweisen dies für den Kommutator von v_x und v_y

$$\begin{aligned}
[v_x, v_y] &= \frac{1}{M^2}[p_x - qA_x, p_y - qA_y] \\
&= \frac{q}{M^2}(p_y A_x - A_x p_y + A_y p_x - p_x A_y) \\
&= -\frac{iq\hbar}{M^2}\left(\frac{\partial A_x}{\partial y} - \frac{\partial A_y}{\partial x}\right) \\
&= i\frac{q\hbar}{M^2}B_z.
\end{aligned}$$

12.3 Unitäre Operatoren

Viele Rechnungen der Quantenmechanik verlangen Transformationen des physikalischen Systems wie Translationen, Rotationen, Spiegelungen, Paritätstransformationen usw.

Wir wollen nachfolgend kurz diskutieren, welche Eigenschaften wir von solchen Transformationen verlangen müssen. Es gibt jeweils zweierlei Möglichkeiten von Transformationen.

Aktive Transformation. Das bedeutet eine Transformation des ganzen physikalischen Problems. Dabei werden die Wellenfunktion transformiert, welche die physikalische Situation beschreibt, sowie die Observablen, d.h. gleichsam die Meßgeräte, welche die Eigenwerte der Observablen liefern. Das Koordinatensystem wird dagegen festgehalten, also nicht transformiert.

Passive Transformation. Hierbei wird das Koordinatensystem transformiert, in dem die Meßwerte angegeben werden, das ganze physikalische Problem hingegen bleibt unverändert.

Beide Transformationen sind natürlich einander äquivalent, d.h. wenn die eine Transformation durch den Operator U vermittelt wird, so hat die andere Transformation die Wirkung von U^{-1}. Das Ergebnis ist im Endeffekt das gleiche. Welche der beiden Möglichkeiten jeweils angewendet wird, ist eine Frage der Zweckmäßigkeit.

Die Transformationen werden durch Operatoren, z.B. durch Differentialoperatoren, oder durch Matrizen dargestellt. Wir verwenden dafür die Bezeichnung U. Was den mathematischen Umgang mit solchen Größen betrifft, so verweisen wir auf Abschn. 3.4.2 und Anhang B.

Eine Wellenfunktion $\psi(\vec{r}, t)$ wird durch Operatoren, z.B. durch die Anwendung des Transformationsoperators U in die transformierte Funktion $\psi'(\vec{r}, t)$ überführt

$$(12.2) \qquad \boxed{\psi'(\vec{r}, t) = U\psi(\vec{r}, t).}$$

Wenn orthonormale Funktionen transformiert werden — z.B. die Eigenfunktionen φ_n einer Observablen A — so soll bei der Transformation deren Orthonormalität erhalten bleiben

$$\int \varphi_m'^* \varphi_n' \, d^3r \;=\; \int U\varphi_n U^* \varphi_m^* \, d^3r = \int \varphi_m^* \widetilde{U}^* U \varphi_n \, d^3r$$

$$=\; \int \varphi_m^* \varphi_n \, d^3r = \delta_{nm}.$$

Das bedeutet, daß der Operator U **unitär** ist, d.h. $\widetilde{U}^* U = 1$ bzw. wegen $\widetilde{U}^* \equiv U^+$

$$(12.3) \qquad \boxed{U U^+ = U^+ U = 1.}$$

Physikalisch steckt hinter der Unitarität eines Transformationsoperators die Erhaltung der Wahrscheinlichkeit.

Handelt es sich bei A um eine Matrix der Dimension $N \times N$ und um eine Wellenfunktion der Dimension N, so muß U ebenfalls eine Matrix sein und zwar von der gleichen Dimension wie diejenige von A.

Es ist sinnvoll zu verlangen, daß sich bei einer Transformation U der Erwartungswert eines hermiteschen Operators A nicht verändert.

Hieraus folgt die Transformationsgleichung für die Observable A

(12.4)
$$\boxed{A' = UAU^{+}.}$$

Das ergibt sich aus

$$\int \psi'^{*} A' \psi' \, d^{3}r = \int (U^{*}\psi^{*})(UAU^{+})(U\psi) \, d^{3}r = \int (UA\psi)(U^{*}\psi^{*}) \, d^{3}r$$
$$= \int \psi^{*} \widetilde{U^{*}} U A \psi \, d^{3}r = \int \psi^{*} A \psi \, d^{3}r.$$

Bei der Transformation Gl.(12.4) bleibt die Hermitezität der Observablen A sowie auch ihr Eigenwertspektrum erhalten. Die zugehörigen Eigenfunktionen bzw. Eigenvektoren transformieren sich nach Gl.(12.2).

Eine Transformation, die wegen ihrer ungewöhnlichen Eigenschaften aus der oben behandelten Transformationsgruppe herausfällt, ist die **Zeitumkehroperation**. Sie hat die Wirkung, die Zeitrichtung umzudrehen. Ihre Eigenschaften ergeben sich aus Forderungen, die man an das physikalische System stellt.

In der klassischen Mechanik findet man die Zeitumkehrinvarianz der Hamilton-Funktion $H(\vec{p}, \vec{r}) = \vec{p}^{2}/2M + V(\vec{r})$. Bei der Zeitumkehr geht $\vec{p} = M\frac{dx}{dt}$ in $-\vec{p} = M\frac{dx}{d(-t)}$ über, sodaß die Zeitumkehrinvarianz durch die Beziehung $H(\vec{p}, \vec{r}) = H(-\vec{p}, \vec{r})$ erfüllt ist.

In der Quantenmechanik hingegen wird die Bewegung eines Teilchens durch die Schrödinger–Gleichung beschrieben, welche die erste Ableitung nach der Zeit enthält. Die Zeitumkehr $t \rightarrow -t$ auf die Schrödinger–Gleichung angewandt, liefert daher eine völlig andere Differentialgleichung. Man erhält jedoch die Schrödinger–Gleichung wieder, und läßt damit die Physik des betrachteten Problems unverändert, wenn man zugleich mit der Zeitumkehr einen Operator anwendet, der von allen Größen das Konjugiert Komplexe nimmt. Dieser kombinierte Operator ist der eigentliche Zeitumkehroperator τ. Die linke bzw. die rechte Seite der Schrödinger–Gleichung (3.8) wird wie folgt transformiert

$$\tau \left(i\hbar \frac{\partial}{\partial t} \psi(\vec{r}, t) \right) = -i\hbar \frac{\partial}{\partial(-t)} \psi^{*}(\vec{r}, -t) \equiv i\hbar \frac{\partial}{\partial t} \psi^{*}(\vec{r}, -t)$$

bzw.

$$\tau \left(-\frac{\hbar^{2}}{2M}\Delta + V(\vec{r}) \right) \psi(\vec{r}, t) = \left(-\frac{\hbar^{2}}{2M}\Delta + V(\vec{r}) \right) \psi^{*}(\vec{r}, -t).$$

Das bedeutet: Wenn $\psi(\vec{r}, t)$ eine Lösung der Schrödinger–Gleichung ist, so ist $\psi^{*}(\vec{r}, -t)$ auch eine Lösung, die zeitumkehrinvariante Lösung.

Erinnern wir uns an die Linearität eines Operators (Abschn.12.1), so hat im Gegensatz dazu der Operator τ die Eigenschaft

Die Koeffizienten λ_i werden also verändert. Man sagt, der Operator τ ist **antilinear**. Es gilt für ihn die gleiche Eigenschaft wie Gl.(12.3)

$$\tau\tau^+ = \tau^+\tau = 1.$$

Da die zweifache Anwendung von τ die Ausgangssituation wieder liefern muß, gilt $\tau^2 = 1$. Daraus folgt zwar die Eigenschaft $\tau = \tau^+$, aber trotzdem ist τ kein linearer hermitescher Operator. Man kann für ihn auch keinen Erhaltungssatz für eine physikalische Größe wie für andere Observable formulieren.

Aufgaben

Aufgabe 63: *Wenn H der hermitesche Hamilton–Operator ist, also $H = H^+$, so ist $S = \exp(-\frac{i}{\hbar}Ht)$ ein unitärer Operator. Beweisen Sie diese Behauptung.*

Lösung: Funktionen von Operatoren sind über ihre Taylor–Entwicklung definiert

$$S = \exp(-\frac{i}{\hbar}Ht) = 1 - \frac{i}{\hbar}Ht + \frac{1}{2!}(\frac{i}{\hbar}Ht)^2 + \dots$$

Somit ist

$$S^{-1} = \exp(-\frac{i}{\hbar}H(-t)) = \exp(\frac{i}{\hbar}Ht).$$

Der adjungierte Operator lautet

$$\begin{aligned}
S^+ &= \exp(-\frac{i}{\hbar}Ht)^+ = 1 + (\frac{i}{\hbar}H^+t) + \frac{1}{2!}(-\frac{i}{\hbar}H^+t)^2 + \dots \\
&= 1 + \frac{i}{\hbar}Ht + \frac{1}{2!}(\frac{i}{\hbar}Ht)^2 + \dots \;\; = \;\; \exp(\frac{i}{\hbar}Ht)
\end{aligned}$$

Also gilt $S^+ = S^{-1}$; daher ist S unitär.

Entsprechendes kann für die folgenden Operatoren

$$\exp(-\frac{i}{\hbar}xp_x), \exp(-\frac{i}{\hbar}yp_y), \exp(-\frac{i}{\hbar}zp_z), \exp(-\frac{i}{\hbar}\varphi_x l_x), \dots, \exp(-\frac{i}{\hbar}\varphi_x s_x), \dots$$

gezeigt werden. Dabei sind p_x, p_y, p_z die drei Komponenten des hermiteschen Impulsoperators ($p_x = -i\hbar\frac{\partial}{\partial x}$ usw.), l_x, l_y, l_z und s_x, s_y, s_z stellen die drei Komponenten des Bahndrehimpuls– bzw. Spinoperators dar.

Die Bedeutung des Operators $S = \exp(-\frac{i}{\hbar}Ht)$ liegt darin, daß mit ihm die Zeitentwicklung einer Wellenfunktion $\psi(\vec{r}, t)$ beschrieben werden kann, wenn die Wellenfunktion zur Zeit $t = 0$, also $\psi(\vec{r}, t = 0)$ bekannt ist. Entwickeln wir $\psi(\vec{r}, 0)$ nach den Eigenfunktionen zu H, so ist (siehe auch Fußnote 2 in Abschn.3.2)

$$S\psi(\vec{r}, 0) = \exp(-\frac{i}{\hbar}Ht)\psi(\vec{r}, 0) = \exp(-\frac{i}{\hbar}Ht)\sum_n a_n\varphi_n(\vec{r})$$

Die unitären Operatoren $\exp(-\frac{i}{\hbar}\vec{r}\vec{p})$ bzw. $\exp(-\frac{i}{\hbar}\vec{\varphi}\vec{l})$ und $\exp(-\frac{i}{\hbar}\vec{\varphi}\vec{s})$ bewirken eine Translation um den Vektor $\vec{r}$ bzw. jeweils eine Rotation um den Winkel $\vec{\varphi}$, wie in Aufgabe 64 und in Kap.13 gezeigt wird.

Aufgabe 64: *Zeigen Sie, daß die Anwendung des unitären Operators $T = \exp(-iap_x/\hbar)$ auf die Wellenfunktion $\phi(x)$ eine Translation der Wellenfunktion um die Strecke $+a$ bewirkt.*

Lösung: Wegen $p_x = -i\hbar d/dx$ ist

$$
\begin{aligned}
T\phi(x) &= \exp(-a\frac{d}{dx})\phi(x) \\
&= (1 - a\frac{d}{dx} + \frac{1}{2}(a^2\frac{d}{dx})^2 + \ldots)\phi(x) \\
&= \phi(x) - a\frac{d\phi(x)}{dx} + \frac{1}{2}a^2\frac{d^2\phi}{dx^2} + \ldots \quad = \quad \phi(x - a).
\end{aligned}
$$

Der Operator T verschiebt also die Wellenfunktion in x-Richtung um $+a$, oder was das gleiche bedeutet, das Koordinatensystem um $-a$.

Aufgabe 65: *Zeigen Sie, daß durch Anwendung einer unitären Transformation U auf eine Observable B dessen Eigenwertspektrum nicht verändert wird.*

Lösung: Die Eigenwertgleichung von B ist $B\varphi_n = b_n\varphi_n$. Wenn die transformierten Eigenvektoren von B' gleich $\varphi'_n = U\varphi_n$ sind, so gilt

$$
B'\varphi'_n = UBU^+U\varphi_n = UB\varphi_n = b_nU\varphi_n = b_n\varphi'_n.
$$

Aufgabe 66: *Wie transformieren sich die Observablen von Ort, Impuls, kinetischer Energie und Bahndrehimpuls bei einer Paritätstransformation P, einer Spiegelung in der x-y-Ebene σ und bei Zeitumkehr τ?*

Lösung: Die Observablen für Ort, Impuls, kinetischer Energie und Bahndrehimpuls sind: $\vec{r}, \vec{p} = -i\hbar\vec{\nabla}, T = -\frac{\hbar^2}{2M}\Delta$ und $\vec{l} = \vec{r} \times \vec{p} = -i\hbar\vec{r} \times \vec{\nabla}$.

• **Die Paritätsoperation P.** Sie ergibt

$$
\begin{aligned}
P\vec{r}P^+ &= -\vec{r} & PTP^+ &= T \\
P\vec{p}P^+ &= -\vec{p} & P\vec{l}P^+ &= \vec{l}.
\end{aligned}
$$

Wir zeigen dies z.B. für den Impuls

• **Die Spiegelung in der x–y–Ebene** σ. Sie ist eine Kombination aus einer Rotation R um 180° um die z–Achse und einer Paritätstransformation, also

$$\sigma = RP \qquad \text{mit } R = \exp\left(-\frac{i\pi}{\hbar}l_z\right).$$

Dabei ist l_z die z–Komponente des Drehimpulsoperators, der mit dem Paritätsoperator kommutiert. Daher kommutieren auch P und R, also $\sigma = RP = PR$.

Bei der 180°–Rotation gilt für die Ortskomponente x

$$Rxf(x,y,z) = -xf(-x,-y,z) = -xRf(x,y,z)$$

bzw. für die Impulskomponente p_x

$$\begin{aligned}
Rp_xf(x,y,z) &= -i\hbar R\frac{\partial}{\partial x}f(x,y,z) = -i\hbar f'(-x,-y,z) \\
&= i\hbar\frac{\partial}{\partial x}f(-x,-y,z) = -p_xRf(x,y,z).
\end{aligned}$$

Entsprechende Rechnungen für die anderen Komponenten ergeben

$$\begin{aligned}
Rx &= -xR & Ry &= -yP & Rz &= zR \\
Rp_x &= -p_xR & Rp_y &= -p_yR & Rp_z &= p_zR.
\end{aligned}$$

Daher gilt für die kinetische Energie und für den Bahndrehimpuls

$$RT = TR \qquad\qquad R\vec{l} = \vec{l}R.$$

Das Ergebnis für die Spiegelung in der x–y–Ebene lautet letztlich

$$\begin{aligned}
\sigma x\sigma^+ &= x & \sigma y\sigma^+ &= y & \sigma z\sigma^+ &= -z \\
\sigma p_x\sigma^+ &= p_x & \sigma p_y\sigma^+ &= p_y & \sigma p_z\sigma^+ &= -p_z \\
\sigma T\sigma^+ &= T & \sigma\vec{l}\sigma^+ &= \vec{l}.
\end{aligned}$$

• **Die Zeitumkehroperation** τ. Auf $\vec{r}$ und $\vec{p}$ angewandt, ergibt sie

$$\tau\vec{r} = \vec{r}\tau \qquad\qquad \tau\vec{p} = -\vec{p}\tau$$

und daher

$$\tau\vec{r}\tau^+ = \vec{r} \qquad \tau\vec{p}\tau^+ = -\vec{p} \qquad \tau T\tau^+ = T \qquad \tau\vec{l}\tau^+ = -\vec{l}.$$

Die Observablen für Ort und kinetische Energie sind reelle Operatoren, diejenigen von Impuls und Bahndrehimpuls rein imaginäre Operatoren. Da auch der Hamilton–Operator $H = -\frac{\hbar^2}{2M} + V(\vec{r})$ bei reellem V mit dem Zeitumkehroperator kommutiert, $\tau H = H\tau$, so ist der Hamilton–Operator ein reeller Operator. Das bedeutet, daß es immer möglich sein muß, rein reelle Lösungen der zeitunabhängigen Schrödinger–Gleichung zu finden. Allerdings gibt es auch Probleme, bei denen reelle Grenzbedingungen nicht sinnvoll sind, z.B. wenn im Unendlichen die Wellenfunktion wie $\exp(ikx)$

verlaufen soll. Dies gilt alles auch für die Schrödinger–Gleichung bei Anwesenheit eines statischen elektrischen Feldes. Wenn die Schrödinger–Gleichung aber im Magnetfeld aufgestellt wird ($H = \frac{1}{2M}(\vec{p} - q\vec{A})^2 = \frac{1}{2M}(-i\hbar\vec{\nabla} - q\vec{A})^2$), so ist H nicht mehr reell und es lassen sich dann auch keine reellen Lösungen finden.

Aufgabe 67: *Zeigen Sie, daß die 3 Pauli–Matrizen Gl.(4.35) sowohl unitäre als auch hermitesche Matrizen sind.*

Lösung: Das Ergebnis kann durch Matrizenmultiplikation sofort verifiziert werden.

13 Drehimpuls und Rotationen

Der Drehimpuls $\vec{J}$ spielt bei atomaren Teilchen bzw. Teilchensystemen eine besonders wichtige Rolle, allein schon dadurch, daß die Angabe von Drehimpulsquantenzahlen ein entscheidendes Merkmal für den Zustand eines Teilchens bzw. Teilchensystems darstellt. Für die einfachsten Gebilde wie z.B. für das Wasserstoffatom ist die Behandlung noch verhältnismäßig einfach, sie wird jedoch schwieriger bei komplexen Systemen wie etwa bei Mehrelektronatomen oder Molekülen.

Grundsätzlich versteht man den Drehimpuls erst in seiner Verknüpfungn mit Rotationen und deren Darstellungen. So beschreibt man beispielsweise den Spin, eine innere, mit klassischen Mitteln nicht verstehbare Eigenschaft eines Teilchens, erst über den Umweg infinitesimaler Rotationen. Von gleicher Wichtigkeit wie der Drehimpuls selbst ist die Kopplung von Drehimpulsen zu einem Gesamtdrehimpuls. Sie führt zu Zustandsaussagen zusammengesetzter Systeme, wie z.B. von Atomen und Molekülen. In der Molekülphysik zeigt sich die Bedeutung von Rotationen bereits in den Eigenschaften der Punktgruppen.

In vielen Lehrbüchern kommt die Beschreibung von Drehimpulsen und Rotationen nicht ausreichend zur Geltung gemessen an ihrer Wichtigkeit. Wir haben daher diesem Stoff das gesamte Kap.4 sowie auch das vorliegende Kapitel gewidmet. Dem Leser wird zunächst die gründliche Durcharbeitung von Kap.4 sehr ans Herz gelegt. Diese, notwendigerweise mehr abstrakte Beschreibung wird im vorliegenden Text noch vertieft und durch die Anwendungsbeispiele dem Verständnis näher gebracht.

Der Drehimpuls kommt in zwei Arten vor: Zum einen als Bahndrehimpuls $\vec{l}$ bei der Bahnbewegung eines Teilchens, und zum anderen als Spin $\vec{s}$, eine Art Eigendrehimpuls, der dem Teilchen zugeordnet ist. Ein typisches Verhalten zeigt sich in der Quantentheorie darin, daß vom Drehimpuls gleichzeitig nur sein Betrag sowie eine Komponente (normalerweise wählt man die z–Komponente des Drehimpulsvektors) gleichzeitig scharf angegeben werden können. Sind mehrere Drehimpulse vorhanden, so können diese je nach Wechselwirkungen in verschiedener Weise miteinander koppeln.

Eng verknüpft mit dem Drehimpuls sind Rotationen im dreidimensionalen Ortsraum, die durch Rotationsmatrizen $\mathcal{R}_{ik}(\varphi)$ beschrieben werden. Schon aus der klassischen Physik ist bekannt, daß die Invarianz eines physikalischen Systems gegenüber Raumrotationen die Erhaltung des Drehimpulses zur Folge hat. Dieser Erhaltungssatz gilt auch in der Quantenphysik. Der Zusammenhang zwischen Drehimpuls und räumlichen Rotationen ist hier noch enger als in der klassischen Physik. Jeder räumlichen Rotation $\mathcal{R}(\varphi)$ kann ein unitärer Transformationsoperator $U(\mathcal{R})$ beliebiger Dimension zugeordnet werden, der aus den hermiteschen Drehimpulsoperatoren J_x, J_y, J_z aufgebaut ist. Es gilt Gl.(4.36), $U(\varphi) = \exp(-i\frac{\varphi}{\hbar}J)$, wobei φ der Rotationswinkel und J die Drehimpulskomponente entlang der Rotationsachse sind. Der Transformationsoperator

anzugeben, und andererseits um die verschiedenen Observablen A (also die physikalischen Größen) entsprechend zu drehen. Wir verwenden die aktive Transformation, bei der das physikalische System gedreht wird; das zur Beschreibung nötige Koordinatensystem wird bei der Drehung nicht verändert.

Nach den Gln.(12.2) und (12.4) gilt also

$$\begin{aligned} \psi'(\vec{r},t) &= U\psi(\vec{r},t) \\ A' &= UAU^+. \end{aligned}$$

Falls spinlose Teilchen beschrieben werden – wir haben dann eine einkomponentige Wellenfunktion $\psi(\vec{r},t)$ – so ist die Darstellung eindimensional und der Transformationsoperator ist nur aus Bahndrehimpulsen aufgebaut: $U = U^{(l)}(\varphi) = \exp(-i\frac{\varphi}{\hbar}l)$ bzw. wenn die Rotation durch die Euler-Winkel α,β,γ angegeben wird,
$U^{(l)}(\alpha,\beta,\gamma) = \exp(-i\frac{\alpha}{\hbar}l_z)\exp(-i\frac{\beta}{\hbar}l_y)\exp(-i\frac{\gamma}{\hbar}l_z)$. Diese letzte Transformation betrachten wir weiterhin

$$\psi'(\vec{r},t) = U^{(l)}(\alpha,\beta,\gamma)\psi(\vec{r},t) = \psi(\mathcal{R}^{-1}(\alpha,\beta,\gamma)\vec{r},t).$$

Im Fall von Teilchen mit Spin geschieht die Transformation durch den kombinierten Operator $U(\alpha,\beta,\gamma) = U^{(l)}(\alpha,\beta,\gamma)U^{(n)}(\alpha,\beta,\gamma)$, also z.B. für Spin 1/2-Teilchen – ihre Wellenfunktion ist ein **Spinor** bestehend aus zwei Komponenten, $\Psi(\vec{r},t) = \begin{pmatrix} \psi_1(\vec{r},t) \\ \psi_2(\vec{r},t) \end{pmatrix}$
– durch den Operator $U(\alpha,\beta,\gamma) = U^{(l)}(\alpha,\beta,\gamma)U^{(2)}(\alpha,\beta,\gamma)$, wobei
$U^{(2)} = \exp(-i\frac{\alpha}{\hbar}s_z)\exp(-i\frac{\beta}{\hbar}s_y)\exp(-i\frac{\gamma}{\hbar}s_z)$ die Transformationsmatrix der zweidimensionalen Darstellung ist

$$\Psi'(\vec{r},t) = U\Psi(\vec{r},t) = U^{(2)}(\alpha,\beta,\gamma)\begin{pmatrix} \psi_1(\mathcal{R}^{-1}(\alpha,\beta,\gamma)\vec{r},t) \\ \psi_2(\mathcal{R}^{-1}(\alpha,\beta,\gamma)\vec{r},t) \end{pmatrix}.$$

Entsprechendes gilt für Teilchen mit Spinwerten $s > 1/2$, d.h. für Darstellungen der Dimension $n > 2$.

Nun zu den physikalischen Größen. Sie können Skalare bzw. Vektoren bzw. Tensoren sein. Die zugehörigen Observablen sind skalare Operatoren bzw. Vektoroperatoren bzw. Tensoroperatoren, die spezielle Eigenschaften bei Rotationen aufweisen.

Betrachten wir zuerst eine skalare Observable A wie etwa den Operator der kinetischen Energie $p^2/2M = -\frac{\hbar^2}{2M}\Delta$. Diese Observable ändert sich nicht bei Rotationen. Es gilt also

$$(13.1) \qquad \boxed{A' = UAU^+ = A,}$$

wobei U wieder der Transformationsoperator $U^{(l)}(\alpha,\beta,\gamma)$ ist.

Als nächstes betrachten wir den Vektoroperator $\vec{K}$ mit den kartesischen Komponenten K_x, K_y, K_z. Beispiele dazu sind der Ortsoperator $\vec{r}$, der Impulsoperator $\vec{p} = -i\hbar\vec{\nabla}$, der Bahndrehimpulsoperator $\vec{l} = -i\hbar\vec{r} \times \vec{\nabla}$ oder der Spinoperator $\vec{s}$. Wie wir sofort beweisen werden, gilt für Rotationen $\mathcal{R}$ die Transformationsgleichung

$$\text{(13.2)} \qquad \boxed{K_i' = UK_iU^+ = \sum_j K_j \mathcal{R}_{ji}(\alpha,\beta,\gamma) = \sum_j \widetilde{\mathcal{R}}_{ij}(\alpha,\beta,\gamma)K_j}$$

wobei $i,j = x,y,z$. Für den Orts–, den Impuls– bzw. Bahndrehimpulsoperator ist $U = U^{(l)}(\alpha,\beta,\gamma)$, und für den Spinoperator von Spin 1/2–Teilchen ist $U = U^{(2)}(\alpha,\beta,\gamma)$ bzw. $U = U^{(l)}(\alpha,\beta,\gamma)U^{(2)}(\alpha,\beta,\gamma)$. $\mathcal{R}$ ist die oben diskutierte Rotationsmatrix im dreidimensionalen Ortsraum, $\widetilde{\mathcal{R}}$ die zugehörige transponierte Matrix.

Um Gl.(13.2) herzuleiten, untersuchen wir zunächst, wie sich ein normaler Vektor $\vec{V}$ im Ortsraum transformiert. Dazu betrachten wir ein Dreibein, bestehend aus Einheitsvektoren $\hat{x}_1, \hat{x}_2, \hat{x}_3$ entlang der Koordinatenachsen x,y,z. Die Rotation des Dreibeins führt zu einem gedrehten Dreibein mit den Einheitsvektoren $\hat{X}_1, \hat{X}_2, \hat{X}_3$, die mit den ursprünglichen Einheitsvektoren durch einen linearen Zusammenhang verknüpft sind

$$\hat{X}_j = \sum_i \hat{x}_i \mathcal{R}_{ij}.$$

Die Matrix $\mathcal{R}_{ij}$ ist definiert durch die skalaren Produkte $\mathcal{R}_{ij} = \hat{x}_i \hat{X}_j$. Der Raumvektor $\vec{V}$ ist durch seine Komponenten V_i definiert $\vec{V} = \sum_i \hat{x}_i V_i$ und geht bei der Rotation über in den Vektor $\vec{V}'$

$$\vec{V}' = \sum_j \hat{X}_j V_j = \sum_{ij} \hat{x}_i \mathcal{R}_{ij} V_j = \sum_i \hat{x}_i V_i'$$

Die Komponenten des transformierten Vektors werden also gemäß $V_i' = \sum_j \mathcal{R}_{ij} V_j$ berechnet, was man auch $V_i' = \sum_j V_j \widetilde{\mathcal{R}}_{ji}$ schreiben kann. Die Transformation der Komponenten des Ortsvektors $\vec{V}$ verläuft also invers zu derjenigen des Dreibeins.

Die Transformation des Vektoroperators $\vec{K}$ vollzieht sich demgegenüber anders. Die Komponenten von $\vec{K}$ sind definiert als Projektionen von $\vec{K}$ längs einer Richtung, $K_j = (\vec{K}\hat{x}_j)$. Die Rotation von $\vec{K}$ ergibt demnach den Vektoroperator $\vec{K}'$ mit den Komponenten

$$K_j' = \vec{K}\hat{X}_j = \sum_i \vec{K}\hat{x}_i \mathcal{R}_{ij} = \sum_i K_i \mathcal{R}_{ij}.$$

Der Vektoroperator transformiert sich also wie die Vektoren des Dreibeins und nicht wie die Komponenten eines normalen Vektors. Natürlich kann auch geschrieben werden $K_j' = \sum_i \widetilde{\mathcal{R}}_{ji} K_i$, wenn $\widetilde{\mathcal{R}}$ die transponierte Matrix ist, womit Gl. (13.2) bewiesen ist.

Schließlich wollen wir auch noch die Rotation eines Vektoroperators in sphärischer Basis studieren. Der Zusammenhang zwischen Vektoroperatoren in kartesischer und sphärischer Basis lautet nach Gl.(4.52)

$$K_0 = K_z$$
$$K_- = \frac{1}{\sqrt{2}}(K_x - iK_y)$$

Für die Komponenten des Vektoroperators gilt, wie sich durch Einsetzen leicht verifizieren läßt

$$\boxed{K'_m = U K_m U^+ = \sum_n K_n U^{(3)}_{nm}(\alpha, \beta, \gamma) \qquad n, m = +, 0, -.} \tag{13.3}$$

Die Größen U sind wie oben die Transformationsoperatoren und $U^{(3)}_{nm}$ die Transformationsmatrizen für Spin 1 in sphärischer Basis im dreidimensionalen Darstellungsraum, also die Drehmatrizen $D^{(1)}_{nm}(\alpha, \beta, \gamma) = \exp(-in\alpha - im\gamma)d^{(1)}_{nm}(\beta)$ (vgl. Anhang C).

Vollständigkeitshalber wollen wir auch den allgemeinen irreduziblen Tensoroperator $T^{(k)}$ der Ordnung k angeben, der eine Verallgemeinerung des Vektoroperators in sphärischer Basis (irreduzibler Tensoroperator der Ordnung k=1) ist. Er ist durch folgende Transformation definiert

$$T^{(k)\prime}_q = U T^{(k)}_q U^+ = \sum_r T^{(k)}_r U^{(2k+1)}_{rq}(\alpha, \beta, \gamma).$$

Die Größe $U^{(2k+1)}_{rq}$ ist die (2k+1)–dimensionale Transformationsmatrix für den Spin k in sphärischer Basis. Es gibt (2k+1) Tensorkomponenten, die durch den Index q gekennzeichnet sind.

Für viele Probleme ist es wichtig, Paritäts– und Zeitumkehroperationen anzuwenden. Für spinlose Teilchen wurden diese Operationen in Kap.12 definiert. Es ergab sich

$$\boxed{\begin{aligned} P\psi(x,y,z,t) &= \psi(-x,-y,-z,t) \\ \tau\psi(x,y,z,t) &= \psi^*(x,y,z,-t) \end{aligned}} \tag{13.4}$$

wobei die Zeitumkehroperation τ ein antilinearer Operator ist und keinen Erhaltungssatz zur Folge hat.

Für Spin 1/2–Zustände sehen die Operationen wie folgt aus. Der Paritätsoperator bewirkt

$$\boxed{P\begin{pmatrix} \psi_1(x,y,z,t) \\ \psi_2(x,y,z,t) \end{pmatrix} = \begin{pmatrix} \psi_1(-x,-y,-z,t) \\ \psi_2(-x,-y,-z,t) \end{pmatrix}.} \tag{13.5}$$

Die beiden Komponenten des Spinors selbst drehen das Vorzeichen nicht um; bei den Argumenten hingegen geht $\vec{r}$ in $-\vec{r}$ über.

Der Zeitumkehroperator ist ein bißchen komplizierter. Er ergibt sich (s. Aufgabe 86)

$$\boxed{\tau\begin{pmatrix} \psi_1(x,y,z,t) \\ \psi_2(x,y,z,t) \end{pmatrix} = \begin{pmatrix} -\psi_2^*(x,y,z,-t) \\ \psi_1^*(x,y,z,-t) \end{pmatrix}.} \tag{13.6}$$

Es sei nochmals auf die Ergebnisse von Aufgabe 66 hingewiesen. Da P mit dem Bahndrehimpuls kommutiert, muß er aus Gründen der Konsistenz auch mit dem Spinoperator kommutieren. Ebenso antikommutiert der Zeitumkehroperator sowohl mit dem Bahndrehimpuls als auch mit dem Spinoperator

$$P\vec{s}P^+ = \vec{s} \qquad \tau\vec{s}\tau^+ = -\vec{s}.$$

Als Folge davon kommutieren sowohl P als auch τ mit allen Rotationsoperatoren

$$P\exp(-i\frac{\varphi}{\hbar}J)P^+ = \exp(-i\frac{\varphi}{\hbar}J)$$
$$\tau\exp(-i\frac{\varphi}{\hbar}J)\tau^+ = \exp(-i\frac{\varphi}{\hbar}J).$$

Dies ist sofort zu erkennen, wenn die e–Potenz als Taylor–Reihe geschrieben wird.

Aufgaben

Aufgabe 68: *Zeigen Sie, daß der unitäre Transformationsoperator $U_y^{(l)}(\varphi)$ (Rotation einer Funktion um den Winkel φ) gegeben ist durch $\exp(-i\frac{\varphi}{\hbar}l_y)$.*

Lösung: $U_y^{(l)}(\varphi)$ auf eine Funktion $f(x,y,z)$ angewandt, soll diese Funktion um den Winkel φ verdrehen, wenn die Rotationsachse gleich der y–Achse ist (vgl. Gl.(4.22)).

$$\begin{aligned}
\bar{f}(x,y,z) &= U_y^{(l)}(\varphi)f(x,y,z) \\
&= f(\mathcal{R}_{(\varphi)}^{(y)-1}\,x,y,z) = f(x\cos\varphi - z\sin\varphi, y, x\sin\varphi + z\cos\varphi)
\end{aligned}$$

wobei $\bar{f}(x,y,z)$ die rotierte Funktion ist. Für einen infinitesimalen Rotationswinkel $d\varphi$ ist $U_y^{(l)}(d\varphi)$ sofort bestimmbar. Es ist

$$\begin{aligned}
\bar{f}(x,y,z) &= f(x - z\,d\varphi, y, x\,d\varphi + z) = f(x,y,z) + d\varphi(-z\frac{\partial}{\partial x} + x\frac{\partial}{\partial z})f(x,y,z) \\
&= (1 - i\frac{d\varphi}{\hbar}l_y)f(x,y,z),
\end{aligned}$$

wobei l_y der Bahndrehimpulsoperator Gl.(4.2) ist. Für endliche Winkel ergibt sich dann (vgl. Gl.(4.36))

$$U_y^{(l)}(\varphi) = \exp(-i\frac{\varphi}{\hbar}l_y).$$

Die Unitarität $U_y^{(l)}(\varphi)U_y^{(l)+}(\varphi) = 1$ wird durch Einsetzen bewiesen.

Aufgabe 69: *Geben Sie für den Bahndrehimpuls $l=1$ die Eigenfunktionen zum Bahndrehimpulsoperator in x–Richtung l_x an.*

Lösung: Die gemeinsamen Eigenfunktionen von l^2 und l_x seien E_l^m, also

$$l_x E_l^m = m\hbar E_l^m \qquad\qquad l=1 \qquad m = 0, \pm 1.$$

Die Kugelfunktionen sind die Eigenfunktionen von l^2 und l_z.

Eine Möglichkeit, die Funktionen E_l^m zu erhalten, besteht in der Anwendung des Rotationsoperators $U_y^{(l)}(\vartheta = \pi/2) = \exp(-i\frac{\pi}{2\hbar}l_y)$ auf $Y_l^m(\varphi, \theta)$. Dazu ist es ratsam, die Kugelfunktionen in kartesischer Basis anzugeben

$$E_1^0 = U_y^{(l)}(\pi/2)Y_1^0(\varphi, \theta) = U_y^{(l)}(\pi/2)\sqrt{\frac{3}{4\pi}}z = \sqrt{\frac{3}{4\pi}}x = -\frac{1}{\sqrt{2}}Y_1^1 + \frac{1}{\sqrt{2}}Y_1^{-1}.$$

Entsprechend ergibt sich

$$E_1^1 = \frac{1}{2}Y_1^1 + \frac{1}{\sqrt{2}}Y_1^0 + \frac{1}{2}Y_1^{-1} \qquad E_1^{-1} = \frac{1}{2}Y_1^1 - \frac{1}{\sqrt{2}}Y_1^0 + \frac{1}{2}Y_1^{-1}.$$

Wenn die Eigenschaften der Schiebeoperatoren $l_\pm$ Gln.(4.20, 4.21) benutzt werden ($l_x = \frac{1}{2}(l_+ + l_-)$) hat man eine andere Möglichkeit, die Eigenfunktion E_l^m zu l_x zu bestimmen.

E_1^m ist eine Kombination der Kugelfunktionen Y_1^m, also $E_1^m = a_m Y_1^1 + b_m Y_1^0 + c_m Y_1^{-1}$. Eingesetzt in die Eigenwertgleichung für l_x liefert die Beziehung

$$\begin{aligned}
l_x E_1^m &= \frac{1}{2}(l_+ + l_-)(a_m Y_1^1 + b_m Y_1^0 + c_m Y_1^{-1}) = \frac{\hbar}{\sqrt{2}}[(a_m + c_m)Y_1^0 + b_m(Y_1^1 + Y_1^{-1})] \\
&= m\hbar(a_m Y_1^1 + b_m Y_1^0 + c_m Y_1^{-1}).
\end{aligned}$$

Setzt man $m = 0, \pm 1$ ein und achtet auf die Normierung, so erhält man die oben angegebenen Funktionen E_1^m.

Aufgabe 70: *Die Wellenfunktion sei die Kugelfunktion $Y_{l=1}^m$.*

a) Berechnen Sie den Erwartungswert der Bahndrehimpulskomponenten $< l_x >, < l_y >$ und $< l_z >$.

b) Mit welcher Wahrscheinlichkeit findet man bei einer Messung der x–Komponente des Bahndrehimpulses die verschiedenen Eigenwerte $m = 0, \pm 1$?

Lösung: a) Der gesuchte Erwartungswert ist

$$< l_x >= \int (Y_1^m)^* l_x Y_1^m \, d\Omega = \int (Y_1^m)^* \frac{1}{2}(l_+ + l_-)Y_1^m \, d\Omega = 0.$$

Das Ergebnis erkennt man sofort aus der Wirkung der $l_\pm$–Operatoren und der Nutzung der Orthonormalität der Kugelfunktionen Gl.(4.14). Ähnlich findet man $< l_y >= 0$. Ferner ist $< l_z >= m\hbar$.

b) Zur Berechnung der gesuchten Wahrscheinlichkeiten zerlegt man die Wellenfunktion Y_1^m nach den Eigenfunktionen von l_x (s. Aufgabe 69, dort wurden sie E_1^m genannt).

$$\begin{aligned}
Y_1^1 &= \frac{1}{2}E_1^1 - \frac{1}{\sqrt{2}}E_1^0 + \frac{1}{2}E_1^{-1} \qquad\qquad Y_1^0 = \frac{1}{\sqrt{2}}E_1^1 - \frac{1}{\sqrt{2}}E_1^{-1} \\
Y_1^{-1} &= \frac{1}{2}E_1^1 + \frac{1}{\sqrt{2}}E_1^0 + \frac{1}{2}E_1^{-1}.
\end{aligned}$$

Die Wahrscheinlichkeit, die Eigenwerte $m = 0$ bzw. ± 1 zu messen, ist also bei der Wellenfunktion Y_1^1 und Y_1^{-1} gleich 1/2 bzw. 1/4 und bei Y_1^0 gleich 0 bzw. 1/2.

* **Aufgabe 71:** *Berechnen Sie für Spin 1-Zustände die Transformationssmatrizen im Darstellungsraum bei einer räumlichen Rotation um die x- bzw. y-Achse. Verwenden Sie die Darstellung, bei der der Spinoperator $s_z^{(3)}$ diagonal ist (Gl.(4.45)).*

Lösung: Die Transformationsmatrizen sind gegeben durch $\mathcal{U}_y^{(3)}(\beta) = \exp(-i\frac{\beta}{\hbar}s_y^{(3)})$ bzw. $\mathcal{U}_x^{(3)}(\alpha) = \exp(-i\frac{\alpha}{\hbar}s_x^{(3)})$.
Durch Einsetzen der Matrizen Gl.(4.45) können wir sofort verifizieren

$$\left(\frac{s_x}{\hbar}\right)^{2n} = \left(\frac{s_x}{\hbar}\right)^2 \qquad \left(\frac{s_x}{\hbar}\right)^{2n+1} = \frac{s_x}{\hbar} \qquad n = 1,2,3,\ldots$$

Daher ergibt sich für $\mathcal{U}_x^{(3)}(\alpha)$ die Matrix (der Index (3) am Symbol s_x wird weggelassen)

$$\exp(-i\frac{\alpha}{\hbar}s_x) = \mathbb{1} - i\frac{\alpha}{\hbar}s_x + \ldots = \left(\mathbb{1} - (\frac{s_x}{\hbar})^2\right) + (\frac{s_x}{\hbar})^2 \cos\alpha - i(\frac{s_x}{\hbar})\sin\alpha$$

$$= \begin{pmatrix} \frac{1}{2}(1+\cos\alpha) & -\frac{i}{\sqrt{2}}\sin\alpha & \frac{1}{2}(-1+\cos\alpha) \\ -\frac{i}{\sqrt{2}}\sin\alpha & \cos\alpha & -\frac{i}{\sqrt{2}}\sin\alpha \\ \frac{1}{2}(-1+\cos\alpha) & -\frac{i}{\sqrt{2}}\sin\alpha & \frac{1}{2}(1+\cos\alpha) \end{pmatrix}.$$

Auf die gleiche Art folgt für $\mathcal{U}_y^{(3)}(\beta)$

$$\exp(-i\frac{\beta}{\hbar}s_y) = \begin{pmatrix} \frac{1}{2}(1+\cos\beta) & -\frac{1}{\sqrt{2}}\sin\beta & \frac{1}{2}(1-\cos\beta) \\ \frac{1}{\sqrt{2}}\sin\beta & \cos\beta & -\frac{1}{\sqrt{2}}\sin\beta \\ \frac{1}{2}(1-\cos\beta) & \frac{1}{\sqrt{2}}\sin\beta & \frac{1}{2}(1+\cos\beta) \end{pmatrix}.$$

Das ist die Drehmatrix $d_{ij}^{(1)}(\beta)$ für Spin 1 (s. Anhang C).

Aufgabe 72: *Eine allgemeine Rotation kann durch die drei Euler–Winkel (α,β,γ) angegeben werden. Berechnen Sie die Rotationsmatrizen für Vektoren mit kartesischen Komponenten, sowie die Transformationsmatrix $\mathcal{U}^{(2)}(\alpha,\beta,\gamma)$ bzw. $\mathcal{U}^{(3)}(\alpha,\beta,\gamma)$ für Spin 1/2– bzw. Spin 1–Zustände (die beiden letzteren in einer Basis, in der s_z diagonal ist).*

Lösung: a) Die Rotationsmatrix für Raumvektoren ist gleichzeitig auch die Transformationsmatrix für Spin 1 in kartesischer Basis (Gl.(4.22))

$$\mathcal{R}_{ik}(\alpha,\beta,\gamma) = \mathcal{R}^{(z)}(\alpha)\mathcal{R}^{(y)}(\beta)\mathcal{R}^{(z)}(\gamma)$$

$$(13.7) \quad = \begin{pmatrix} \cos\alpha\cos\beta\cos\gamma - \sin\alpha\sin\gamma & -\cos\alpha\cos\beta\sin\gamma - \sin\alpha\cos\gamma & \cos\alpha\sin\beta \\ \sin\alpha\cos\beta\cos\gamma + \cos\alpha\sin\gamma & -\sin\alpha\cos\beta\sin\gamma + \cos\alpha\cos\gamma & \sin\alpha\sin\beta \\ -\sin\beta\cos\gamma & \sin\beta\sin\gamma & \cos\beta \end{pmatrix}.$$

b) Die Transformationsmatrix für Spin 1/2 ist nach Gl.(4.37)(vgl. Gl.(4.66)) gegeben durch

$$
\begin{aligned}
\mathcal{U}^{(2)}(\alpha,\beta,\gamma) &= \mathcal{U}_z^{(2)}(\alpha)\mathcal{U}_y^{(2)}(\beta)\mathcal{U}_z^{(2)}(\gamma) \\
&= \begin{pmatrix} \exp(-i\tfrac{\alpha}{2}-i\tfrac{\gamma}{2})\cos\tfrac{\beta}{2} & -\exp(-i\tfrac{\alpha}{2}+i\tfrac{\gamma}{2})\sin\tfrac{\beta}{2} \\ \exp(i\tfrac{\alpha}{2}-i\tfrac{\gamma}{2})\sin\tfrac{\beta}{2} & \exp(i\tfrac{\alpha}{2}+i\tfrac{\gamma}{2})\cos\tfrac{\beta}{2} \end{pmatrix}.
\end{aligned}
\tag{13.8}
$$

c) Die Transformationsmatrix für Spin 1 in sphärischer Basis (s. Aufgabe 71 und Anhang C) ergibt sich zu

$$
\begin{aligned}
\mathcal{U}^{(3)}(\alpha,\beta,\gamma) &= \mathcal{U}_z^{(3)}(\alpha)\mathcal{U}_y^{(3)}(\beta)\mathcal{U}_z^{(3)}(\gamma) \\
&= \begin{pmatrix} e^{-i\alpha-i\gamma}\tfrac{1}{2}(1+\cos\beta) & -e^{-i\alpha}\tfrac{1}{\sqrt{2}}\sin\beta & e^{-i\alpha+i\gamma}\tfrac{1}{2}(1-\cos\beta) \\ e^{-i\gamma}\tfrac{1}{\sqrt{2}}\sin\beta & \cos\beta & -e^{i\gamma}\tfrac{1}{\sqrt{2}}\sin\beta \\ e^{i\alpha-i\gamma}\tfrac{1}{2}(1-\cos\beta) & e^{i\alpha}\tfrac{1}{\sqrt{2}}\sin\beta & e^{i\alpha+i\gamma}\tfrac{1}{2}(1+\cos\beta) \end{pmatrix}.
\end{aligned}
\tag{13.9}
$$

Aufgabe 73: *Gegeben sind die Drehimpulsoperatoren für Spin 1/2–Teilchen $s_x^{(2)}$, $s_y^{(2)}$, $s_z^{(2)}$, Gl.(4.33). Ermitteln Sie die Eigenvektoren $|s,m_s>$ und Eigenwerte $m_s\hbar$ zu diesen Spinoperatoren.*

Lösung: Die Auswertung der Eigenwertgleichung $s_i^{(2)}\binom{a}{b} = m_s\hbar\binom{a}{b}$ mit Normierung der Eigenvektoren $\binom{a}{b}$ liefert

	$m_s\,\hbar$	$|s,m_s>$
s_x	$\pm\hbar/2$	$\frac{1}{\sqrt{2}}\left[\binom{1}{0} \pm \binom{0}{1}\right]$
s_y	$\pm\hbar/2$	$\frac{1}{\sqrt{2}}\left[\binom{1}{0} \pm i\binom{0}{1}\right]$
s_z	$\pm\hbar/2$	$\binom{1}{0}$ bzw. $\binom{0}{1}$

Aufgabe 74: *Berechnen Sie die Erwartungswerte $<s_x>, <s_y>, <s_z>$ für einen Spin 1/2–Zustand $\binom{a}{b}$ mit $|a|^2+|b|^2=1$.*

Lösung: Die Berechnung liefert sofort

$$
\begin{aligned}
<s_x> &= (a^*b^*)s_x\begin{pmatrix} a \\ b \end{pmatrix} = \hbar\left(\Re e(a)\Re e(b)+\Im m(a)\Im m(b)\right) \\
<s_y> &= \hbar\left(\Re e(a)\Im m(b)-\Re e(b)\Im m(a)\right) \\
<s_z> &= \hbar/2\left(|a|^2-|b|^2\right).
\end{aligned}
$$

Aufgabe 75: *Drücken Sie die Rotation um den Winkel φ um die x–Achse durch die drei Euler–Winkel aus und berechnen Sie für diese Rotation die Transformationsmatrix für Spin 1/2–Zustände.*

Lösung: Die Rotationsmatrix für die Rotation um den Winkel φ um die x–Achse ist durch Gl.(4.22) gegeben. Die gleiche Rotation soll durch Euler–Winkel (α, β, γ) angegeben werden. Dafür gilt Gl.(13.7). Gleichsetzen der zwei Matrizen ergibt:

$$\alpha = -90°, \beta = \varphi, \gamma = 90°.$$

Die Rotationsmatrix für Spin 1/2–Zustände ergibt sich nach Gl.(13.8) zu

$$\mathcal{U}^{(2)}(\alpha = -90°, \beta = \varphi, \gamma = 90°) = \begin{pmatrix} \cos\frac{\varphi}{2} & -i\sin\frac{\varphi}{2} \\ -i\sin\frac{\varphi}{2} & \cos\frac{\varphi}{2} \end{pmatrix}.$$

Dies ist die in Gl.(4.37) angegebene Matrix.

Aufgabe 76: *a) Bestimmen Sie für die dreidimensionale Darstellung die Eigenwerte und Eigenvektoren zur Komponente $s_x^{(3)}$ des Drehimpulsoperators Gl.(4.45).*
b) Bringen Sie $s_x^{(3)}$ durch eine unitäre Transformation auf Diagonalform.

Lösung:
a) Das lineare Gleichungssystem $(s_x^{(3)} - \lambda\mathbb{1})|\psi> = 0$ verlangt zur Lösung die Bedingung $det|s_x^{(3)} - \lambda\mathbb{1}| = 0$, was auf die Eigenwerte $\lambda_i = \hbar, 0, -\hbar$ führt. Das Gleichungssystem liefert dann die Eigenvektoren

$$|\psi_1> = \frac{1}{2}\begin{pmatrix} 1 \\ \sqrt{2} \\ 1 \end{pmatrix} \qquad |\psi_2> = \frac{1}{2}\begin{pmatrix} \sqrt{2} \\ 0 \\ -\sqrt{2} \end{pmatrix} \qquad |\psi_3> = \frac{1}{2}\begin{pmatrix} 1 \\ -\sqrt{2} \\ 1 \end{pmatrix}.$$

b) Die verlangte unitäre Matrix läßt sich aus den Eigenvektoren $|\psi_i>$ als Spalten aufbauen. Es ist daher

$$U = \frac{1}{2}\begin{pmatrix} 1 & \sqrt{2} & 1 \\ \sqrt{2} & 0 & -\sqrt{2} \\ 1 & -\sqrt{2} & 1 \end{pmatrix};$$

Damit wird $s_x^{(3)\prime} = U s_x^{(3)} U^+$ diagonal.

Aufgabe 77: *Leiten Sie die Spinmatrizen $s_x^{(4)}$ und $s_y^{(4)}$ für den Drehimpuls $s = 3/2$ in der Darstellung her, in der $s_z^{(4)}$ diagonal ist.*

Lösung: Die Darstellung ist vierdimensional. Gemäß Voraussetzung sind die Eigenvektoren $|s, m_s>$ zu $s_z^{(4)}$ gegeben durch

$$|\tfrac{3}{2}, \tfrac{3}{2}> = \begin{pmatrix} 1 \\ 0 \\ 0 \\ 0 \end{pmatrix} \qquad |\tfrac{3}{2}, \tfrac{1}{2}> = \begin{pmatrix} 0 \\ 1 \\ 0 \\ 0 \end{pmatrix} \qquad |\tfrac{3}{2}, -\tfrac{1}{2}> = \begin{pmatrix} 0 \\ 0 \\ 1 \\ 0 \end{pmatrix} \qquad |\tfrac{3}{2}, -\tfrac{3}{2}> = \begin{pmatrix} 0 \\ 0 \\ 0 \\ 1 \end{pmatrix}$$

Man ermittelt zunächst die Elemente der Schiebeoperatoren $s_\pm^{(4)}$ durch Anwendung auf die Eigenvektoren $|s, m_s >$ und berechnet aus diesen die gesuchten Matrizen $s_x^{(4)}$ und $s_y^{(4)}$. Das Ergebnis lautet

$$s_x^{(4)} = \frac{\hbar}{2} \begin{pmatrix} 0 & \sqrt{3} & 0 & 0 \\ \sqrt{3} & 0 & 2 & 0 \\ 0 & 2 & 0 & \sqrt{3} \\ 0 & 0 & \sqrt{3} & 0 \end{pmatrix} \qquad s_y^{(4)} = \frac{\hbar}{2} \begin{pmatrix} 0 & -i\sqrt{3} & 0 & 0 \\ i\sqrt{3} & 0 & -2i & 0 \\ 0 & 2i & 0 & -i\sqrt{3} \\ 0 & 0 & i\sqrt{3} & 0 \end{pmatrix}.$$

* **Aufgabe 78:** *Verifizieren Sie Gl.(13.2) für die z–Komponenten der Orts– und Impulsvektoroperatoren ($\vec{r}$ bzw. $-i\hbar\vec{\nabla}$) bei einer Rotation um die Euler–Winkel $\alpha = \varphi, \beta = \theta, \gamma = 0$.*

Lösung:

a) Die linke Seite von Gl.(13.2) wird für $K_i = z$ bzw. $K_i = -i\hbar\frac{\partial}{\partial z}$ mit dem Operator $U = \exp(-i\frac{\varphi}{\hbar}l_z)\exp(-i\frac{\theta}{\hbar}l_y)$ berechnet.
Für infinitesimalen Winkel $d\theta$ gilt

$$\begin{aligned} \exp(-i\frac{d\theta}{\hbar}l_y)z\exp(i\frac{d\theta}{\hbar}l_y) &= (1 - i\frac{d\theta}{\hbar}l_y)z(1 + i\frac{d\theta}{\hbar}l_y) \\ &= z + i\frac{d\theta}{\hbar}(zl_y - l_yz) = z + x\,d\theta. \end{aligned}$$

Für endliche Winkel ist $\exp(-i\frac{\theta}{\hbar}l_y)z\exp(i\frac{\theta}{\hbar}l_y) = z\cos\theta + x\sin\theta$. Wenn die Rotation um die z–Achse auch noch mitberücksichtigt wird, so erhält man

$$UzU^+ = x\sin\theta\cos\varphi + y\sin\theta\sin\varphi + z\cos\theta.$$

Entsprechendes gilt für den Impulsoperator; d.h. für den infinitesimalen Winkel $d\theta$ ergibt sich die Transformation

$$\begin{aligned} \exp(-i\frac{d\theta}{\hbar}l_y)(-i\hbar\frac{\partial}{\partial z})\exp(i\frac{d\theta}{\hbar}l_y) &= (1 - i\frac{d\theta}{\hbar}l_y)(-i\hbar\frac{\partial}{\partial z})(1 + i\frac{d\theta}{\hbar}l_y) \\ &= p_z + p_x d\theta. \end{aligned}$$

Entsprechend zum Operator z findet man

$$Up_zU^+ = p_x\sin\theta\cos\varphi + p_y\sin\theta\sin\varphi + p_z\cos\theta.$$

b) Die rechte Seite von Gl.(13.2) wird mit Gl.(13.7) berechnet und ergibt

$$K_z' = \sum_j K_j\mathcal{R}_{ji} = K_x\cos\varphi\sin\theta + K_y\sin\varphi\sin\theta + K_z\cos\theta.$$

Setzt man für $\vec{K}$ die Operatoren $\vec{r} = (x, y, z)$ bzw. $\vec{p} = (p_x, p_y, p_z)$ ein, so erhält man sofort das oben angegebene Ergebnis. Man sieht, wie einfach das Resultat zu ermitteln ist, wenn nur der rechte Ausdruck von Gl.(13.2) für die Transformation des Vektoroperators benutzt wird.

Aufgabe 79: *Beweisen Sie Gl.(13.3).*

Lösung: Wir beweisen Gl.(13.3) exemplarisch für die Rotation um die y–Achse. Dazu ersetzen wir in der linken Seite der Gleichung die sphärischen Komponenten des Vektoroperators $\vec{K}$ durch seine kartesischen Komponenten (s. Gl.(4.52)). Es ergibt sich z.B. für die Komponente K'_-

$$
\begin{aligned}
K'_- &= \exp(-i\frac{\beta}{\hbar}l_y)K_- \exp(i\frac{\beta}{\hbar}l_y) = \frac{1}{\sqrt{2}}\exp(-i\frac{\beta}{\hbar}l_y)(K_x - iK_y)\exp(i\frac{\beta}{\hbar}l_y) \\
&= \frac{1}{\sqrt{2}}(K_x \cos\beta - K_z \sin\beta) - \frac{i}{\sqrt{2}}K_y \\
&= \frac{1}{2}K_+(1 - \cos\beta) - \frac{1}{\sqrt{2}}K_0 \sin\beta + \frac{1}{2}K_-(1 + \cos\beta).
\end{aligned}
$$

Anderseits ergibt sich für die rechte Seite von Gl.(13.3) mit Hilfe von Gl.(13.9)

$$
K'_- = \sum_n K_n \mathcal{U}_{n-}^{(3)} = \frac{1}{2}(1 - \cos\beta)K_+ - \frac{1}{\sqrt{2}}\sin\beta K_0 + \frac{1}{2}(1 + \cos\beta)K_-.
$$

Die anderen Vektorkomponenten können entsprechend berechnet werden.

*** Aufgabe 80:** *Berechnen Sie für Spin 1/2-Teilchen den Spinoperator in eine beliebige Richtung (φ,θ), ferner die zugehörigen Eigenvektoren, sowie die Transformationsmatrix im Darstellungsraum um diese Achse.*

Lösung: Der Spinoperator in Richtung (φ,θ) ist der um die Euler-Winkel $\alpha = \varphi, \beta = \theta, \gamma = 0$ gedrehte Spinoperator $s_z^{(2)}$ Bei Benutzung von Gln.(13.2) und (13.7) erhält man (vgl. Aufg.78, Lösung b)

$$
\begin{aligned}
s(\varphi,\theta) &= s_x \sin\theta \cos\varphi + s_y \sin\theta \sin\varphi + s_z \cos\theta \\
&= \frac{\hbar}{2}\begin{pmatrix} \cos\theta & \sin\theta e^{-i\varphi} \\ \sin\theta e^{i\varphi} & -\cos\theta \end{pmatrix}.
\end{aligned}
$$

Die Eigenfunktionen ergeben sich durch Rotation der Eigenfunktionen in z–Richtung $\binom{1}{0}$ bzw. $\binom{0}{1}$ um $\alpha = \varphi, \beta = \theta, \gamma = 0$ (s. Gl.(13.8)). Das ergibt für die Eigenwerte $\hbar/2$ und $-\hbar/2$ die Eigenvektoren

$$
\begin{pmatrix} e^{-i\varphi/2}\cos\frac{\theta}{2} \\ e^{i\varphi/2}\sin\frac{\theta}{2} \end{pmatrix}
\qquad
\begin{pmatrix} -e^{-i\varphi/2}\sin\frac{\theta}{2} \\ e^{i\varphi/2}\cos\frac{\theta}{2} \end{pmatrix}.
$$

Die Transformationsmatrix bei einer Rotation um den Winkel ϵ um die Richtung (φ,θ) ist

$$
\mathcal{U}_{\varphi,\theta}^{(2)}(\epsilon) = \exp\left(-i\frac{\epsilon}{\hbar}s(\varphi,\theta)\right) = \exp\left(-i\frac{\epsilon}{2}\sigma(\varphi,\theta)\right),
$$

wobei die Größen $\sigma(\varphi,\theta) = \frac{2}{\hbar}s(\varphi,\theta)$ die entsprechend gedrehten Pauli–Matrizen sind. Für diese gilt

$$\sigma^{2n}(\varphi,\theta) = \mathbb{1} \qquad\qquad \sigma^{2n+1}(\varphi,\theta) = \sigma(\varphi,\theta).$$

Die Transformationsmatrix läßt sich somit schreiben

$$\mathcal{U}^{(2)}_{\varphi,\theta}(\epsilon) = \mathbb{1}\cos\frac{\epsilon}{2} - i\sigma(\varphi,\theta)\sin\frac{\epsilon}{2}$$

$$= \begin{pmatrix} \cos\epsilon/2 - i\sin\epsilon/2\cos\theta & -i\sin\epsilon/2\sin\theta e^{-i\varphi} \\ -i\sin\epsilon/2\sin\theta e^{i\varphi} & \cos\epsilon/2 + i\sin\epsilon/2\cos\theta \end{pmatrix}.$$

Die Spezialfälle von Gl.(4.37) sind natürlich in dieser Formel enthalten (z.B. für die y–Achse als φ,θ–Richtung sind die Winkel $\theta = \pi/2, \varphi = \pi/2$ zu setzen).

Aufgabe 81:   *Untersuchen Sie die Wirkung der Operatoren*

$$\pi_+ = \frac{1}{2}(\mathbb{1} + \sigma_z) \qquad\qquad \pi_- = -\frac{1}{2}(\mathbb{1} - \sigma_z)$$

auf einen beliebigen Spinor $\binom{a}{b}$. Was ergibt $\pi_+^2, \pi_-^2, \pi_+\pi_-$ und welches sind die Eigenwerte und Eigenvektoren von π_+ und π_- ?

Lösung: Es ist

$$\pi_+ = \begin{pmatrix} 1 & 0 \\ 0 & 0 \end{pmatrix} \qquad\qquad \pi_- = \begin{pmatrix} 0 & 0 \\ 0 & 1 \end{pmatrix}.$$

Die Wirkung auf einen Spinor $\binom{a}{b}$ ist

$$\pi_+\begin{pmatrix} a \\ b \end{pmatrix} = \begin{pmatrix} a \\ 0 \end{pmatrix} \qquad\qquad \pi_-\begin{pmatrix} a \\ b \end{pmatrix} = \begin{pmatrix} 0 \\ b \end{pmatrix}.$$

Die Operatoren π_+ bzw. π_- projizieren also von einem Spinor die Eigenfunktionen von σ_z, d.h. $a\binom{1}{0}$ bzw. $b\binom{0}{1}$ heraus.
Die weiteren Operationen ergeben

$$\pi_+^2 = \pi_+ \qquad \pi_-^2 = \pi_- \qquad \pi_+\pi_- = \pi_-\pi_+ = 0 \qquad \pi_+ + \pi_- = 1.$$

Dies sind die typischen Eigenschaften von **Projektionsoperatoren**.
Die Eigenwertgleichung $\pi_+ \,|> = p \,|>$ und diejenige für die wiederholte Anwendung bedeuten (entsprechend für π_-)

$$(\pi_+^2 - \pi_+) \,|> = (p^2 - p) \,|> = 0.$$

Daraus folgt $p = 0$ oder $p = 1$. Die einzigen Eigenwerte von Projektionsoperatoren sind also 0 oder 1.
Die Eigenvektoren von $\pi_\pm$ sind $\binom{1}{0}$ und $\binom{0}{1}$.

Aufgabe 82: *Zeigen Sie, daß folgende Beziehungen für die Pauli–Matrizen gelten*

$$\sigma_x^2 = \sigma_y^2 = \sigma_z^2 = \mathbb{1} \qquad\qquad \sigma_x\sigma_y = -\sigma_y\sigma_x = i\sigma_z$$
$$\sigma_y\sigma_z = -\sigma_z\sigma_y = i\sigma_x$$
$$\text{(13.10)} \qquad\qquad\qquad\qquad\qquad\qquad \sigma_z\sigma_x = -\sigma_x\sigma_z = i\sigma_y.$$

Lösung: Durch Einsetzen der Matrizen findet man sofort das angegebene Ergebnis.

$*$ **Aufgabe 83:** *Bestimmen Sie die zwei Projektionsoperatoren, welche die zwei Eigenvektoren des Operators $\sigma(\varphi,\theta) = \frac{2}{\hbar}s(\varphi,\theta)$ von Aufgabe 80 aus einem beliebigen Spinor herausprojizieren.*

Lösung: Die gesuchten Projektionsoperatoren ergeben sich durch Rotation der Projektionsoperatoren $\pi_\pm$ von Aufgabe 81 um die Euler-Winkel $\alpha = \varphi, \beta = \theta, \gamma = 0$.

$$\pi_\pm(\varphi,\theta) = U\frac{1}{2}(\mathbb{1} \pm \sigma_z)U^+ = \frac{1}{2}(\mathbb{1} \pm \sigma(\varphi,\theta))$$
$$= \frac{1}{2}\begin{pmatrix} 1 \pm \cos\theta & \pm\sin\theta e^{-i\varphi} \\ \pm\sin\theta e^{i\varphi} & 1 \mp \cos\theta \end{pmatrix}.$$

Die in Aufgabe 81 bestimmten Eigenschaften der Projektionsoperatoren werden erfüllt, wie man sich durch Einsetzen überzeugen kann.

Die Anwendung von $\pi_+(\varphi,\theta)$ auf einen beliebigen Spinor $\binom{a}{b}$ läßt sich nach einer einfachen Umformung schreiben

$$\pi_+(\varphi,\theta)\binom{a}{b} = \left(ae^{i\varphi/2}\cos\frac{\theta}{2} + be^{-i\varphi/2}\sin\frac{\theta}{2}\right)\begin{pmatrix} e^{-i\varphi/2}\cos\theta/2 \\ e^{i\varphi/2}\sin\theta/2 \end{pmatrix}.$$

Bis auf die Normierung erhält man also den Eigenvektor von $\sigma(\varphi,\theta)$ (Aufgabe 80). Ein entsprechendes Ergebnis folgt aus der Anwendung $\pi_-(\varphi,\theta)\binom{a}{b}$.

$*$ **Aufgabe 84:** *Zeigen Sie, daß die Rotation $R_z(\alpha)R_y(\beta)R_z(\gamma)$ um die raumfesten Achsen x,y,z auch durch die Rotation $R_Z(\alpha)R_Y(\beta)R_Z(\gamma)$ um die körperfesten Achsen X,Y,Z beschrieben wird. Letztere fallen für die Euler-Winkeln $\alpha = \beta = \gamma = 0$ mit den raumfesten Achsen zusammen.*

Lösung: Die Rotation eines starren Körpers (Dreibeins) um die Euler-Winkel bei raumfesten Drehachsen ist gem. Gl.(4.64) folgendermaßen definiert: $R_z(\alpha)R_y(\beta)R_z(\gamma)$, wie nachstehende Figur zeigt.

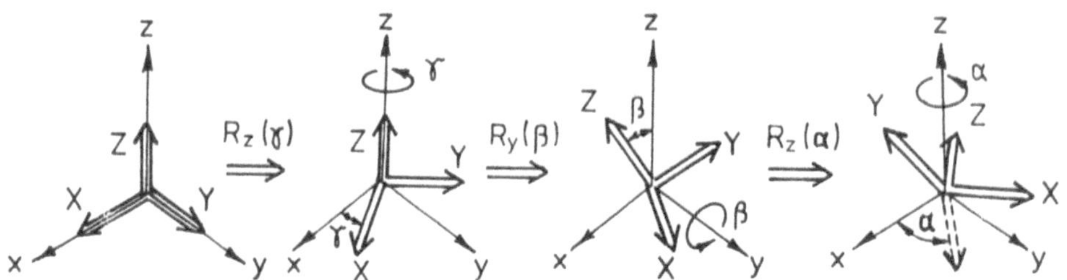

Nun zur Drehung um körperfeste Achsen.

Es ist $R_Z(\alpha) = R_z(\alpha)$, da am Anfang der Drehung beide z–Achsen zusammenfallen.

Außerdem gilt $R_Y(\beta) = R_z(\alpha)R_y(\beta)R_z(-\alpha)$.

Entsprechend ist: $R_Z(\gamma) = R_Y(\beta)R_z(\gamma)R_Y(-\beta)$. Das ergibt (s.Figur)

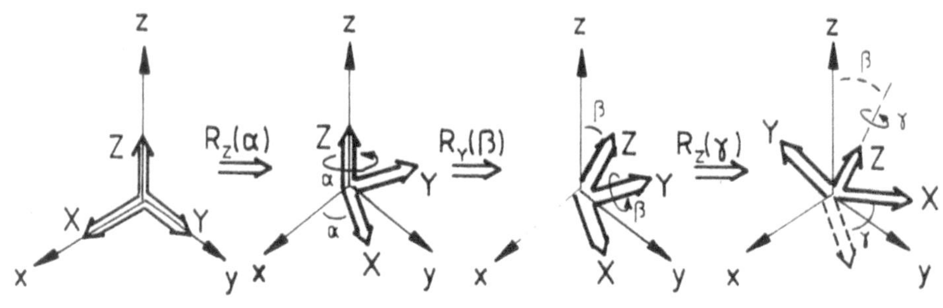

$$R_Z(\gamma)R_Y(\beta)R_Z(\alpha) = (R_Y(\beta)R_z(\gamma)R_Y(-\beta))R_Y(\beta)R_z(\alpha)$$
$$= R_z(\alpha)R_y(\beta)R_z(-\alpha)R_z(\gamma)R_z(\alpha) = R_z(\alpha)R_y(\beta)R_z(\gamma).$$

Aufgabe 85: *Die Clebsch–Gordan Koeffizienten für die Kopplung von zwei Spin 1/2 Zuständen zu Spin 0 bzw. Spin 1 sind in Tab. D1 zu entnehmen und ergeben folgende Spinkomponenten*

$$Spin\ 0 : S = \frac{1}{\sqrt{2}}(\chi_1^+\chi_2^- - \chi_1^-\chi_2^+) \qquad Spin\ 1 : \quad V_+ = \chi_1^+\chi_2^+$$

$$V_0 = \frac{1}{\sqrt{2}}(\chi_1^+\chi_2^- + \chi_1^-\chi_2^+)$$

$$V_- = \chi_1^-\chi_2^-.$$

Zeigen Sie, daß sich der Spin 0 bzw. Spin 1–Zustand bei einer Raumrotation wie ein Skalar bzw. wie ein Vektor transformiert.

Lösung: Der Spin 1/2–Zustand transformiert sich bei einer Rotation im Raum nach Gl.(13.8)

$$\mathcal{U}^{(2)}(\alpha,\beta,\gamma) = \begin{pmatrix} a & b \\ -b^* & a^* \end{pmatrix} \qquad mit \quad |a|^2 + |b|^2 = 1,$$

wobei a, b die in dieser Gleichung gegebenen Funktionen von (α, β, γ) sind.

Spin 0:

$$
\begin{aligned}
S' &= \frac{1}{\sqrt{2}}(\chi_1'^{+}\chi_2'^{-} - \chi_1'^{-}\chi_2'^{+}) \\
&= \frac{1}{\sqrt{2}}\left[(a\chi_1^{+} + b\chi_1^{-})(-b^*\chi_2^{+} + a^*\chi_2^{-}) - (-b^*\chi_1^{+} + a^*\chi_1^{-})(a\chi_2^{+} + b\chi_2^{-})\right] \\
&= \frac{1}{\sqrt{2}}(\chi_1^{+}\chi_2^{-} - \chi_1^{-}\chi_2^{+}) = S.
\end{aligned}
$$

Spin 1:

$$
\begin{aligned}
V_+' &= (a\chi_1^{+} + b\chi_1^{-})(a\chi_2^{+} + b\chi_2^{-}) &= a^2 V_+ + \sqrt{2}ab V_0 + b^2 V_- \\
V_0' &= &= -\sqrt{2}ab^* V_+ + (|a|^2 - |b|^2)V_0 + \sqrt{2}a^*b V_- \\
V_-' &= &= (b^*)^2 V_+ - \sqrt{2}a^*b^* V_0 + (a^*)^2 V_-.
\end{aligned}
$$

Das ergibt die Matrix, welche die Vektoren (V_+', V_0', V_-') und (V_+, V_0, V_-) in sphärischer Basis miteinander verbindet

$$
M = \begin{pmatrix}
a^2 & \sqrt{2}ab & b^2 \\
-\sqrt{2}ab^* & |a|^2 - |b|^2 & \sqrt{2}a^*b \\
(b^*)^2 & -\sqrt{2}a^*b^* & (a^*)^2
\end{pmatrix}.
$$

Setzt man die Größen a, b von Gl.(13.8) ein, so erhält man die Transformationsmatrix für Vektoren in der sphärischen Basis, Gl.(13.9).

$*$ **Aufgabe 86:** *Zeigen Sie, daß der Zeitumkehroperator τ für Spin 1/2-Teilchen folgendermaßen definiert werden muß*

$$
\tau \begin{pmatrix} \psi_1(\vec{r}, t) \\ \psi_2(\vec{r}, t) \end{pmatrix} = -i\sigma_y \begin{pmatrix} \psi_1^*(\vec{r}, -t) \\ \psi_2^*(\vec{r}, -t) \end{pmatrix} = \begin{pmatrix} -\psi_2^*(\vec{r}, -t) \\ \psi_1^*(\vec{r}, -t) \end{pmatrix}.
$$

Lösung: Der Kommutator von Zeitumkehroperator τ und Drehimpulsoperator muß für Bahndrehimpuls und Spin gleichermaßen gelten. Für den Bahndrehimpuls gilt $\tau \vec{l} \tau^+ = -\vec{l}$, also muß diese Beziehung auch für Spins, d.h. für die Pauli-Matrizen wie folgt lauten: $\tau \vec{\sigma} \tau^+ = -\vec{\sigma}$.

Würden wir die Zeitumkehroperation $\bar{\tau}$ (wir verwenden zunächst das Symbol $\bar{\tau}$ statt τ) für Spin 1/2-Teilchen genauso wie für Spin 0–Zustände definieren (konjugiert-komplexe Konjugation und Umdrehung der Zeitrichtung), so würde wir Widersprüche zu den Spinkomponenten σ_x und σ_z erhalten, weil die zugehörigen Matrizen reell sind

$$
\begin{aligned}
\bar{\tau}\sigma_x &= \sigma_x \bar{\tau} \neq -\sigma_x \bar{\tau} \\
\bar{\tau}\sigma_y &= -\sigma_y \bar{\tau} \\
\bar{\tau}\sigma_z &= \sigma_z \bar{\tau} \neq -\sigma_z \bar{\tau}.
\end{aligned}
$$

Der Fehler wird behoben, wenn $\bar{\tau}$ mit σ_y bzw. $-i\sigma_y$ multipliziert wird. Wir setzen also den Zeitumkehroperator $\tau = -i\sigma_y\bar{\tau}$ und verwenden die Ergebnisse von Aufgabe 82

$$
\begin{aligned}
\tau\sigma_x &= -i\sigma_y\bar{\tau}\sigma_x = -i\sigma_y\sigma_x\bar{\tau} = i\sigma_x\sigma_y\bar{\tau} = -\sigma_x\tau \\
\tau\sigma_y &= -i\sigma_y\bar{\tau}\sigma_y = i\sigma_y\sigma_y\bar{\tau} = -\sigma_y\tau \\
\tau\sigma_z &= -i\sigma_y\bar{\tau}\sigma_z = -i\sigma_y\sigma_z\bar{\tau} = i\sigma_z\sigma_y\bar{\tau} = -\sigma_z\tau.
\end{aligned}
$$

Aufgabe 87: *Ermitteln Sie die Matrixoperatoren $\vec{S} = (S_x, S_y, S_z)$ sowie $\vec{S}^2$ für die Kopplung von Spin 1/2 - und Spin 1 - Teilchen. Wählen Sie die Darstellung, in der S_z diagonal ist. Die gemeinsamen Eigenvektoren von S_z und $\vec{S}^2$ sollen mit Hilfe der Clebsch-Gordan-Koeffizienten bestimmt werden.*

Lösung: a) Die direkte Berechnung nach Gl.(4.70) ergibt

$$
S_z = \hbar \begin{pmatrix}
3/2 & 0 & 0 & 0 & 0 & 0 \\
0 & 1/2 & 0 & 0 & 0 & 0 \\
0 & 0 & 1/2 & 0 & 0 & 0 \\
0 & 0 & 0 & -1/2 & 0 & 0 \\
0 & 0 & 0 & 0 & -1/2 & 0 \\
0 & 0 & 0 & 0 & 0 & -3/2
\end{pmatrix}
$$

$$
S_y = \frac{\hbar}{2} \begin{pmatrix}
0 & -i & -i\sqrt{2} & 0 & 0 & 0 \\
i & 0 & 0 & -i\sqrt{2} & 0 & 0 \\
i\sqrt{2} & 0 & 0 & -i & -i\sqrt{2} & 0 \\
0 & i\sqrt{2} & i & 0 & 0 & -i\sqrt{2} \\
0 & 0 & i\sqrt{2} & 0 & 0 & -i \\
0 & 0 & 0 & i\sqrt{2} & i & 0
\end{pmatrix}
$$

$$
S_x = \frac{\hbar}{2} \begin{pmatrix}
0 & 1 & \sqrt{2} & 0 & 0 & 0 \\
1 & 0 & 0 & \sqrt{2} & 0 & 0 \\
\sqrt{2} & 0 & 0 & 1 & \sqrt{2} & 0 \\
0 & \sqrt{2} & 1 & 0 & 0 & \sqrt{2} \\
0 & 0 & \sqrt{2} & 0 & 0 & 1 \\
0 & 0 & 0 & \sqrt{2} & 1 & 0
\end{pmatrix}
$$

$$
\vec{S}^2 = \frac{\hbar^2}{4} \begin{pmatrix}
15 & 0 & 0 & 0 & 0 & 0 \\
0 & 7 & 4\sqrt{2} & 0 & 0 & 0 \\
0 & 4\sqrt{2} & 11 & 0 & 0 & 0 \\
0 & 0 & 0 & 11 & 4\sqrt{2} & 0 \\
0 & 0 & 0 & 4\sqrt{2} & 7 & 0 \\
0 & 0 & 0 & 0 & 0 & 15
\end{pmatrix}
$$

b) Spin 1 und Spin 1/2 koppeln zu Spin 1/2 und Spin 3/2. Es ergibt sich z.B. für die Kopplung zu Spin 1/2 und z-Komponente $-1/2$ (Tab. D1)

$$|1/2,-1/2> = 1/\sqrt{3}\,|1,0>|1/2,-1/2> \;-\sqrt{2/3}\,|1,-1>|1/2,1/2> = \begin{pmatrix} 0 \\ 0 \\ 0 \\ \sqrt{1/3} \\ -\sqrt{2/3} \\ 0 \end{pmatrix}.$$

Entsprechend erhält man

$$|3/2,3/2> = \begin{pmatrix} 1 \\ 0 \\ 0 \\ 0 \\ 0 \\ 0 \end{pmatrix} \qquad |3/2,1/2> = \begin{pmatrix} 0 \\ \sqrt{1/3} \\ \sqrt{2/3} \\ 0 \\ 0 \\ 0 \end{pmatrix} \qquad |3/2,-1/2> = \begin{pmatrix} 0 \\ 0 \\ 0 \\ \sqrt{2/3} \\ \sqrt{1/3} \\ 0 \end{pmatrix}$$

$$|3/2,-3/2> = \begin{pmatrix} 0 \\ 0 \\ 0 \\ 0 \\ 0 \\ 1 \end{pmatrix} \qquad |1/2,1/2> = \begin{pmatrix} 0 \\ \sqrt{2/3} \\ -\sqrt{1/3} \\ 0 \\ 0 \\ 0 \end{pmatrix}.$$

Verifizieren Sie, daß diese Vektoren tatsächlich Eigenvektoren mit den richtigen Eigenwerten von S_z und S^2 sind.

Aufgabe 88: *Bilden Sie mit Hilfe der Clebsch–Gordan–Tabelle die Eigenvektoren zu J_z für die Kopplung von Spin 1/2-Teilchen mit dem Bahndrehimpuls l und vergleichen Sie die Ergebnisse mit den Gln.(4.78) und (4.79).*

Lösung: Der Bahndrehimpuls l koppelt mit dem Spin 1/2 zum Gesamtdrehimpuls $j = l + 1/2$ bzw. $j = l - 1/2$. In Tab. D4 sind die dazu benötigten Clebsch-Gordan Koeffizienten angegeben. Es ergeben sich für $j = l + 1/2$ die Eigenvektoren

$$\Phi^{(+)}_{jm_j}(\varphi,\vartheta) = \left(\frac{l + m_j + 1/2}{2l+1}\right)^{1/2} Y_l^{m_j-1/2}\begin{pmatrix}1\\0\end{pmatrix} + \left(\frac{l - m_j + 1/2}{2l+1}\right)^{1/2} Y_l^{m_j+1/2}\begin{pmatrix}0\\1\end{pmatrix}$$

und für $j = l - 1/2$ $(l > 0)$

$$\Phi^{(-)}_{jm_j}(\varphi,\vartheta) = -\left(\frac{l - m_j + 1/2}{2l+1}\right)^{1/2} Y_l^{m_j-1/2}\begin{pmatrix}1\\0\end{pmatrix} + \left(\frac{l + m_j + 1/2}{2l+1}\right)^{1/2} Y_l^{m_j+1/2}\begin{pmatrix}0\\1\end{pmatrix}.$$

Wenn $m_j = m + 1/2$ gesetzt wird, ergeben sich die Eigenfunktionen Gln.(4.78) und (4.79).

Aufgabe 89: *Koppeln Sie zwei Bahndrehimpulse $l_1 = 1$ und $l_2 = 1$ zum Gesamtdreh-impuls $L = 1$. Wenn $m_1 = m_2 = 0$ ist, gibt es keine Kopplung, da der Clebsch–Gordan Koeffizient $< 10, 10|10 >= 0$. Erklären Sie dieses Ergebnis physikalisch.*

Lösung: Die Eigenfunktionen des Bahndrehimpulses sind die Kugelfunktionen. Für $l = 1$ sind dies die Funktionen $Y_l^m(\varphi, \vartheta)$ bzw. in kartesischer Basis die Einheitsvektoren x, y, z. Die Kopplung von zwei Bahndrehimpulsen mit $l = 1$ ist die Kopplung von zwei Vektoren. Für $L = 0$ bedeutet dies die Bildung des skalaren Produkts, für $L = 1$ des äußeren Produkts (wieder ein Vektor) und für $L = 2$ des Tensorprodukts. Für die Kopplung von zwei Vektoren mit $(l = 1, m = 0)$ bedeutet dies $z_1 \times z_2 = 0$, da für zwei gleichgerichtete Vektoren das äußere Produkt verschwindet, und daher die Kopplung zu $L = 1$ nicht möglich ist. Diese Aussage drückt sich in $< 10, 10|10 >= 0$ aus.

Das Ergebnis kann verallgemeinert werden und ergibt

$$< l_1 0, l_2 0 | L, 0 >= 0 \qquad \text{für} \qquad l_1 + l_2 + L = \text{ungerade}.$$

$*$ **Aufgabe 90:** *Beweisen Sie folgende zwei Beziehungen:*

a) $\qquad \vec{Y}_{j=l,l,1}^m(\varphi, \vartheta) = \dfrac{1}{\hbar\sqrt{l(l+1)}} \, \vec{l} \, Y_l^m(\varphi, \vartheta)$

und

b) $\qquad \dfrac{\vec{r}}{r} Y_j^m(\varphi, \vartheta) = -\left(\dfrac{j+1}{2j+1}\right)^{1/2} \vec{Y}_{j,j+1,1}^m(\varphi, \vartheta) + \left(\dfrac{j}{2j+1}\right)^{1/2} \vec{Y}_{j,j-1,1}^m(\varphi, \vartheta).$

Es sind $\vec{l}$ der Bahndrehimpulsoperator und $\vec{Y}_{j,l,1}^m(\varphi, \theta)$ die Vektorkugelfunktion.

Lösung: a) Wir verwenden die kartesischen Komponenten. Die x–Komponente $l_x Y_l^m(\varphi, \theta)$ berechnen wir mit Hilfe der Schiebeoperatoren (Gln. (4.20) und (4.21))

$$\begin{aligned} l_x Y_l^m &= 1/2(l_+ + l_-) Y_l^m \\ &= \hbar/2\left(\sqrt{(l-m)(l+m+1)}\, Y_l^{m+1} + \sqrt{(l+m)(l-m+1)}\, Y_l^{m-1}\right). \end{aligned}$$

Das ist aber nach Gl.(E.5) gleich $\hbar\sqrt{l(l+1)}(\vec{Y}_{l,l,1}^m)_x$.
Die zwei anderen Komponenten $l_y Y_l^m$ und $l_z Y_l^m$ werden auf die gleiche Art berechnet.
b) Schreibt man $\frac{\vec{r}}{r}$ in Kugelkoordinaten, $\frac{\vec{r}}{r} = (\sin\vartheta\cos\varphi, \sin\vartheta, \sin\varphi, \cos\vartheta)$, und drückt die Komponenten durch die Funktionen $Y_1^m(\varphi, \vartheta)$ aus, so erhält man

$$\frac{\vec{r}}{r} Y_j^m = \sqrt{4\pi/3} \begin{pmatrix} \frac{1}{\sqrt{2}}(-Y_1^1 + Y_1^{-1}). \\ \frac{i}{\sqrt{2}}(Y_1^1 + Y_1^{-1}) \\ Y_1^0 \end{pmatrix} Y_j^m.$$

Die Produkte $(Y_1^k Y_j^m)$ können nach Gl.(4.15) berechnet werden. Durch Vergleich mit den Gln.(E.4) und (E.6) ergeben sich die gesuchten Beziehungen.

Aufgabe 91: *Bei Atomen und Kernen spielt die Kopplung mehrerer Drehimpulse eine große Rolle. Betrachten Sie den einfachsten Fall der Kopplung von drei Drehimpulsen $j_1 = 1/2$, $j_2 = 1/2$ und $j_3 = 1$ zum Gesamtdrehimpuls $J = 1$ mit der z-Komponente $M = 0$. Berechnen Sie mit Hilfe der Clebsch–Gordan–Tabellen (Anhang D) alle möglichen Gesamtzustände $|J, M > = |1, 0 >$.*

    Lösung: Es gibt vier mögliche Zustände
a) Zwei Zustände durch die Kopplung von j_1 und j_2 zu j_{12} (mit $j_{12} = 0, 1$) und dann die Kopplung von j_{12} und j_3 zu J.
b) Zwei Zustände durch die Kopplung von j_1 und j_3 zu j_{13} (mit $j_{13} = 1/2, 3/2$) und dann die Kopplung von j_{13} und j_2 zu J.

a) Die Zwischenzustände $|j_{12}, m_{12}; j_1, j_2 > = |0, 0; 1/2, 1/2 >$, $|1, 0; 1/2, 1/2 >$ und $|1, \pm 1; 1/2, 1/2 >$ erhält man mit Hilfe der Clebsch–Gordan Koeffizienten Tab.D1. Sie sind auch in Gl.(4.75) gegeben. Die Kopplung mit $j_3 = 1$ zu $|J, M; j_{12}(j_1, j_2)j_3 > = |1, 0; j_{12}(j_1, j_2)j_3 >$ ergibt im 12–dimensionalen Produktraum die beiden Endzustände

$$|1, 0; 0(1/2, 1/2)1 > \; = \; \frac{1}{\sqrt{2}} \begin{pmatrix} 0 \\ 1 \\ -1 \\ 0 \end{pmatrix} \otimes \begin{pmatrix} 0 \\ 1 \\ 0 \end{pmatrix},$$

$$|1, 0; 1(1/2, 1/2)1 > \; = \; \frac{1}{\sqrt{2}} \begin{pmatrix} 1 \\ 0 \\ 0 \\ 0 \end{pmatrix} \otimes \begin{pmatrix} 0 \\ 0 \\ 1 \end{pmatrix} - \frac{1}{\sqrt{2}} \begin{pmatrix} 0 \\ 0 \\ 0 \\ 1 \end{pmatrix} \otimes \begin{pmatrix} 1 \\ 0 \\ 0 \end{pmatrix}.$$

Die Tensorprodukte auszurechnen und die Zustände als 12–komponentige Vektoren anzugeben sei dem Leser überlassen.
b) Die Zwischenzustände $|1/2, \pm 1/2; 1, 1/2 >$ und $|3/2, \pm 1/2; 1, 1/2 >$ sind jeweils 6–dimensional. So ergibt sich z.B.

$$|3/2, 1/2; 1, 1/2 > = \frac{1}{\sqrt{3}} \begin{pmatrix} 1 \\ 0 \\ 0 \end{pmatrix} \otimes \begin{pmatrix} 0 \\ 1 \end{pmatrix} + \sqrt{\frac{2}{3}} \begin{pmatrix} 0 \\ 1 \\ 0 \end{pmatrix} \otimes \begin{pmatrix} 1 \\ 0 \end{pmatrix}.$$

Für die Kopplung mit j_2 (Tab.D1 und D2) findet man die beiden Endzustände

$$|1, 0; 3/2(1, 1/2)1/2 > \; = \; \frac{1}{\sqrt{2}}|3/2, 1/2; 1, 1/2 > \otimes \begin{pmatrix} 0 \\ 1 \end{pmatrix} - \frac{1}{\sqrt{2}}|3/2, -1/2; 1, 1/2 > \otimes \begin{pmatrix} 1 \\ 0 \end{pmatrix}$$

$$|1, 0; 1/2(1, 1/2)1/2 > \; = \; \frac{1}{\sqrt{2}}|1/2, 1/2; 1, 1/2 > \otimes \begin{pmatrix} 0 \\ 1 \end{pmatrix} + \frac{1}{\sqrt{2}}|1/2, -1/2; 1, 1/2 > \otimes \begin{pmatrix} 0 \\ 1 \end{pmatrix}.$$

* **Aufgabe 92:** *Die Rotation eines räumlich ausgedehnten Körpers sei durch die Angaben der Euler–Winkel gegeben.*

a) Berechnen Sie die Drehimpulskomponenten J_x, J_y, J_z entlang der raumfesten Achsen x, y, z sowie den Gesamtdrehimpuls J^2, ausgedrückt durch die Euler–Winkel.

b) Berechnen Sie die Drehimpulskomponenten J_X, J_Y, J_Z entlang der körperfesten Achsen X, Y, Z.

c) Bestimmen Sie die Kommutationsrelationen zwischen den Größen $J_x, J_y, J_z, J_X, J_Y, J_Z, J^2$.

Lösung: Die Position eines räumlich ausgedehnten Körpers ist durch Angaben der Euler–Winkel (α, β, γ) festgelegt (erste Figur zu Aufgabe 84). Jeder Punkt des Körpers (x, y, z) ist gegeben durch

$$
\begin{pmatrix} x \\ y \\ z \end{pmatrix} = \mathcal{R}(\alpha, \beta, \gamma) \begin{pmatrix} x_0 \\ y_0 \\ z_0 \end{pmatrix},
$$

wenn $\vec{r_0} = (x_0, y_0, z_0)$ der Punkt vor der Drehung um die Euler–Winkel ist und $\mathcal{R}$ durch Gl.(13.7) definiert wird. Eine Funktion $f(x, y, z)$ kann somit mit Hilfe der Euler–Winkel als Variable angegeben werden durch

$$
f(x, y, z) = f(\mathcal{R}(\alpha, \beta, \gamma)\vec{r_0}) = f(\alpha, \beta, \gamma).
$$

a) Die Drehimpulskomponenten des Körpers können wie üblich über infinitesimale Rotationen berechnet werden; so läßt sich beispielsweise die Drehimpulskomponente J_x entlang der raumfesten x–Achse aus der infinitesimalen Rotation $\mathcal{R}^{(x)}(\delta)$ (Gl.(4.23)) bestimmen

$$
\mathcal{R}^{(x)}(\delta) = 1 - \frac{i\delta}{\hbar} J_x.
$$

Wir berechnen daher für die infinitesimalen Veränderungen $(\varepsilon_1, \varepsilon_2, \varepsilon_3)$ der Euler–Winkel

$$
\begin{aligned}
\mathcal{R}^{(x)}(\delta) f(\alpha, \beta, \gamma) &= f(\mathcal{R}^{(x)}(-\delta)\mathcal{R}(\alpha, \beta, \gamma)\vec{r_0}) = f(\mathcal{R}(\alpha + \varepsilon_1, \beta + \varepsilon_2, \gamma + \varepsilon_3)\vec{r_0}) \\
&= f(\alpha + \varepsilon_1, \beta + \varepsilon_2, \gamma + \varepsilon_3) = (1 + \varepsilon_1 \frac{\partial}{\partial\alpha} + \varepsilon_2 \frac{\partial}{\partial\beta} + \varepsilon_3 \frac{\partial}{\partial\gamma}) f(\alpha, \beta, \gamma).
\end{aligned}
$$

Gleichsetzen der Matrizen $\mathcal{R}^{(x)}(-\delta)\mathcal{R}(\alpha, \beta, \gamma)$ mit $\mathcal{R}(\alpha + \varepsilon_1, \beta + \varepsilon_2, \gamma + \varepsilon_3)$ liefert

$$
\varepsilon_1 = \delta \cos\alpha \cot\beta \qquad \varepsilon_2 = \delta \sin\alpha \qquad \varepsilon_3 = -\delta \frac{\cos\alpha}{\sin\beta}.
$$

Es gilt daher der Zusammenhang

$$
f(\alpha + \varepsilon_1, \beta + \varepsilon_2, \gamma + \varepsilon_3) = (1 + \delta \cos\alpha \cot\beta \frac{\partial}{\partial\alpha} + \delta \sin\alpha \frac{\partial}{\partial\beta} - \delta \frac{\cos\alpha}{\sin\beta} \frac{\partial}{\partial\gamma}) f(\alpha, \beta, \gamma),
$$

und daraus ergibt sich die Drehimpulskomponente J_x zu

$$
J_x = -i\hbar \left(-\cos\alpha \cot\beta \frac{\partial}{\partial\alpha} - \sin\alpha \frac{\partial}{\partial\beta} + \frac{\cos\alpha}{\sin\beta} \frac{\partial}{\partial\gamma} \right).
$$

Entsprechende Rechnungen bei infinitesimalen Rotationen um die raumfesten y– bzw. z–Achsen liefern die beiden restlichen Drehimpulskomponenten

$$J_y = -i\hbar \left(-\sin\alpha\cot\beta \frac{\partial}{\partial\alpha} + \cos\alpha \frac{\partial}{\partial\beta} + \frac{\sin\alpha}{\sin\beta}\frac{\partial}{\partial\gamma} \right)$$

$$J_z = -i\hbar \frac{\partial}{\partial\alpha}.$$

Für das Quadrat $J^2 = J_x^2 + J_y^2 + J_z^2$ erhält man

$$J^2 = -\hbar^2 \left\{ \frac{1}{\sin^2\beta}\left(\frac{\partial^2}{\partial\alpha^2} - 2\cos\beta\frac{\partial^2}{\partial\alpha\partial\gamma} + \frac{\partial^2}{\partial\gamma^2} \right) + \frac{1}{\sin\beta}\frac{\partial}{\partial\beta}\left(\sin\beta\frac{\partial}{\partial\beta} \right) \right\}.$$

b) Um die Drehimpulse längs der körperfesten Achsen (zweite Figur zu Aufgabe 84) berechnen zu können, benötigen wir die infinitesimalen Rotationen um diese Achsen. Man bekommt sie ähnlich wie in Teilaufgabe a); z.B. für die Rotation um die X–Achse um den Winkel δ gilt

$$\mathcal{R}^{(X)}(\delta)f(\alpha,\beta,\gamma) = f(\mathcal{R}^{(X)}(-\delta)\mathcal{R}(\alpha,\beta,\gamma)\vec{r_0}) = f(\mathcal{R}(\alpha+\epsilon_1,\beta+\epsilon_2,\gamma+\epsilon_3)\vec{r_0})$$

$$= f(\alpha+\epsilon_1,\beta+\epsilon_2,\gamma+\epsilon_3) = (1 + \epsilon_1\frac{\partial}{\partial\alpha} + \epsilon_2\frac{\partial}{\partial\beta} + \epsilon_3\frac{\partial}{\partial\gamma})f(\alpha,\beta,\gamma).$$

Bei Rotationen um die X–Achse werden die Punkte auf der X–Achse nicht verändert, d.h. $\vec{X'} = \vec{X}$. Die Vektoren längs der Y–Achse bzw. der Z–Achse werden aber gemäß $\vec{Y'} = \vec{Y} - \delta\vec{Z}$ bzw. $\vec{Z'} = \vec{Z} + \delta\vec{Y}$ verändert. Daher erhält man nach Gl. (13.7) beispielsweise folgende Beziehungen

$$\text{für } X'_z = X_z \;:\; -\sin(\beta+\epsilon_2)\cos(\gamma+\epsilon_3) = -\sin\beta\cos\gamma$$

$$\text{für } X'_y = X_y \;:\; \sin(\alpha+\epsilon_1)\cos(\beta+\epsilon_2)\cos(\gamma+\epsilon_3) + \cos(\alpha+\epsilon_1)\sin(\gamma+\epsilon_3)$$

$$= \sin\alpha\cos\beta\cos\gamma + \cos\alpha\sin\gamma$$

$$\text{für } Y'_z = Y_z - \delta Z_z \;:\; \sin(\beta+\epsilon_2)\sin(\gamma+\epsilon_3) = \sin\beta\sin\gamma - \delta\cos\beta.$$

Hieraus berechnet man die infinitesimalen Veränderungen der Euler–Winkel zu

$$\epsilon_1 = \delta\frac{\cos\gamma}{\sin\beta} \qquad \epsilon_2 = -\delta\sin\gamma \qquad \epsilon_3 = -\delta\cot\beta\cos\gamma.$$

Ähnlich zu Teilaufgabe a) erhält man

$$J_X = -i\hbar \left(-\frac{\cos\gamma}{\sin\beta}\frac{\partial}{\partial\alpha} + \sin\gamma\frac{\partial}{\partial\beta} + \cot\beta\cos\gamma\frac{\partial}{\partial\gamma} \right),$$

und auf die gleiche Art errechnet sich

$$J_Y = -i\hbar \left(\frac{\sin\gamma}{\sin\beta}\frac{\partial}{\partial\alpha} + \cos\gamma\frac{\partial}{\partial\beta} - \cot\beta\sin\gamma\frac{\partial}{\partial\gamma} \right)$$

$$J_Z = -i\hbar \frac{\partial}{\partial\gamma}.$$

Das Quadrat $J^2 = J_X^2 + J_Y^2 + J_Z^2$ liefert die gleiche Beziehung wie in Teilaufgabe a).

c) Die Kommutationsrelationen zwischen den Größen J_x, J_y, J_z sind nach Gl. (4.4)

$$[J_x J_y] = i\hbar J_z \qquad \text{und zyklisch.}$$

Die Kommutationsrelationen zwischen den Größen J_X, J_Y, J_Z (Drehimpulse um die körperfesten Achsen) ergeben sich zu

$$[J_X J_Y] = -i\hbar J_Z \qquad \text{und zyklisch.}$$

Man beachte, daß sich hier das Vorzeichen im Vergleich zu Gl.(4.4) umgedreht hat [1].

Es kommutieren alle $J_x, J_y, J_z, J_X, J_Y, J_Z$ mit J^2, aber auch alle (J_x, J_y, J_z) mit allen (J_X, J_Y, J_Z); also z.B. $J_z J_Z - J_Z J_z = 0$. Es können also gleichzeitig die Eigenwerte von J^2, J_z, J_Z scharf angegeben werden.

---

[1] Die Rotationsenergie eines ausgedehnten Moleküls ist nach Gl.(7.186)

$$E = \frac{J_X^2}{2T_X} + \frac{J_Y^2}{2T_Y} + \frac{J_Z^2}{2T_Z}.$$

Nach Gl.(12.1) gilt

$$\frac{dJ_X}{dt} = \frac{i}{\hbar}[EJ_X] = \frac{i}{\hbar}(EJ_X - J_X E) \qquad \text{und zyklisch.}$$

Nur wenn die obigen Vertauschungsrelationen benutzt werden, ergibt sich

$$\frac{dJ_X}{dt} = (\frac{1}{T_Z} - \frac{1}{T_Y})(\frac{J_Y J_Z + J_Z J_Y}{2}) \qquad \text{und zyklisch.}$$

Das sind Gleichungen, die den Euler-Gleichungen des Kreisels entsprechen (O. Klein, Zeitschrift für Physik 53(1929)730).

14 Effekte bei Ein–Elektron–Atomen

Die Ein–Elektron–Atome sind die überschaubarsten Gebilde der Atomphysik. An ihnen lassen sich daher am einfachsten die Grundmechanismen der Wechselwirkung zwischen Elektronen und Kern aufzeigen. Ihre Behandlung nimmt daher im Band I Kap.5 einen entsprechend breiten Raum ein. Während dort die Entfaltung des Lehrstoffs jedoch mehr nach didaktischen Gesichtspunkten ausgearbeitet ist, lassen wir uns im vorliegenden Kapitel mehr von physikalischen Merkmalen leiten. Zunächst gehen wir in Abschn.14.1 auf die Eigenschaften des Wasserstoffatoms bzw. der wasserstoffartigen Atome und wegen der Ähnlichkeit der Beschreibung auch auf die exotischen Atome ein. Sodann widmen wir uns in Abschn.14.2 Problemen der Aussendung spontaner und induzierter Strahlung einschließlich ihrer Auswahlregeln und besprechen einige Eigenschaften der ausgesandten Strahlung. Erst in Abschn.14.3 schauen wir uns die Effekte genauer an, die beim Anlegen äußerer elektrischer und magnetischer Felder auftreten. Auch hier konzentrieren wir uns hauptsächlich auf das H–Atom als typisches Beispiel.

14.1 Das Wasserstoffproblem

Die Schrödinger–Gleichung für das H–Atom, für wasserstoffartige Atome und auch für exotische Atome mit dem Coulomb–Potential Gl.(5.1) läßt sich bekanntlich geschlossen lösen (Abschn.5.1). Für diese einfachen Gebilde lassen sich viele physikalische Größen wie z.B. Energiewerte, Aufenthaltswahrscheinlichkeiten des Elektrons für verschiedene Energiezustände usw. leicht ermitteln (Aufgaben 93–97 und 106–109).

Die Einbeziehung des Elektronenspins $\vec{s}$ und damit seines magnetischen Moments in die Rechnung bedingt eine zusätzliche magnetische Wechselwirkung mit dem magnetischen Moment des Bahndrehimpulses $\vec{l}$, die proportional zu $\vec{l}\vec{s}$ ist. Zugleich mit der Berücksichtigung einer relativistischen Korrektur bei der Bewegung des Elektrons erhält man die richtige Beschreibung der Feinstruktur der Terme bzw. der Spektrallinien (Aufgaben 98–100). Neben der Aufhebung eines Teils der Entartung hat dies auch eine Termverschiebung zur Folge. Als Handwerkszeug zur Berechnung der Energieterme Gl.(5.106) benutzt man die zeitunabhängige Störungsrechnung (Abschn. 3.5).

Eine noch feinere Aufspaltung der Niveaus bzw. Linien ist neben der Lamb–Verschiebung (Aufgabe 104) die Hyperfeinstruktur (HFS). Diese HFS rührt von der Wechselwirkung des magnetischen Moments der Elektronenhülle mit dem sehr viel schwächeren magnetischen Kernmoment her, kann aber auch durch die Wechselwirkung eines eventuell vorhandenen elektrischen Kernquadrupolmoments mit der Hülle verursacht werden (Aufgaben 101–103).

Die Genauigkeitsgrenze bei der Vermessung von Spektrallinien bzw. von Übergängen ist durch die natürliche Linienbreite sowie durch Verbreiterungseffekte gegeben (Aufgaben 111–112).

Aufgaben

Aufgabe 93: *Berechnen Sie den wahrscheinlichsten Abstand r_w des Elektrons vom Proton im H–Atom für den Fall, daß sich das Atom im Zustand mit maximal möglichem Bahndrehimpuls l bei vorgegebener Hauptquantenzahl n befindet. Vergleichen Sie den gefundenen Wert mit dem mittleren Abstand $< r >$, Gl.(5.18).*

Lösung: Die höchstmögliche Bahndrehimpulsquantenzahl bei gegebenem n ist gleich $l = n-1$. Die Lösung der Radialfunktion Gl.(5.14) reduziert sich hierfür auf $R_{n,n-1}(r) \sim N_{n,n-1} \cdot r^{n-1} \exp(-\frac{r}{na_0})$, da für das Laguerre–Polynom $L_0^{2l+1}(r) = 1$ gilt. Das Maximum der Funktion $P(r) = r^2 |R_{n,n-1}(r)|^2$ findet man bei $r_w = n^2 a_0$. Im Vergleich dazu ist nach Gl. (5.18) der mittlere Abstand $< r_{n,l=n-1} > = (n^2 + \frac{1}{2}n)a_0$ stets größer.

Aufgabe 94: *Berechnen Sie für das H–Atom im Grundzustand*
a) den mittleren Abstand und
b) den mittleren quadratischen Abstand des Elektrons vom Proton.

Lösung: Für die normierte Grundzustandsfunktion $\phi_0(r) = \exp(-r/a_0)/\sqrt{\pi a_0^3}$ berechnet man mit Hilfe der Beziehung $\int_0^\infty r^n \exp(-\alpha r)dr = \frac{n!}{\alpha^{n+1}}$ die Größen

a) $< r > = 4\pi \int_0^\infty r^3 |\phi_0|^2 dr = \frac{3}{2}a_0$,
b) $< r^2 > = 4\pi \int_0^\infty r^4 |\phi_0|^2 dr = 3a_0^2$.

Aufgabe 95: *Die Temperatur der Sonnenoberfläche beträgt $5800 K$. Berechnen Sie das Verhältnis der Anzahl an H–Atomen im Zustand $n = 2$ zu derjenigen im Zustand $n = 1$.*

Lösung: Der Boltzmann–Faktor zusammen mit dem Entartungsgrad $2n^2$ liefert das Verhältnis (vgl. Aufgabe 152)

$$\frac{N(E_{n=2})}{N(E_{n=1})} = \frac{(n=2)^2}{(n=1)^2} \exp\left(\frac{E_{n=1} - E_{n=2}}{kT}\right) = 5.5 \cdot 10^{-9}.$$

Aufgabe 96: *Berechnen Sie die mittlere Geschwindigkeit $\sqrt{< v^2 >}/c$ des Elektrons im Grundzustand des H–Atoms.*

Lösung: Mit dem Impulsoperator $\vec{p} = -i\hbar\overrightarrow{grad}$ ergibt sich nach Gl.(3.59)

$$< \vec{v}^2 > = \frac{1}{M_e^2} \int \phi^*(\vec{r})(-\hbar^2\Delta)\phi(\vec{r})d^3r.$$

Für den Grundzustand $\phi_0(r)$ (s. Aufgabe 94) ist nach Gl.(3.36)

$$\Delta\phi(\vec{r}) = -\frac{1}{\sqrt{\pi a_0^5}}\left(\frac{2}{r} - \frac{1}{a_0}\right)\exp(-r/a_0).$$

Daraus ergibt sich $\sqrt{<v^2>} = \hbar/(M_e a_0)$. Die Sommerfeldsche Feinstrukturkonstante $\alpha = e^2/(4\pi\epsilon_0\hbar c)$ ermöglicht eine einfache Umformung zu $\sqrt{<v^2>}/c = \alpha = 1/137$.

Aufgabe 97: *Berechnen Sie für das H–Atom im Zustand $n = 2, l = 1$ die Zahlenwerte für die Energieverschiebung durch die relativistische Korrektur sowie die Energieaufspaltung durch die Spin–Bahn–Kopplung.*

Lösung: Gl.(5.104) für die relativistische Korrektur liefert $E_2' = -2.6 \cdot 10^{-5} eV$, Gl.(5.103) für die Spin–Bahn–Kopplung $E_1'(j = 1/2) = -3.0 \cdot 10^{-5} eV$ bzw. $E_1'(j = 3/2) = 1.5 \cdot 10^{-5} eV$. Die Differenz der beiden letzten Werte ergibt den Feinstrukturabstand von $4.5 \cdot 10^{-5} eV$ (s. Fig. 5.47).

Aufgabe 98: *Untersuchen Sie, in wieviel Linien der Übergang von $n = 4$ auf $n = 3$ beim Wasserstoffatom durch Feinstruktur aufgespalten wird.*

Lösung: Für die Hauptquantenzahl $n = 3$ liefert die Feinstrukturwechselwirkung drei Energieniveaus entsprechend den Zuständen $(3S_{1/2}, 3P_{1/2}), (3P_{3/2}, 3D_{3/2})$ und $3D_{5/2}$ (Zustände in Klammern haben die gleiche Energie). Analog gibt es vier Energieniveaus bei $n = 4$, nämlich $(4S_{1/2}, 4P_{1/2})$, $(4P_{3/2}, 4D_{3/2})$, $(4D_{5/2}, 4F_{5/2})$, $4F_{7/2}$. Der Leser skizziere am besten das Termschema.

Die Auswahlregeln für elektrische Dipolstrahlung Gl.(5.109) lassen acht Feinstrukturlinien zu, entsprechend den Übergängen $(F_{7/2} \rightarrow D_{5/2}), (F_{5/2} \rightarrow D_{5/2}), (F_{5/2} \rightarrow D_{3/2}, D_{5/2} \rightarrow P_{3/2}), (P_{3/2} \rightarrow D_{5/2}), (P_{3/2} \rightarrow D_{3/2}, D_{3/2} \rightarrow P_{3/2}), (P_{3/2} \rightarrow S_{1/2}, D_{3/2} \rightarrow P_{1/2}), (P_{1/2} \rightarrow D_{3/2}, S_{1/2} \rightarrow P_{3/2})$ und $(P_{1/2} \rightarrow S_{1/2}, S_{1/2} \rightarrow P_{1/2})$. Die Hauptquantenzahlen $n = 4$ bzw. $n = 3$ wurden weggelassen. Verschiedene Übergänge in der gleichen Klammer ergeben die gleiche Feinstrukturlinie.

Aufgabe 99: *Berechnen Sie für das H–Atom im Zustand $n = 2, l = 1$ die magnetische Induktion B, welche die Bahnbewegung des Elektrons am Ort des Protons erzeugt.*

Lösung: Gemäß Gl.(5.90) ist einschließlich der Thomas–Frenkel–Korrektur

$$\vec{B} = \frac{Ze}{8\pi\epsilon_0 c^2 r^3 M_e}\vec{l}.$$

Berechnet man

$$<B_z> = \int \phi_{nlm}^* B_z \phi_{nlm} d^3r$$

$$= \int R_{nl} Y_l^{m*} \frac{Ze}{8\pi\epsilon_0 c^2 r^3 M_e} l_z R_{nl} Y_l^m d^3r$$

$$= \frac{Ze}{8\pi\epsilon_0 c^2 M_e} \int |R_{nl}|^2 \frac{1}{r^3} r^2 dr \int m\hbar Y_l^{m*} Y_l^m d\Omega$$

$$= \frac{Z^4 e}{8\pi\epsilon_0 c^2 M_e} \frac{m\hbar}{n^3 l(l + 1/2)(l + 1)a_0^3},$$

so erhält man mit $< B >= \frac{\sqrt{l(l+1)}}{m} < B_z >$ den Wert

$$< B >= \frac{Z^4 e}{8\pi\epsilon_0 c^2 M_e} \cdot \frac{\hbar}{n^3(l+1/2)\sqrt{l(l+1)}a_0^3} = 0.37 T.$$

Aufgabe 100: *Zeigen Sie, daß die Gleichung (5.106) für die Feinstrukturaufspaltung, die mit Hilfe der Störungsrechnung gewonnen wurde, bis auf Glieder höherer Ordnung in $(Z\alpha)^2$ die gleiche ist wie die relativistisch gültige, aus der Dirac-Gleichung folgende Gl.(5.107).*

Lösung: $(Z\alpha)^2$ ist im Vergleich zur Zahl 1 eine kleine Größe. Wir entwickeln daher Gl.(5.107) nach Potenzen von $(Z\alpha)^2$ und benutzen für $\epsilon << 1$ die Formel $\frac{1}{\sqrt{1+\epsilon}} = 1 - \frac{\epsilon}{2} + \frac{3}{8}\epsilon^2$.

$$\begin{aligned}
E_{nj} &= M_e c^2 \left(1 - \frac{1}{2} \cdot \frac{(Z\alpha)^2}{(n-j-1/2+\sqrt{(j+1/2)^2-(Z\alpha)^2})^2}\right. \\
&\quad \left. + \frac{3}{8} \cdot \frac{(Z\alpha)^4}{(n-j-1/2+\sqrt{(j+1/2)^2-(Z\alpha)^2})^4}\right) - M_e c^2.
\end{aligned}$$

Entwicklung bis zur vierten Potenz von $(Z\alpha)$ ergibt für das zweite Glied

$$-\frac{\frac{M_e c^2}{2}(\frac{Z\alpha}{n})^2}{1 - \frac{(Z\alpha)^2}{n(j+1/2)}} = -\frac{M_e c^2}{2} \left(\frac{Z\alpha}{n}\right)^2 \left(1 + \frac{(Z\alpha)^2}{n(j+1/2)}\right)$$

und für das dritte Glied

$$\frac{3}{8}\frac{M_e c^2 (Z\alpha)^4}{n^4}.$$

Zusammengefaßt erhält man daraus Gl.(5.106)

$$E_{nj} = -\frac{M_e c^2}{2} \left(\frac{Z\alpha}{n}\right)^2 \left(1 + \left(\frac{Z\alpha}{n}\right)^2 \left(\frac{n}{j+1/2} - \frac{3}{4}\right)\right).$$

Aufgabe 101: *Berechnen Sie die HFS-Energieaufspaltung für das Wasserstoffatom im Zustand n und $l = 0$.*

Lösung: Die Lösung verläuft wie in Abschnitt 5.4.3 für den Fall $n = 1, l = 0$. Für die Störungsrechnung Gl.(5.161) wird das Integral

$$I = \int R_{n0}^2(r)(Y_0^0)^2\delta(\vec{r})d^3r$$

benötigt. Zur Berechnung verwenden wir $\delta(\vec{r}) = \frac{1}{r^2}\delta(r)\delta(\cos\vartheta)\delta(\varphi)$ (Anhang G) und erhalten

$$I = \frac{1}{4\pi}\int R_{n0}^2(r)\delta(r)dr = \frac{1}{4\pi}R_{n0}^2(0) = \frac{1}{4\pi}\cdot\frac{4}{n^3 a_0^3}.$$

wobei die Gln.(5.14) und (F.23) herangezogen wurden.

Das Ergebnis lautet (vgl. Gl.(5.163))

$$E'_{HFS} = \begin{cases} -\mu_0 g_p \beta_k \beta /(n^3\pi a_0^3) & S = 0, M_s = 0 \\ \frac{1}{3}\mu_0 g_p \beta_k \beta /(n^3\pi a_0^3) & S = 1, M_s = 0, \pm 1. \end{cases}$$

* **Aufgabe 102:** *In Gl.(5.154) ist der HFS-Zusatzterm zum Hamilton-Operator des Wasserstoffatoms für den Bahndrehimpuls $l = 0$ gegeben. Geben Sie den vollständigen HFS-Hamilton-Operator für den Fall beliebiger l-Werte an.*

Lösung: In Gl.(H.6) ist der Hamilton-Operator für die Bewegung eines spinlosen geladenen Teilchens im elektromagnetischen Feld gegeben. Im vorliegenden Fall wird dieses Feld durch das magnetische Moment des Kerns erzeugt. Das bedeutet $V = 0$. Die Größe $\vec{A}$ ist durch Gl.(5.151) gegeben.

Wegen $\vec{div}\ \vec{rot} = 0$ und bei Vernachlässigung des quadratischen Terms in $\vec{A}$ reduziert sich daher der Hamilton-Operator auf

$$H = -\frac{ie\hbar}{M}(\vec{A}\vec{\nabla}).$$

Wird der Spin des Elektrons S_e mitberücksichtigt, so gibt es zusätzlich den Term Gl.(5.150) oder umgeformt Gl.(5.154). Somit haben wir den Operator

$$H_{HFS} = -\frac{ie\hbar}{M}(\vec{A}\vec{\nabla}) - (\vec{B}_K\vec{\mu}_e).$$

Setzt man $\vec{A}$ ein, so erhält man mit

$$\vec{rot}(\frac{\vec{\sigma}_p}{r}\vec{\nabla}) = \frac{1}{r^3}[\sigma_x(y\frac{\partial}{\partial z} - z\frac{\partial}{\partial y}) + \sigma_y(z\frac{\partial}{\partial x} - x\frac{\partial}{\partial z}) + \sigma_z(x\frac{\partial}{\partial y} - y\frac{\partial}{\partial x})] = \frac{i\hbar}{r^3}(\vec{l}\vec{\sigma}_p),$$

sowie mit $\vec{S}_p = \frac{\hbar}{2}\vec{\sigma}_p$ und $\vec{S}_e = \frac{\hbar}{2}\vec{\sigma}_e$ schließlich den Ausdruck

$$H_{HFS} = \frac{\mu_0}{4\pi}g_p\beta_k\beta\frac{2}{\hbar^2}\left(\frac{\vec{l}\vec{S}_p}{r^3} - \frac{\vec{S}_e\vec{S}_p}{r^3} + \frac{3(\vec{S}_e\vec{r})(\vec{S}_p\vec{r})}{r^5} + \frac{8\pi}{3}(\vec{S}_e\vec{S}_p)\delta(\vec{r})\right).$$

Für den Fall $l = 0$ fällt der erste Term weg und wir erhalten Gl. (5.154). Für den Fall $l \neq 0$ braucht der letzte Term bei einer Störungsrechnung nicht berücksichtigt werden, weil für diesen Fall die radiale Wellenfunktion $R_{nl\neq 0}(r = 0) = 0$ ist.

Die Berechung der Energieniveaus wird mittels Störungsrechnung durchgeführt, wobei die gekoppelte Wellenfunktion

$$\psi = \sum Cl \cdot \Phi_{S_p S_z}\Phi_{JlsM_J} \quad \text{(Cl sind die Clebsch-Gordan-Koeffizienten)}$$

dem Gesamtdrehimpuls $F = J \pm 1/2$ entspricht.

Die Rechnungen sind langwierig. Hier soll nur das Ergebnis gezeigt werden. Die HFS-Zusatzenergie ergibt sich zu

$$E_{HFS} = \frac{\mu_0}{4\pi} g_p \beta_k \beta \frac{1}{n^3 a_0^3} \frac{F(F+1) - J(J+1) - 3/4}{J(J+1)(l+1/2)}.$$

Die Formel geht in die HFS-Zusatzterme von Gl.(5.163) über für den Fall $l = 0$, wovon man sich sofort überzeugen kann, wenn man $l = 0$, $J = 1/2$ und $F = 0$ bzw. $F = 1$ sowie $n = 1$ setzt.

Die Auswahlregeln für elektrische Dipolstrahlung sind

$$\Delta E \neq 0, \quad \Delta l = \pm 1$$
$$\Delta F = 0, \pm 1, \quad \Delta M_F = 0, \pm 1$$
$$\Delta J = 0, \pm 1, \quad \Delta M_J = 0, \pm 1.$$

Aufgabe 103: *Spinumklappvorgänge der $l = 0$ HFS-Zustände in Wasserstoff sind durch magnetische Dipolstrahlung möglich. Wie groß sind die Energien bzw. die Wellenlängen der emittierten Strahlung bei den Hauptquantenzahlen $n = 1,2,3$?*

Lösung: Nach Aufgabe 101 sind die Energiedifferenzen der betrachteten HFS-Niveaus

$$\Delta E = \mu_0 g_p \beta_K \beta \frac{1}{n^3 \pi a_0^3} (\frac{1}{3} + 1).$$

Das ergibt für $n = 1,2,3$ die Energiedifferenzen $\Delta E = 5.87 \cdot 10^{-6} eV$ bzw. $0.73 \cdot 10^{-6} eV$ bzw. $0.22 \cdot 10^{-6} eV$. Die entsprechenden Wellenlängen der emittierten Strahlung sind $\lambda = 0.21m$ bzw. $1.7m$ bzw. $5.7m$.

∗ Aufgabe 104: *Die Lamb-Verschiebung des $1S_{1/2}$-Niveaus beim Wasserstoffatom ist etwa eine Größenordnung größer als diejenige, die beim Übergang von $2S_{1/2}$ auf $2P_{1/2}$ gemessen wird (s.Fig.5.47). Überlegen Sie, wie die $1S_{1/2}$-Lamb-Verschiebung experimentell bestimmt werden könnte.*

Lösung: Methoden der RF-Messungen, wie sie für die Messung des $2S_{1/2} \to 2P_{1/2}$ Übergangs verwendet werden, sind zur Messung der $1S_{1/2}$-Lamb-Verschiebung nicht möglich, da es keine naheliegenden P-Zustände gibt. Wegen der relativ großen natürlichen Linienbreite des $2P_{1/2}$-Zustandes ($\Delta E = 4.1 \cdot 10^{-7} eV$, s.Aufgabe 120) können die Übergänge $2P_{1/2}$ auf $1S_{1/2}$ nicht genau genug gemessen werden. Der $2S_{1/2}$-Zustand anderseits ist metastabil und daher ziemlich scharf (natürliche Breite $\Delta E = 5 \cdot 10^{-15} eV$). Er eignet sich daher sehr gut, um den Übergang $2S_{1/2} \to 1S_{1/2}$ extrem genau zu messen. Bei gut bekannten $2S_{1/2}$ Energieniveaus könnte $1S_{1/2}$ sehr gut bestimmt werden. Aufgrund der Auswahlregeln für die verschiedenen Multipolstrahlungen ist diese Messung aber so nicht möglich. Jedoch erlauben die Auswahlregeln der 2–Photon–Spektroskopie (s.Abschn.6.6.3) diese Messung, die außerdem dopplerfrei durchgeführt werden kann.

Das Experiment wurde von T.W.Hänsch und Mitarbeitern (M.Weitz et al., Phys.Rev. Lett. 68 (1992)1120) durchgeführt. Dabei wurde im Wasserstoffatom der Übergang $1S_{1/2} \rightarrow 2S_{1/2}$ mit dem etwa viermal energieärmeren $2S_{1/2} \rightarrow 4S_{1/2}$ Übergang durch Schwebungsmessungen verglichen. Da die $2S_{1/2}$– und $4S_{1/2}$–Zustände genau bekannt sind, kann auf die Lamb–Verschiebung des $1S_{1/2}$–Zustands geschlossen werden.

Das Experiment ist in der folgenden Figur skizziert.
Die Apparatur besteht aus zwei getrennten Wasserstoff–Atomstrahlen mit je einem

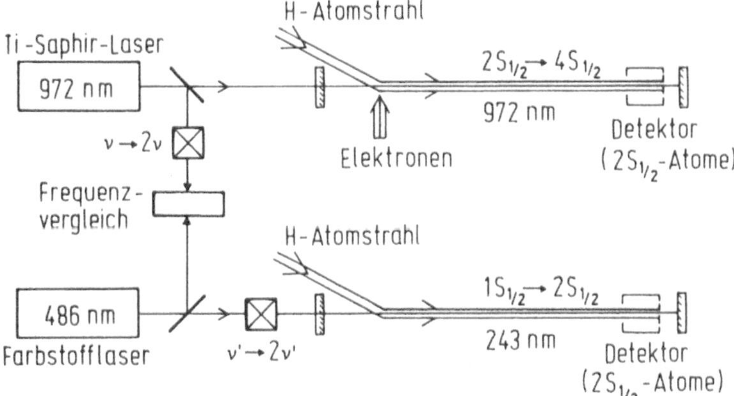

Spektrometer. Im $2S$-$4S$–Spektrometer (oberer Teil) wird der $2S_{1/2}$–Zustand des Wasserstoffs durch Beschuß mit Elektronen angeregt. Den $2S_{1/2} \rightarrow 4S_{1/2}$ Übergang induziert man durch einen Ti–Saphir–Laser mit einer Wellenlänge von etwa 972nm und registriert ihn durch Messung der Reduktion der im Detektor ankommenden $2S_{1/2}$–Atome. Der $1S_{1/2} \rightarrow 2S_{1/2}$–Übergang wird mit Hilfe eines Farbstofflasers ($\lambda = 486nm$), dessen Frequenz in einem nichtlinearen Kristall BBO verdoppelt wird ($\lambda = 243nm$), erzwungen und durch Messung der $2S_{1/2}$–Zustände im Detektor registriert (unteres Spektrometer). Der Frequenzvergleich des Farbstofflasers mit der doppelten Frequenz des Ti–Saphir–Lasers (Frequenzverdoppler) wird mit einer Schwebungsmessung ausgeführt. Das Ergebnis lieferte den extrem genauen Wert der Lamb–Verschiebung des $1S_{1/2}$–Zustands von $3.380008(45) \cdot 10^{-5} eV$.

Aufgabe 105: *Für welche Hauptquantenzahl n_μ hat ein Myon in einem Myonischen Wasserstoff-Atom den gleichen mittleren Bahnradius (bei $l_\mu = 0$) wie dessen Elektron im Grundzustand?*

Lösung: Nach Gl.(5.18) ist $< r_\mu > = < r_e >$ für $n_\mu = \sqrt{\dfrac{M_\mu}{M_e}} \approx 14$.

Aufgabe 106: *Vergleichen Sie für die Myonischen Atome mit $Z = 6$ (Kohlenstoff)* *und $Z = 82$ (Blei) bei punktförmig gedachtem Kern den mittleren quadratischen Radius $\sqrt{<r^2>}$ des Myons im Grundzustand sowie die Übergangsenergie von $n = 2$ nach $n = 1$ mit den entsprechenden Größen des H–Atoms.*

Lösung: Wenn das Myon vom Atomkern eingefangen wird und ein Myonisches Atom bildet, hält es sich infolge seiner größeren Masse ($M_\mu/M_e \sim 207$) viel näher beim Kern auf als die übrigen Elektronen des Atoms. Für $n = 1$ kann der Einfluß der Elektronen auf das Myon vernachlässigt werden, und bei einem punktförmig angenommenen Atomkern lassen sich die Formeln des Wasserstoffatoms anwenden (Gln.(5.13) und (5.18)) Danach sind die mittleren quadratischen Radien $\sqrt{<r^2>}$ um den Faktor $M_e/(M_\mu Z)$ kleiner und die Energien um den Faktor $Z^2 M_\mu/M_e$ größer als beim H–Atom. In der nachfolgenden Tabelle sind die gefragten Werte eingetragen, vergleichsweise zusammen mit den entsprechenden gemessenen Kernradien R_K bzw. den experimentellen Übergangsenergien.

	$\sqrt{<r^2>}$	$R_K(exper.)$	$E(2 \to 1)_{theor.}$	$E(2 \to 1)_{exper.}$
H-Atom	$9.2 \cdot 10^{-11}m$	$1.2 \cdot 10^{-15}m$	$10.2eV$	$10.2eV$
myon. Kohlenstoff	$74 \cdot 10^{-15}m$	$2.4 \cdot 10^{-15}m$	$76keV$	$75.3keV$
myon. Blei	$5.4 \cdot 10^{-15}m$	$5.5 \cdot 10^{-15}m$	$14.2MeV$	$5.8MeV$

Es ist deutlich zu erkennnen, daß die Radien der Myon–Bahnen bei den Myonischen Atomen um Größenordnungen kleiner als die der Elektronen bei Elektronatomen, und die Übergangsenergien entsprechend größer sind. Es wird ferner sichtbar, daß die Annahme der Punktförmigkeit des Kerns bei Kohlenstoff noch gerechtfertigt ist, während sich das Myon bei Blei weitgehend im Kern aufhält. Entsprechend stimmen die gemessenen Übergangsenergien bei Kohlenstoff noch gut mit den berechneten Werten überein, liegen aber bei Blei um fast einen Faktor drei tiefer, was daraus zu verstehen ist, daß das Myon nicht mehr die gesamte Kernladung verspürt.

Aufgabe 107: *Berechnen Sie für ein Myonisches Atom mit $Z = 50$ im Zustand $n = 1$ bei punktförmig gedachtem Kern*
a) den Zusatzterm aufgrund der Feinstruktur sowie
b) die Größenordnung der Hyperfeinstruktur aufgrund der magnetischen Dipolwechselwirkung des Myons mit dem Atomkern.

Lösung: a) Der Feinstrukturzusatzterm ist nach Gl.(5.106)

$$E^{FS}_{n=1,j=1/2} = E^0_{n=1} \cdot (Z\alpha)^2 \cdot \frac{1}{4} = 233keV, \text{ mit } E^0_{n=1} = -\frac{M_\mu c^2}{2}(Z\alpha)^2 = -7MeV.$$

Bei schweren Elementen kann der Zusatzterm Werte bis 500 keV erreichen. Der gemessene Wert von $E^0_{n=1}$ ist infolge der Kernausdehnung dem Betrag nach geringer als der berechnete. Die Feinstrukturaufspaltung ist bei Myonischen Atomen wie bei der Bindungsenergie gegenüber den normalen Atomen um den Faktor $M_\mu/M_e \sim 207$ größer.

b) Eine Abschätzung der HFS aufgrund der magnetischen Dipolwechselwirkung des Myons mit dem Atomkern kann mit Hilfe von Gl.(5.163) vorgenommen werden. Der

Bohrsche Radius für das Myonische Atom ist $a_0^{(\mu)} = a_0 \frac{M_e}{M_\mu} \simeq \frac{a_0}{207}$. Das Bohrsche Magneton für das Myon ist $\beta_\mu = \frac{e\hbar}{2M_\mu} = \beta \frac{M_e}{M_\mu} \simeq \frac{\beta}{207}$. Aus Gl.(5.163) folgt daher $E_\mu^{HFS,mag} \simeq E_e^{HFS,mag}(\frac{M_\mu}{M_e})^2$. Das bedeutet, daß die HFS–Aufspaltung einige keV betragen kann.

Interessant ist, daß die HFS–Aufspaltung aufgrund der Wechselwirkung des Myons mit dem elektrischen Quadrupolmoment des Kerns sogar um den Faktor $(M_\mu/M_e)^3$ größer ist als bei normalen Atomen. Das hat HFS–Aufspaltungen von 50 bis 500 keV bei hoch deformierten schweren Kernen zur Folge.

Eine Zusammenstellung dieser Ergebnisse zeigt die nachfolgende Tabelle (C.S. Wu und L.Wilets, Myonic Atoms and Nuclear Structure, Ann. Rev. Nucl. Sc. 19 (1969)527).

	Verhältnis zwischen myonischen und normalen Atomen	typische Werte für myonische Atome
Energieniveaus	$\sim M_\mu/M_e \simeq 207$	7 MeV (Z = 50)
FS	$\sim M_\mu/M_e \simeq 207$	200 - 500 keV
HFS–magnet. Ww.	$\sim (M_\mu/M_e)^2 \simeq 4 \cdot 10^4$	einige keV (schwere Kerne)
HFS–Quadrup. Ww.	$\sim (M_\mu/M_e)^3 \simeq 10^7$	50 - 500 keV (hochdeformierte schwere Kerne)

* **Aufgabe 108:** *Das Myon in Myonischen Atomen verschwindet entweder durch spontanen Zerfall oder infolge eines Einfangs durch den Kern (Abschn.6.5.1). Zeigen Sie, daß die Wahrscheinlichkeit für den Kerneinfang für leichte bis mittelschwere Kerne mit Z^4 wächst.*

Lösung: Die Einfangswahrscheinlichkeit ist proportional zur Wahrscheinlichkeit λ, mit der sich das Myon im Kernvolumen vom Radius R_K aufhält.

$$\lambda = \int_0^{R_K} R_{nl}^2(r)r^2dr$$

Nehmen wir die Grundzustandsfunktion des Myons $R_{10} = 2\left(\frac{Z}{a_0^{(\mu)}}\right)^{3/2} \exp(-\rho/2)$ mit $\rho = 2Zr/a_0^{(\mu)}$, so erhalten wir das Integral

$$\lambda = \frac{1}{2}\int_0^{\rho_K} \rho^2 \exp(-\rho)d\rho \qquad \text{mit} \qquad \rho_K = \frac{2ZR_K}{a_0^{(\mu)}}.$$

Dieses kann berechnet werden und ergibt für Kerne mit $\rho_K < 1$ nach Entwickeln der e–Potenz (Glieder höherer als dritter Ordnung werden vernachläßigt)

$$\lambda = -\frac{1}{2}(\rho^2 + 2\rho + 2)\exp(-\rho)\,|_0^{\rho_K} \approx \frac{\rho_K^3}{6}.$$

Daraus findet man $\lambda \sim \rho_K^3 \sim Z^3 R_K^3 \sim Z^4$, da $R_K^3 = R_0^3 A$ und $A \approx 2Z$ ist. Der experimentelle Befund gibt dieses Verhalten gut wieder.

Aufgabe 109: *Welche Spektrallinien des Positroniums liegen im sichtbaren Bereich?*

Lösung: Da die reduzierte Masse des Positroniums gleich der halben Elektronenmasse ist, halbieren sich die Energien in Gl.(5.13) gegenüber dem H-Atom bzw. verdoppeln sich die entsprechenden Wellenlängen. Gemäß Tabelle von Aufgabe 38b für das H-Atom gibt es demnach keine Spektrallinien des Positroniums im sichtbaren Bereich.

Aufgabe 110: *Geben Sie in spektroskopischer Bezeichnungsweise alle Zustände an, die das Positronium für n = 1 und n = 2 hat. Beachten Sie, daß zuerst die beiden Spins zu einem Gesamtspin koppeln, der zusammen mit dem Bahndrehimpuls den Gesamtdrehimpuls ergibt (vgl.Abschn.6.5.2).*

Lösung: $1^1S_0, 1^3S_1, 2^1S_0, 2^3S_1, 2^1P_1, 2^3P_0, 2^3P_1, 2^3P_2$.

Aufgabe 111: *Betrachten Sie das Niveauschema des Rubin-Lasers, Fig.6.55. Die Laser-Übergänge von 694.3nm und 692.8nm erfolgen von den metastabilen ^2E-Niveaus aus (Lebensdauer $3\cdot10^{-3}s$), die durch die strahlungslosen Übergänge aus dem $^4F_2$-Band (Übergangszeiten $10^{-10} - 10^{-11}s$) bevölkert werden. Wie groß sind die ^2E-Niveaubreiten und die natürlichen Linienbreiten der Laserübergänge ?*

Lösung: Die Lebensdauer τ bestimmt die Niveaubreite, $\Delta E = \hbar/\tau$, was für die ^2E-Niveaus $\Delta E = 2.2 \cdot 10^{-13} eV$ ergibt. Wegen $E = hc/\lambda$ ist $|\Delta\lambda| = \lambda^2 \Delta E/(hc) = 8.5 \cdot 10^{-20} m$. Die Linien sind also sehr scharf.

Aufgabe 112: *Das Linienprofil einer durch den Doppler-Effekt verbreiterten Spektrallinie folgt einer Normalverteilung Gl.(6.70).*
a) Leiten Sie die Halbwertsbreite Γ_D her, Gl.(6.71).
b) Leiten Sie den Zusammenhang her zwischen der Varianz σ der Normalverteilung und der halben Halbwertsbreite $\Gamma_D/2$.
c) Berechnen Sie numerisch aus Gl.(6.71) die Linienverbreiterung $\Delta\lambda$ der H_β-Linie der Balmer-Serie des H-Atoms (sichtbarer Bereich $\lambda = 486nm$) für eine Temperatur des Gases von $T = 10^4 K$.

Lösung: a) Gemäß Definition der Halbwertsbreite ist $I(\omega)$ bei $|\omega - \omega_0| = \Gamma_D/2$ auf den halben Wert gesunken, d.h. $1/2 = \exp(-Mc^2(\Gamma_D/2)^2/(2kT\omega_0^2))$, woraus Gl.(6.71) folgt.
b) Die Normalverteilung ist gegeben durch $I(\omega) = \dfrac{1}{\sqrt{2\pi}\sigma} \exp(-(\omega - \omega_0)^2/(2\sigma^2))$. Aus Gl.(6.70) liest man die Varianz ab, $\sigma = \omega_0\sqrt{kT/Mc^2}$. Der Vergleich mit Gl.(6.71) liefert den gesuchten Zusammenhang $\Gamma_D/2 = \sigma\sqrt{2\ln 2}$
c) Mit $\lambda = c/\nu$ ist $|d\lambda| = d\nu \cdot c/\nu^2 = d\omega \cdot \lambda^2/(2\pi c)$. Für $d\omega = \Gamma_D$ aus Gl.(6.71) berechnet man $d\lambda = 0.035 nm$.

14.2 Spontane und induzierte Strahlung

Elektronen können im Atom nur ganz bestimmte Energieniveaus besetzen. Der Übergang von einem Niveau auf ein anderes kann spontan unter Aussendung eines Photons der Energie $h\nu = E_2 - E_1$ erfolgen (spontane Emission). Man kann aber auch Übergänge durch Einstrahlung von elektromagnetischen Wellen der Frequenz $\nu = (E_2 - E_1)/h$ erzwingen (induzierte Emission bzw. Absorption). Probleme und zusätzliche Erklärungen im Zusammenhang damit werden im folgenden diskutiert.

Da die Energieniveaus im Atom Eigenzustände des Drehimpulses sowie der Parität sind, und alle elektromagnetischen Prozesse Drehimpuls– und Paritäts–erhaltend sind, muß das Photon bei einem Übergang von einem Niveau auf ein anderes eine etwaige Drehimpuls– und Paritätsänderung mitnehmen. Wir kennen Photonwellenfunktionen, die Eigenzustände von Drehimpuls und Parität sind, die also die geforderten Verhältnisse gut beschreiben können. Es sind die transversalen Kugelvektoren $\vec{V}_{jm_j}^{(\lambda)}(\varphi, \vartheta)$ Gl.(4.86) (j und m_j kennzeichnen den Drehimpuls bzw. dessen z–Komponente und $\lambda = 1$ bzw. $\lambda = 0$ entspricht der Parität $(-1)^j$ bzw. $(-1)^{j+1}$). Aus diesen Wellenfunktionen erhält man die Wahrscheinlichkeit für die Ausstrahlrichtung des Photons und nicht die Aufenthaltswahrscheinlichkeit des Photons im Raum. Für das Photon gibt es nämlich keine Wellenfunktion des Ortes, es gibt nur eine solche des Impulses, für den die Ausstrahlrichtung durch die Winkel (φ, ϑ) angegeben wird. Der Begriff der Wahrscheinlichkeitsdichte für die Lokalisierung des Photons im Ortsraum existiert nicht.

In der klassischen Physik ist eine elektromagnetische Welle durch ihr schwingendes elektrisches und magnetisches Feld ($\mathcal{E}$– und B–Feld) charakterisiert. Der Zusammenhang zwischen der Photonwellenfunktion $\vec{V}_{jm_j}^{(\lambda)}(\vec{p}/|\vec{p}|)$ (das Argument $\vec{p}/|\vec{p}|$ ist die Ausstrahlrichtung ω des Photons) und diesen Feldern ist folgendermaßen gegeben

$$(14.1) \qquad \begin{aligned} \vec{\mathcal{E}}(\vec{r}) &\sim \int \vec{V}_{jm_j}^{(\lambda)}\Big(\frac{\vec{p}}{|\vec{p}|}\Big) e^{i\vec{p}\vec{r}/\hbar} d\omega \;\sim\; \vec{V}_{jm_j}^{(\lambda)}\Big(\frac{\vec{r}}{|\vec{r}|}\Big) \\[2mm] \vec{B}(\vec{r}) &\sim \int \vec{V}_{jm_j}^{(1-\lambda)}\Big(\frac{\vec{p}}{|\vec{p}|}\Big) e^{i\vec{p}\vec{r}/\hbar} d\omega \;\sim\; \vec{V}_{jm_j}^{(1-\lambda)}\Big(\frac{\vec{r}}{|\vec{r}|}\Big). \end{aligned}$$

Dies sind aber genau die Multipolfelder der elektromagnetischen Strahlung (s. Anhang Q). Das $\vec{\mathcal{E}}$–Feld eines Photonzustandes ist für große r–Werte durch den gleichen Kugelvektor gegeben wie die zugehörige Photonwellenfunktion; nur beziehen sich beim $\vec{\mathcal{E}}$–Feld die Größen (φ, ϑ) auf die Azimutal– und Polarwinkelkomponenten des Ortsvektors $\vec{r}$. Das $\vec{B}$–Feld wird durch den Kugelvektor mit den gleichen (j, m_j)–Werten aber veränderter Parität beschrieben. Der Index $\lambda = 1$ entspricht dem elektrischen, der Index $\lambda = 0$ dem magnetischen Multipolfeld.

Als einfaches Beispiel betrachten wir den Übergang von $3D_{3/2}$ auf $2P_{1/2}$ im Wasserstoffatom. Die Drehimpulsänderung kann durch den Drehimpuls $j = 1$ oder 2 erfolgen (vektoriell verstanden $\vec{1}$ oder $\vec{2}+\vec{1/2} = \vec{3/2}$). Die Paritätsänderung ist $\Delta P = -1$ (Eigenwert $(-1)^l$ von $(-1)^2 = +1$ auf $(-1)^1 = -1$). Es kann also elektrische Dipolstrahlung oder magnetische Quadrupolstrahlung ausgesandt werden, wobei die Intensität der Dipolstrahlung um Größenordnungen größer ist, sodaß nur sie allein betrachtet werden muß (vgl. Abschn.8.3.5). Das $\vec{\mathcal{E}}$– bzw. $\vec{B}$–Feld der Strahlung ist dasjenige der elektrischen Dipolstrahlung und daher sind Winkelverteilung der Strahlungsintensität sowie Polarisation der Strahlung leicht zu berechnen.

Als nächstes wollen wir den Ausstrahlungsprozeß bei der spontanen Emission diskutieren. Auf Grund der kurzen Lebensdauer τ des angeregten Niveaus (bei elektrischen Dipolübergängen im Atom ist $\tau \sim 10^{-9}-10^{-8}s$) kann seine Energie nicht scharf definiert werden. Das ergibt eine Energieunschärfe von $\Delta E \sim \hbar/\tau$. Damit ist auch die Energie der ausgestrahlten Welle um ΔE unscharf, was zur natürlichen Linienbreite $\Delta\lambda$ führt (vgl. Abschn.6.6.1). Es gibt also keine einzelne monochromatische Welle, die bis ins Unendliche reicht, sondern aufgrund der Überlagerungen der Wellen im Bereich von $\Delta\lambda$ Wellenzüge der Länge $l = \tau c$ (bei elektrischer Dipolstrahlung in der Größenordnung von Metern). Der Prozeß der Ausstrahlung wurde quantenmechanisch von V.F.Weisskopf und E.P.Wigner durchgerechnet und führt auf folgende zeitabhängige Wellenfunktion [2]

$$\Psi(t) = e^{-t/2\tau} \cdot \psi(E_2,t) \cdot \Phi_{Vakuum} + \sqrt{1 - e^{-t/\tau}} \cdot \psi(E_1,t) \cdot \Phi_{1Photon}(t).$$

Dies ist eine Überlagerung von 2 Anteilen, die mit der Wahrscheinlichkeit $e^{-t/\tau}$ bzw. $1 - e^{-t/\tau}$ auftreten. Der Zeitpunkt t = 0 ist der Beginn der Ausstrahlung. Der erste Teil beschreibt den angeregten Zustand des Atoms mit der Energie E_2. Es existiert hier kein ausgesandtes Photon, d.h. wir haben den Vakuumzustand Φ_{Vakuum} des elektromagnetischen Feldes. Der zweite Teil der Wellenfunktin beschreibt den Fall, daß das Atom sich im Grundzustand mit der Energie E_1 befindet und daß ein Photon der Energie $h\nu = E_2 - E_1$ ausgestrahlt wurde. Die Wellenfunktion $\Phi_{1Photon}(t)$ des Photons ändert sich mit der Zeit, d.h. der Wellenzug des Photons wird gebildet. Zur Zeit t = 0 ist das System mit Sicherheit im angeregten Zustand, zur Zeit t = ∞ mit Sicherheit im Zustand mit einem Photon. Zu jeder Zeit dazwischen existieren beide Fälle mit den angegebenen Wahrscheinlichkeiten. Für Zeiten $t < \tau$ hat sich der Wellenzug noch nicht völlig ausgebildet, aber trotzdem entspricht dies einem Photon der Energie $h\nu = E_2 - E_1$. Der verkürzte Wellenzug kann auch experimentell festgestellt werden. Wenn etwa durch einen inelastischen Stoß zur Zeit $t < \tau$ der Vorgang gestört wird, werden die beiden Fälle mit bestimmten Wahrscheinlichkeiten auftreten. Zum einen kann mit der Wahrscheinlichkeit $e^{-t/\tau}$ das System noch im angeregten Zustand sein, und der inelastische Stoß mit einem Übergang der Anregungsenergie auf das stoßende Teilchen kann erfolgen. Mit der Wahrscheinlichkeit $1 - e^{-t/\tau}$ tritt aber der Fall mit verkürztem Photonwellenzug auf. Das Atom ist nun im Grundzustand und kann aus

---

[2]Dies ist ganz ähnlich zur Wellenfunktion bei der induzierten Strahlung. Z.B. ergibt sich für die induzierte Absorption im Resonanzfall (s. Abschn. 5.2.2)

$$\Psi(t) = \cos\frac{\Gamma}{2}t \cdot \psi(E_1,t) \cdot \Phi_{1Photon} + \sin\frac{\Gamma}{2}t \cdot \psi(E_2,t) \cdot \Phi_{Vakuum}$$

wobei E_1 der Grundzustand und E_2 der angeregte Zustand sind.

energetischen Gründen den inelastischen Stoß nicht durchführen. Der verkürzte Wellenzug bedeutet eine Verbreiterung der natürlichen Linienbreite, die gemessen werden kann. Die Druckverbreiterung der Spektrallinien ist eine bekannte Folge dieses Effekts (vgl.Abschn.6.6.2).

Im folgenden diskutieren wir noch kurz das Problem der Kohärenz der Strahlung. Eine Strahlung im klassischen Sinne ist eine Welle mit definierter Amplitude und damit definierter Energie, sowie mit definierter Phase; z.B. ist das $\mathcal{E}$–Feld dieser Welle $\vec{\mathcal{E}} = \vec{\mathcal{E}}_0 \sin(\omega t - \vec{k}\vec{r} + \varphi)$. Bei der spontanen Emission von vielen Atomen wie beispielsweise bei der Strahlung einer konventionellen Lichtquelle stammen die Photonen von den einzelnen unabhängigen Elementarakten. Es ist daher evident, daß diese Strahlung inkohärent ist. In letzter Zeit ist es gelungen, die spontane Strahlung auch einzelner Atome zu untersuchen. Dies ist möglich, nachdem man einzelne Atome in Fallen isolieren und untersuchen kann (s. Penning–Käfig in Abschn. 5.4.1). Eine solche Strahlung besteht nur aus einem einzigen Photon. Hier ist es nicht möglich, die Phase φ der Welle anzugeben. Die Quantenelektrodynamik zeigt, daß bei Zuständen mit definierter Photonenzahl n – und damit mit definierter Energie $nh\nu$ – die Phase nicht angegeben werden kann. Dies folgt daraus, daß die Operatoren der elektrischen und magnetischen Feldstärken nicht mit dem Photonenzahloperator vertauschbar sind, also nicht gleichzeitig scharf gemessen werden können.

Bei der induzierten Emission – beim Laser – haben die einzelnen Elementarprozesse direkt miteinander zu tun und die Strahlung wird kohärent. Genau genommen stimmt dies erst, wenn die Zahl der Photonen im Laser unendlich wird. Eine Welle mit genau definierter Amplitude, was einer exakt definierten Energie bzw. Photonenzahl entspricht, kann – wie oben festgestellt – keine scharf definierte Phase haben. Die sogenannten **Glauber–Zustände** kommen aber dem klassischen Ideal der kohärenten Welle mit scharf definierter Amplitude **und** Phase sehr nahe. Sie bilden sich im Laser und sind folgendermaßen definiert

$$|\alpha >= \sum_{n=0}^{\infty} p_n |n >= \sum_{n=0}^{\infty} e^{-\frac{|\alpha|^2}{2}} \cdot \frac{\alpha^n}{\sqrt{n!}} |n >,$$

wobei $|n >$ einen Zustand mit n Photonen angibt. Letzterer kommt im Glauber-Zustand mit einer Wahrscheinlichkeit von $|p_n|^2 = \exp(-|\alpha|^2) \cdot \alpha^{2n}/n!$ vor. Das ist also eine Poisson-Verteilung. Die Größe $|\alpha|$ bedeutet die mittlere Photonenzahl im Glauber-Zustand, und die Phase von α bedeutet die Phase des Erwartungswerts der elektrischen Feldstärke.

Aufgaben

Aufgabe 113: *a) Leiten Sie für das Wasserstoffatom die Auswahlregeln für elektrische Quadrupolstrahlung her ohne Berücksichtigung des Elektronenspins.*
b) Welche Quadrupolübergänge gibt es beim spontanen Zerfall aus den 3s-, 3p- und 3d-Zuständen?

Lösung: a) Die Berechnung verläuft analog zur Berechnung der Auswahlregeln für elektrische Dipolstrahlung (s. Abschn. 5.2.1). Elektrische Quadrupolstrahlung wird nur dann emittiert, wenn das elektrische Quadrupolmoment des Elektrons (die Aufenthaltswahrscheinlichkeit entspricht einer Ladungsverteilung, die nach Multipolen zerlegt werden kann, s. Anhang P) sich zeitlich ändert. Nach Anhang P ist das elektrische Quadrupolmoment in kartesischen Koordinaten durch folgenden spurlosen symmetrischen Tensor gegeben

$$Q_{ik} = -e(3r_i r_k - \vec{r}^2 \delta_{ik}) \qquad (\text{mit } r_i, r_k = x, y, z).$$

Der Erwartungswert $< Q_{ik} > = -e \int |\psi(\vec{r}, t)|^2 \, (3r_i r_k - \vec{r}^2 \delta_{ik}) \, d^3r$ muß dann ungleich Null sein, damit der Übergang stattfinden kann.

Eine zeitliche Änderung des Quadrupolmoments $< Q_{ik} >$ gibt es bei (vgl. Gl.(5.30) ff.)

$$\psi(\vec{r}, t) = a \exp(-iE_n t/\hbar)\phi_{nlm}(\vec{r}) + a' \exp(-iE_n' t/\hbar)\phi_{n'l'm'}(\vec{r})$$

wenn $E_n \neq E_n'$. Die Wellenfunktionen ϕ sind

$$\phi_{nlm} = R_{nl}(r)Y_l^m(\varphi, \vartheta) \qquad \text{bzw.} \qquad \phi_{n'l'm'} = R_{n'l'}(r)Y_{l'}^{m'}(\varphi', \vartheta').$$

Zur einfacheren Berechnung des Erwartungswertes ersetzen wir die kartesische Darstellung des Quadrupoltensors durch Kugelfunktionen.

Es ergibt sich

$$
\begin{aligned}
3x^2 - r^2 &= r^2\left(-\sqrt{\frac{4\pi}{5}}Y_2^0 + \sqrt{\frac{6\pi}{5}}Y_2^2 + \sqrt{\frac{6\pi}{5}}Y_2^{-2}\right) \\[2mm]
3y^2 - r^2 &= r^2\left(-\sqrt{\frac{4\pi}{5}}Y_2^0 - \sqrt{\frac{6\pi}{5}}Y_2^2 - \sqrt{\frac{6\pi}{5}}Y_2^{-2}\right) \\[2mm]
3z^2 - r^2 &= r^2 4\sqrt{\frac{\pi}{5}}Y_2^0 \\[2mm]
3xy &= -ir^2\sqrt{\frac{6\pi}{5}}(Y_2^2 - Y_2^{-2}) \\[2mm]
3xz &= r^2\sqrt{\frac{6\pi}{5}}(Y_2^{-1} - Y_2^1) \\[2mm]
3yz &= ir^2\sqrt{\frac{6\pi}{5}}(Y_2^{-1} + Y_2^1).
\end{aligned}
$$

Berechnen wir beispielsweise den zeitabhängigen Teil von $< Q_{zz} >$

$$
\begin{aligned}
< Q_{zz} > &= -4e\sqrt{\frac{\pi}{5}} < r^2 Y_2^0 > = \\[2mm]
&= -8e\sqrt{\frac{\pi}{5}} \Re e \left\{ a(a')^* \exp(-i(E_n - E_{n'})t/\hbar) \int \phi_{nlm}\phi_{n'l'm'}^* \, r^4 Y_2^0 \, dr d\Omega \right\}.
\end{aligned}
$$

Das Integral läßt sich schreiben

$$\int R_{nl}(r)R_{n'l'}(r)r^4 dr \int Y_l^m (Y_{l'}^{m'})^* Y_2^0 \, d\varphi d\cos\vartheta.$$

Entscheidend für $< Q_{zz} > \neq 0$ ist das Integral über die Kugelfunktionen. Es kann nach Gl. (4.17) berechnet werden und ist nur von Null verschieden, wenn gilt

$$\Delta m = 0 \quad \Delta l = 2 \quad \text{oder} \quad \Delta l = 0 \ (l \neq 0).$$

Die anderen Quadrupolkomponenten können entsprechend behandelt werden. Das ergibt dann insgesamt die Auswahlregeln der elektrischen Quadrupolstrahlung

$$E_n \neq E_n';$$
$$\Delta l = \pm 2 \text{ oder } \Delta l = 0 \ (l \neq 0)$$
$$\Delta m = \pm 2, \pm 1, 0.$$

Im Gegensatz zum elektrischen Dipolübergang ändert sich infolge $\Delta l = 0$ bzw. $\Delta l = \pm 2$ nicht die Parität von Anfang– und Endzustand.

b) Die Ergebnisse von a) liefern folgende Aussagen über die elektrischen Quadrupolübergänge zu niedrigeren Energieniveaus

$$3s \quad \rightarrow \quad \text{kein Übergang möglich}$$
$$3p \quad \rightarrow \quad 2p$$
$$3d \quad \rightarrow \quad 2s, 1s.$$

Es muß aber hier nochmals darauf aufmerksam gemacht werden, daß die Intensität der Quadrupolstrahlung um Größenordnungen kleiner ist als die der elektrischen Dipolstrahlung. Es ist sehr schwierig, Quadrupolstrahlung bei Atomübergängen experimentell zu beobachten.

Aufgabe 114: *a) Leiten Sie für das Wasserstoffatom die Auswahlregeln für magnetische Dipolstrahlung her ohne Berücksichtigung des Elektronenspins.*
b) Welche magnetische Dipolübergänge gibt es beim spontanen Zerfall des Wasserstoffatoms aus den 3s– , 3p– und 3d–Zuständen?

Lösung: a) Die Berechnung verläuft analog zur Berechnung der Auswahlregeln für elektrische Dipolstrahlung (s. Abschn. 5.2.1). Magnetische Dipolstrahlung wird emittiert, wenn sich das magnetische Bahnmoment des Elektrons (in unserer Aufgabe bleibt das durch den Elektronenspin bedingte magnetische Moment unberücksichtigt) zeitlich ändert.
Der Operator des magnetischen Moments ist nach Gl.(5.65) $\vec{\mu} = -\frac{e}{2M_e}\vec{l}$.
Der Erwartungswert von $\vec{\mu}$ ist

$$< \vec{\mu} > = -\frac{e}{2M_e} \int \psi^*(\vec{r},t)\, \vec{l}\, \psi(\vec{r},t)\, d^3r$$

mit $\psi(\vec{r},t) = a \exp(-iE_n t/\hbar)\phi_{nlm}(\vec{r}) + a' \exp(-iE_{n'} t/\hbar)\phi_{n'l'm'}(\vec{r})$.
Die Funktionen $\phi_{nlm}(\vec{r})$ sind die Wasserstoffwellenfunktionen $R_{nl}(r)Y_l^m(\varphi,\vartheta)$.

Da nach den Gln.(4.13), (4.20), (4.21) gilt

$$l_x Y_l^m = \frac{\hbar}{2}\sqrt{l(l+1)-m(m+1)}Y_l^{m+1} + \frac{\hbar}{2}\sqrt{l(l+1)-m(m-1)}Y_l^{m-1}$$

$$l_y Y_l^m = -\frac{i\hbar}{2}\sqrt{l(l+1)-m(m+1)}Y_l^{m+1} + \frac{i\hbar}{2}\sqrt{l(l+1)-m(m-1)}Y_l^{m-1}$$

$$l_z Y_l^m = m\hbar Y_l^m,$$

so ergibt sich für den zeitabhängigen Teil von $<\vec{\mu}>$, z.B. für die z–Komponente

$$<\vec{\mu}_z> = -\frac{e}{M}\Re e\left(aa'^* \exp(-i(E_n - E_{n'})t/\hbar)\,m\hbar \int R_{nl}(r)R_{n'l'}(r)r^2 dr \int Y_l^m (Y_{l'}^{m'})^* d\Omega\right),$$

da das Nichtverschwinden des zweiten Integrals erfordert

$$l = l' \text{ und } m = m'.$$

Ähnliche Aussagen können für die x– und y–Komponenten von $<\vec{\mu}>$ gemacht werden und ergeben

$$l = l'(l \neq 0) \text{ und } m = m' \pm 1.$$

Beim Wasserstoffatom muß außerdem die Orthonormalität der Radialfunktionen berücksichtigt werden, also

$$\int R_{nl}(r)R_{n'l}(r)r^2 dr = \delta_{nn'}.$$

Für $l = l'$ muß demnach $n = n'$ sein, damit das Integral nicht Null wird. So ergeben sich insgesamt folgende Auswahlregeln

$$E_n \neq E_{n'}$$
$$\Delta n = 0, \Delta l = 0(l \neq 0)$$
$$\Delta m = 0(m \neq 0), \pm 1.$$

b) $E_n \neq E_{n'}$ und zugleich $\Delta n = 0$ lassen sich beim Wasserstoffatom (ohne Elektronenspin) nie erfüllen. So gibt es keinen Übergang aus einem angeregten Niveau durch magnetische Dipolstrahlung.
Wenn das Atom jedoch in ein Magnetfeld gebracht wird, gibt es auch für einen festen n–Wert eine Energieaufspaltung, sodaß dann magnetische Dipolübergänge möglich sind (vgl. Abschn. 5.3.1).

Aufgabe 115: *Leiten Sie für das Wasserstoffatom die Auswahlregeln a) für elektrische Dipolstrahlung b) für magnetische Dipolstrahlung sowie c) für elektrische Quadrupolstrahlung her, jeweils unter Berücksichtigung des Elektronenspins.*

Lösung: a) Zur Bestimmung der Auswahlregeln für die elektrische Dipolstrahlung muß der Erwartungswert des elektrischen Dipolmoments $<\vec{Q}> = -e <\vec{r}>$ untersucht werden. Nur wenn dieser von Null verschieden ist, wird elektromagnetische Strahlung

emittiert.
Wir berechnen

$$< \vec{Q} > = -e \int \Psi^{(\pm)+}_{nljm_j}(\vec{r},t) \cdot \vec{r} \cdot \Psi^{\pm}_{n'l'j'm'_j}(\vec{r},t)\, d^3r$$

mit den Wellenfunktionen (Gl.(5.98) und Gln.(4.78),(4.79))

$$\Psi^{(+)}(\vec{r},t) = e^{-iE_{nj}t/\hbar} R_{nl}(r)\Phi^{(+)}_{jm_j}(\varphi,\vartheta)$$
$$\Psi^{(-)}(\vec{r},t) = e^{-iE_{nj}t/\hbar} R_{nl}(r)\Phi^{(-)}_{jm_j}(\varphi,\vartheta).$$

Der Ortsoperator $\vec{r} = (x,y,z)$ wird durch $r \cdot Y_1^k(\varphi,\vartheta)$ ersetzt (Gl.(5.32)).

Eine zeitliche Änderung von $< \vec{Q} >$ ist nur gegeben, wenn $E_{nj} \neq E_{n'j'}$.
Die Kugelfunktionen $Y_l^m Y_1^k$ können nach Gl.(4.15) nur zu $Y_{l\pm1}^{m+k}$ koppeln und daher koppelt auch Y_1^k und $\Psi^{(\pm)}_{nljm_j}$ nur zu $\Psi^{(\pm)}_{nl'j'm'_j}$ mit $l' = l\pm1$ und $j' = j, j\pm1$ und $m'_j = m_j + k$.
Orthogonalität der Drehimpulseigenfunktionen $\Psi^{(\pm)}_{nljm_j}$ führt daher zu den Auswahlregeln für elektrische Dipolstrahlung Gl.(5.109).

b) Die Berechnung für die magnetische Dipolstrahlung verläuft ähnlich wie diejenige von Aufgabe 114. Der Operator des magnetischen Moments des Elektrons ist (Gln. (5.65), (5.85)) mit Berücksichtigung des durch den Spin bedingten Anteils

$$\vec{\mu} = -\frac{e}{2M}(\vec{l} + 2\vec{s}).$$

Für die Berechnung des Mittelwerts $< \vec{\mu} > = -\frac{e}{2M} < \vec{l} + 2\vec{s} > = -\frac{e}{2M} < \vec{j} + \vec{s} >$
($\vec{j}$ ist der Operator des Gesamtdrehimpulses) müssen wir die Integrale

$$< \vec{\mu} > = -\frac{e}{2M} \int \Psi^{(\pm)+}_{nljm_j}(\vec{r},t)\,(\vec{j} + \vec{s}) \cdot \Psi^{(\pm)}_{n'l'j'm'_j}(\vec{r},t) d^3r$$

untersuchen (Die Funktionen $\Psi^{(\pm)}$ sind in Teilaufgabe a) definiert). Berechnen wir beispielsweise den Übergang von $j = l + 1/2$ auf $j' = l' + 1/2$ für die z–Komponente, so brauchen wir die Eigenwertgleichungen

$$j_z \cdot \Phi^{(+)}_{jm_j}(\varphi,\vartheta) = m_j\hbar\Phi^{(+)}_{jm_j}(\varphi,\vartheta) = \hbar(m+1/2)\left(\begin{array}{c}\sqrt{\frac{l+m+1}{2l+1}}Y_l^m \\ \sqrt{\frac{l-m}{2l+1}}Y_l^{m+1}\end{array}\right)$$

$$s_z \cdot \Phi^{(+)}_{jm_j}(\varphi,\vartheta) = \frac{\hbar}{2}\left(\begin{array}{c}\sqrt{\frac{l+m+1}{2l+1}}Y_l^m \\ -\sqrt{\frac{l-m}{2l+1}}Y_l^{m+1}\end{array}\right).$$

Die Integrale mit den Kugelfunktionen können leicht berechnet werden und sind von Null verschieden für

$$\Delta l = 0 \quad \text{und} \quad \Delta m = 0.$$

Daraus folgt für unser Beispiel $\Delta j = 0$ und $\Delta m_j = 0$.
Wegen der Bedingung $\Delta l = 0$ muß auch die Orthonormalität der Radialfunktionen berücksichtigt werden

$$\int R_{nl}(r)R_{n'l}(r)r^2 dr = \delta_{nn'}.$$

Es folgt also die weitere Bedingung $n = n'$.
Ähnliche Aussagen gibt es für die übrigen Integrale. Insgesamt lauten die Auswahlregeln der magnetischen Dipolstrahlung

$$E_{nj} \neq E_{n'j'} \qquad \Delta n = 0 \qquad \Delta l = 0$$
$$\Delta j = 0, \pm 1 \qquad \Delta m_j = 0, \pm 1.$$

Magnetische Dipolstrahlung kann demnach im Wasserstoffatom nur bei Übergängen zwischen Zuständen, die durch Spin–Bahn–Kopplung aufgespalten sind, auftreten. Ein Beispiel dazu ist der Übergang $2P_{3/2} \to 2P_{1/2}$.

c) Die Berechnung für die elektrische Quadrupolstrahlung verläuft analog zu derjenigen von Aufgabe 113. Wir berechnen den Erwartungswert des elektrischen Quadrupolmoments mit Hilfe der Wellenfunktion $\Psi^{(+)}(\vec{r}, t)$ bzw. $\Psi^{(-)}(\vec{r}, t)$ (siehe Teilaufgabe a)).
Explizit wollen wir die Rechnungen für $Q_{zz} = -e(3z^2 - r^2) = -4\sqrt{\frac{\pi}{5}} er^2 Y_2^0$ durchführen.

$$< Q_{zz} > = -4\sqrt{\frac{\pi}{5}} e \int \Psi^{(\pm)+}_{nljm_j}(\vec{r}, t) Y_2^0 \Psi^{(\pm)}_{n'l'j'm'_j}(\vec{r}, t) r^4 dr d\Omega.$$

Das Integral verschwindet, wenn die Bedingung $|j - j'| \leq 2 \leq j + j'$ nicht erfüllt ist. Wenn wir $\Psi^{(\pm)}$ eingesetzen, ergeben sich Summen der zwei Integrale (b_1, b_2 Konstante)

$$b_1 \int (Y_l^m)^* Y_2^0 Y_{l'}^{m'} d\Omega \quad + b_2 \int (Y_l^{m+1})^* Y_2^0 Y_{l'}^{m'+1} d\Omega.$$

Nach Gln.(4.16) und (4.17) sind diese proportional zu folgenden Clebsch-Gordan-Koeffizienten: $< l'0, 20|l0 >$, $< l'm', 20|lm >$ und $< l'm' + 1, 20|lm + 1 >$.
Der erste Koeffizient ist von Null verschieden für $\Delta l = 0 (l \neq 0)$ und $\Delta l = \pm 2$ und die zwei nächsten Koeffizienten für $\Delta m = 0$.

Setzt man $\eta = (\pm)$ als Index in Ψ, so folgt im Fall $\eta = \eta'$ für $\Psi^{(\eta)+}(\vec{r}, t)$ bzw. $\Psi^{(\eta')}(\vec{r}, t)$ die Bedingung $\Delta j = 0, \pm 2$ und $\Delta m_j = 0$. Im Fall $\eta = -\eta'$ folgt $\Delta j = 1$ und $\Delta m_j = 0$. Ähnliche Ausagen ergeben die übrigen Komponenten des elektrischen Quadrupolmoments. Das ergibt dann insgesamt folgende Auswahlregeln für das Wasserstoffatom bei Ausstrahlung von elektrischer Quadrupolstrahlung

$$E_{nj} \neq E_{n'j'} \quad \Delta n \text{ beliebig} \quad \Delta l = 0(l \neq 0), \pm 2$$
$$\Delta j = 0(j \neq 1/2), \pm 1, \pm 2 \qquad \Delta m_j = 0, \pm 1, \pm 2.$$

Aufgabe 116: *Die Photon–Winkelverteilung der elektrischen Dipolstrahlung, d.h. die Intensität der Strahlung, ist in Gl. (5.40) gegeben.*
a) Berechnen Sie die entsprechende Verteilung für die elektrische Quadrupolstrahlung.
b) Wie sieht die Winkelverteilung aus, wenn jeder der möglichen Übergänge ($\Delta m = 0, \pm 1, \pm 2$) mit gleicher Wahrscheinlichkeit zur Verteilung beiträgt?

Lösung: a) Nach Gl.(8.278) ist die gesuchte Winkelverteilung der Photonen

$$W(\varphi, \vartheta) = (\vec{Y}_{j,l=j,1}^{m*}(\varphi, \vartheta) \cdot \vec{Y}_{j,l=j,1}^{m}(\varphi, \vartheta)),$$

wobei die Vektorkugelfunktion $\vec{Y}_{j,l=j,1}^{m}(\varphi, \vartheta)$ auch gleich dem transversalen Kugelvektor $\vec{V}_{jm}^{(\lambda=0)}(\varphi, \vartheta)$ ist (siehe Gl.(4.86)). Die Vektorkugelfunktionen können aus Anhang E entnommen werden (Gl.(E.5) für $l = j$).

Für Quadrupolstrahlung ist $j = 2$; die z–Komponenten m sind infolge der Drehimpulserhaltung gleich den Änderungen der z–Komponente des Drehimpulses des emittierenden Atoms, d.h. $\Delta m = m$.

So ergibt sich für $\Delta m = 0$ mit

$$\vec{Y}_{2,2,1}^{0} = \begin{pmatrix} \frac{1}{2}(Y_2^1 + Y_2^{-1}) \\ \frac{i}{2}(Y_2^{-1} - Y_2^1) \\ 0 \end{pmatrix}$$

die Winkelverteilung

$$W(\varphi, \vartheta) = \frac{15}{8\pi}(\cos^2 \vartheta - \cos^4 \vartheta) \quad \text{für } \Delta m = 0.$$

Entsprechend lauten die Winkelverteilungen

$$\text{für } \Delta m = \pm 1 \quad W(\varphi, \vartheta) = 5/(16\pi)(1 - 3\cos^2 \vartheta + 4\cos^4 \vartheta)$$
$$\text{für } \Delta m = \pm 2 \quad W(\varphi, \vartheta) = 5/(16\pi)(1 - \cos^4 \vartheta).$$

b) Für jeden Übergang gibt es eine charakteristische Winkelverteilung. Das würde bedeuten, daß man aus dieser Verteilung auf die Art der Strahlung schließen könnte. In Wirklichkeit kommen aber meist alle Übergänge mit gleicher Wahrscheinlichkeit vor. Dies ergibt insgesamt eine überlagerte Winkelverteilung von

$$\begin{aligned}
W(\varphi, \vartheta) &= \frac{1}{5}W_{\Delta m=0} + \frac{1}{5}W_{\Delta m=1} + \frac{1}{5}W_{\Delta m=-1} + \frac{1}{5}W_{\Delta m=2} + \frac{1}{5}W_{\Delta m=-2} \\
&= \frac{1}{5} \cdot \frac{15}{8\pi}(\cos^2 \vartheta - \cos^4 \vartheta) + \frac{2}{5} \cdot \frac{5}{16\pi}(1 - 3\cos^2 \vartheta - 4\cos^4 \vartheta) + \frac{2}{5} \cdot \frac{5}{16\pi}(1 - \cos^4 \vartheta) \\
&= \frac{1}{5} \cdot \frac{15}{8\pi} \cdot \frac{2}{3} = \frac{1}{4\pi} = \text{const.}
\end{aligned}$$

Dieses Ergebnis gilt für jede Art von Multipolstrahlung bei gleicher Wahrscheinlichkeit aller möglicher Übergänge; d.h. die Winkelverteilung der Strahlung ist isotrop.

* **Aufgabe 117:** *Geben Sie den Helizitätsoperator für Spin 1 – Teilchen an und bestimmen Sie seine Eigenwerte und Eigenvektoren.*

Lösung: Der Helizitätsoperator ist folgendermaßen definiert: $H = \frac{\vec{s}\vec{p}}{|\vec{p}|} = \vec{s}\vec{n}$, wobei $\vec{s}$ der Spinoperator (wir wählen ihn in kartesischer Basis, Gln.(4.24), (4.25)), $\vec{p}$ der Impuls und $\vec{n}$ die Ausstrahlrichtung (Gl. (4.83)) sind; ausgeschrieben lautet der Operator

$$H = (\vec{s}\vec{n}) = i\hbar \begin{pmatrix} 0 & -n_z & n_y \\ n_z & 0 & -n_x \\ -n_y & n_x & 0 \end{pmatrix}.$$

Bei Ausstrahlung in z–Richtung ($\vartheta = 0°$, d.h. $n_x = n_y = 0, n_z = 1$) geht H in den Spinoperator s_z über, für den die Eigenvektoren und Eigenwerte bekannt sind. Die Eigenvektoren Gl. (4.28)

$$-\frac{1}{\sqrt{2}}\begin{pmatrix} 1 \\ i \\ 0 \end{pmatrix}, \qquad \begin{pmatrix} 0 \\ 0 \\ 1 \end{pmatrix}, \qquad \frac{1}{\sqrt{2}}\begin{pmatrix} 1 \\ -i \\ 0 \end{pmatrix}$$

entsprechen den Eigenwerten $\lambda = +\hbar, 0, -\hbar$.

Bei Ausstrahlung in beliebiger Richtung (φ, ϑ) ergibt sich der Helizitätsoperator durch Anwendung der Rotation R auf s_z (Gl.(4.22) bzw. Aufgabe 72) mit

$$R(\varphi, \vartheta) = R^{(z)}(\varphi)R^{(y)}(\vartheta) = \begin{pmatrix} \cos\varphi\cos\vartheta & -sin\varphi & \cos\varphi\sin\vartheta \\ \sin\varphi\cos\vartheta & \cos\varphi & \sin\varphi\sin\vartheta \\ -\sin\vartheta & 0 & \cos\vartheta \end{pmatrix},$$

d.h. durch die Transformation $H = R(\varphi, \vartheta)s_z R^+(\varphi, \vartheta)$. Entsprechend erhält man die Eigenvektoren und Eigenwerte

$$\vec{a}_+ = -\frac{1}{\sqrt{2}}R(\varphi, \vartheta)\begin{pmatrix} 1 \\ i \\ 0 \end{pmatrix} = -\frac{1}{\sqrt{2}}\begin{pmatrix} \cos\varphi\cos\vartheta - isin\varphi \\ \sin\varphi\cos\vartheta + i\cos\varphi \\ -\sin\vartheta \end{pmatrix} \qquad \text{Eigenwert } +\hbar$$

$$\vec{a}_0 = R(\varphi, \vartheta)\begin{pmatrix} 0 \\ 0 \\ 1 \end{pmatrix} = \begin{pmatrix} \cos\varphi\sin\vartheta \\ \sin\varphi\sin\vartheta \\ \cos\vartheta \end{pmatrix} = \vec{n} \qquad \text{Eigenwert } 0$$

$$\vec{a}_- = \frac{1}{\sqrt{2}}R(\varphi, \vartheta)\begin{pmatrix} 1 \\ -i \\ 0 \end{pmatrix} = \frac{1}{\sqrt{2}}\begin{pmatrix} \cos\varphi\cos\vartheta + isin\varphi \\ \sin\varphi\cos\vartheta - i\cos\varphi \\ -\sin\vartheta \end{pmatrix} \qquad \text{Eigenwert } -\hbar.$$

Wie erwartet sind die drei Eigenvektoren vollständig und orthonormal. Außerdem gilt $\vec{a}_+ = -\vec{a}_-^*$ und $\vec{a}_0$ liegt in Ausstrahlrichtung. Eine Photon-Wellenfunktion, die proportional zu $\vec{a}_+$ bzw. $\vec{a}_-$ ist, beschreibt eine rechts– bzw. linkszirkular polarisierte elektromagnetische Welle.

Setzen wir

$$\vec{\chi}_1 = \begin{pmatrix} -\cos\varphi\cos\vartheta \\ -\sin\varphi\cos\vartheta \\ \sin\vartheta \end{pmatrix} \qquad\qquad \vec{\chi}_2 = \begin{pmatrix} \sin\varphi \\ -\cos\varphi \\ 0 \end{pmatrix}$$

so ist

$$\vec{a}_+ = \vec{\chi}_1 + i\vec{\chi}_2 \qquad\qquad -\vec{a}_- = \vec{\chi}_1 - i\vec{\chi}_2.$$

Die Vektoren $\vec{a}_0 = \vec{n}$, $\vec{\chi}_1$ und $\vec{\chi}_2$ bilden auch ein Orthonormalsystem.
Eine Photonwellenfunktion, die proportional zu $\vec{\chi}_1$ bzw. $\vec{\chi}_2$ ist, beschreibt eine linear polarisierte elektromagnetische Welle mit der Polarisation (Richtung des $\vec{\mathcal{E}}$-Feldes) in Richtung von $\vec{\chi}_1$ bzw. $\vec{\chi}_2$.

* **Aufgabe 118:** *Benutzen Sie den Helizitätsoperator von Aufgabe 117.*
a) Zeigen Sie, daß das Photon nur die Helizitäten $\pm\hbar$ besitzen kann; (den Helizitätszustand $\lambda = 0$ gibt es beim Photon nicht).
b) Untersuchen Sie die Photonwellenfunktionen, die Helizität und die Polarisation bei Photonausstrahlung in Vorwärtsrichtung $\vartheta = 0°$.

Lösung: a) Die Photonwellenfunktionen sind nach Gl.(4.86) die transversalen Kugelvektoren $\vec{V}_{jm}^{(\lambda=0)}(\varphi,\vartheta)$ bzw. $\vec{V}_{jm}^{(\lambda=1)}(\varphi,\vartheta)$. Für sie gilt

$$\vec{V}_{jm}^{(\lambda=0,1)}(\varphi,\vartheta) \cdot \vec{n} = 0,$$

wobei $\vec{n}$ die Ausstrahlrichtung des Photons ist. Die transversalen Kugelvektoren sind demnach orthogonal zur Ausstrahlungsrichtung $\vec{n}$. Das bedeutet, daß in der Zerlegung von $\vec{V}_{jm}^{(\lambda=0,1)}$ nach den Eigenvektoren des Helizitätsoperators der Eigenvektor $\vec{a}_0$ nicht vorkommt. Die Photonwellenfunktion kann also nach $\vec{a}_+$ bzw. $\vec{a}_-$ zerlegt werden, oder anders ausgedrückt, Photonzustände können nur die Helizitäten $\lambda = \pm\hbar$ (oder Mischungen daraus) besitzen.

b) Wir untersuchen zuerst, welche der Photonwellenfunktionen für die Ausstrahlungsrichtung $\vartheta = 0°$ von Null verschieden sind.

Es ist $Y_j^m(\vartheta = 0°) = \sqrt{\dfrac{2j+1}{4\pi}}\,\delta_{m,o}$. Dies ergibt nach den Gln. (E.4), (E.5), (E.6)

$$\vec{V}_{jm}^{(\lambda=0)}(\vartheta = 0°) = \begin{pmatrix} \frac{1}{2}\sqrt{\frac{(j-m)(j+1+m)}{j(j+1)}}\sqrt{\frac{2j+1}{4\pi}}\delta_{m+1,0} + \frac{1}{2}\sqrt{\frac{(j+m)(j+1-m)}{j(j+1)}}\sqrt{\frac{2j+1}{4\pi}}\delta_{m-1,0} \\[2mm] -\frac{i}{2}\sqrt{\frac{(j-m)(j+1+m)}{j(j+1)}}\sqrt{\frac{2j+1}{4\pi}}\delta_{m+1,0} + \frac{i}{2}\sqrt{\frac{(j+m)(j+1-m)}{j(j+1)}}\sqrt{\frac{2j+1}{4\pi}}\delta_{m-1,0} \\[2mm] \frac{m}{\sqrt{j(j+1)}}\sqrt{\frac{2j+1}{4\pi}}\delta_{m,0} \end{pmatrix}.$$

Der Kugelvektor $\vec{V}_{jm}^{(\lambda=0)}(\vartheta = 0°)$ ist also nur für $m = \pm 1$ (unabhängig von j) von Null verschieden.

$$\vec{V}_{j,m=1}^{(\lambda=0)}(\vartheta = 0°) = \frac{1}{2}\sqrt{\frac{2j+1}{4\pi}}\begin{pmatrix} 1 \\ i \\ 0 \end{pmatrix} \qquad \vec{V}_{j,m=-1}^{(\lambda=0)}(\vartheta = 0°) = \frac{1}{2}\sqrt{\frac{2j+1}{4\pi}}\begin{pmatrix} 1 \\ -i \\ 0 \end{pmatrix}.$$

Ein entsprechendes Ergebnis liefert der Kugelvektor $\vec{V}_{jm}^{(\lambda=1)}(\vartheta = 0°)$. Es ergibt sich

$$\vec{V}_{j,m=1}^{(\lambda=1)}(\vartheta = 0°) = -\frac{1}{2}\sqrt{\frac{2j+1}{4\pi}}\begin{pmatrix} 1 \\ i \\ 0 \end{pmatrix} \qquad \vec{V}_{j,m=-1}^{(\lambda=1)}(\vartheta = 0°) = \frac{1}{2}\sqrt{\frac{2j+1}{4\pi}}\begin{pmatrix} 1 \\ -i \\ 0 \end{pmatrix}.$$

Bei Ausstrahlung in z–Richtung ($\vartheta = 0°$) sind also nur die Photonzustände mit $m = 1$ und $m = -1$ von Null verschieden. Sie sind Eigenfunktionen des Helizitätsoperators mit Helizität $+\hbar$ und $-\hbar$. Alle anderen Zustände verschwinden in Vorwärtsrichtung.

Für $m = +1$ ist die Wellenfunktion proportional zu $\begin{pmatrix} 1 \\ i \\ 0 \end{pmatrix}$. Entsprechendes gilt für

das $\vec{\mathcal{E}}$–Feld der zugehörigen elektromagnetischen Welle; d.h. wenn die Zeit- und Orts-abhängigkeit der Welle hinzugenommen wird, gilt für das $\vec{\mathcal{E}}$–Feld bei Ausstrahlung in z–Richtung

$$\vec{\mathcal{E}} = \vec{e}_x\,\Re e\frac{\mathcal{E}_0 e^{i(kr-\omega t)}}{kr} + \vec{e}_y\,\Re e\frac{\mathcal{E}_0 e^{i(kr-\omega t+\pi/2)}}{kr}$$
$$= \vec{e}_x\,\frac{\mathcal{E}_0 \cos(kr - \omega t)}{kr} + \vec{e}_y\,\frac{\mathcal{E}_0 \cos(kr - \omega t + \pi/2)}{kr}.$$

Das ist eine **rechtszirkular polarisierte** Welle entsprechend der Helizität $+\hbar$.

Für $m = -1$ ist die Wellenfunktion proportional zu $\begin{pmatrix} 1 \\ -i \\ 0 \end{pmatrix}$. Dies ist eine **linkszirkular**

polarisierte Welle entsprechend der Helizität $-\hbar$, und das $\vec{\mathcal{E}}$–Feld hat die Gestalt

$$\vec{\mathcal{E}} = \vec{e}_x\,\frac{\mathcal{E}_0 \cos(kr - \omega t)}{kr} + \vec{e}_y\,\frac{\mathcal{E}_0 \cos(kr - \omega t - \pi/2)}{kr}.$$

Aufgabe 119: *Berechnen Sie die Polarisation der elektrischen und der magnetischen Dipol– sowie der elektrischen Quadrupolsrahlung*
a) im Falle der Ausstrahlung in z–Richtung
b) im Falle der Ausstrahlung in der x–y–Ebene.

Lösung: Die Photonwellenfunktionen, die Eigenzustände des Drehimpulses (j, m_j) und der Parität P sind, sind die transversalen Kugelvektoren $\vec{V}^{(\lambda)}_{j,m_j}(\varphi, \vartheta)$. Die zugehörige Winkelverteilung, d.h. die Wahrscheinlichkeitsverteilung für die Richtung des Photon-impulses ist $W(\varphi, \vartheta) = \vec{V}^{(\lambda)*}_{j,m_j}(\varphi, \vartheta) \cdot \vec{V}^{(\lambda)}_{j,m_j}(\varphi, \vartheta)$. Das $\vec{\mathcal{E}}(\vec{r})$– bzw. $\vec{B}(\vec{r})$–Feld der elektro-magnetischen Welle ist proportional zu $\vec{V}^{(\lambda)}_{j,m_j}(\vec{r})$ bzw. $\vec{V}^{(1-\lambda)}_{j,m_j}(\vec{r})$ (s. Gl.(14.1)). Für die gesuchten Fälle ergibt dies

Strahlung	P	Wellenfunktion	$\vec{\mathcal{E}}$–Feld $\vec{\mathcal{E}}(\vec{r})$	$\vec{B}$–Feld $\vec{B}(\vec{r})$
elektr. Dipolstrahlung	-1	$\vec{V}^{(\lambda=1)}_{1,m}(\varphi, \vartheta)$	$\vec{V}^{(\lambda=1)}_{1,m}(\varphi, \vartheta)$	$\vec{V}^{(\lambda=0)}_{1,m}(\varphi, \vartheta)$
magnet. Dipolstrahlung	$+1$	$\vec{V}^{(\lambda=0)}_{1,m}(\varphi, \vartheta)$	$\vec{V}^{(\lambda=0)}_{1,m}(\varphi, \vartheta)$	$\vec{V}^{(\lambda=1)}_{1,m}(\varphi, \vartheta)$
elektr. Quadrupolstr.	$+1$	$\vec{V}^{(\lambda=1)}_{2,m}(\varphi, \vartheta)$	$\vec{V}^{(\lambda=1)}_{2,m}(\varphi, \vartheta)$	$\vec{V}^{(\lambda=0)}_{2,m}(\varphi, \vartheta)$

Der Leser beachte, daß in der Tabelle die Winkel (φ, ϑ) für $\vec{\mathcal{E}}(\vec{r})$ und $\vec{B}(\vec{r})$ diejeni-gen des Ortsvektors bedeuten, während die Winkel (φ, ϑ) für die Wellenfunktion die Richtung des Impulses bezeichnen.

Als Beispiel wird die Rechnung für die elektrische Quadrupolstrahlung mit $m = 2$ durchgeführt. Es ergibt sich

$$V_{22}^{(\vec{\lambda}=1)}(\varphi,\vartheta) = \frac{1}{8}\sqrt{\frac{5}{\pi}}\,\sin\vartheta e^{i\varphi}\begin{pmatrix} 1 + \cos^2\vartheta - \sin^2\vartheta e^{2i\varphi} \\ i(1 + \cos^2\vartheta + \sin^2\vartheta e^{2i\varphi}) \\ -2\sin\vartheta\cos\vartheta e^{i\varphi} \end{pmatrix}$$

$$V_{22}^{(\vec{\lambda}=0)}(\varphi,\vartheta) = \frac{1}{4}\sqrt{\frac{5}{\pi}}\,\sin\vartheta e^{i\varphi}\begin{pmatrix} -\cos\vartheta \\ -i\cos\vartheta \\ \sin\vartheta e^{i\varphi} \end{pmatrix}.$$

a) Ausstrahlung in z-Richtung ($\vartheta = 0°$)

$$\vec{V}_{22}^{(\lambda=0)}(\varphi,\vartheta = 0) = \vec{V}_{22}^{(\lambda=1)}(\varphi,\vartheta = 0) = \begin{pmatrix} 0 \\ 0 \\ 0 \end{pmatrix}.$$

Es existiert also keine Strahlung in z-Richtung.

b) Ausstrahlung in der x-y-Ebene ($\vartheta = 90°$)

$$\vec{V}_{22}^{(\lambda=0)}(\varphi,\vartheta = 90°) = \frac{1}{4}\sqrt{\frac{5}{\pi}}e^{i\varphi}\begin{pmatrix} 0 \\ 0 \\ e^{i\varphi} \end{pmatrix},$$

d.h. das $\vec{B}$-Feld liegt entlang der z-Achse.

$$\vec{V}_{22}^{(\lambda=1)}(\varphi,\vartheta = 90°) = \frac{1}{8}\sqrt{\frac{5}{\pi}}e^{i\varphi}\begin{pmatrix} 1 - e^{2i\varphi} \\ i(1 + e^{2i\varphi}) \\ 0 \end{pmatrix} \sim \begin{pmatrix} e^{-i\varphi} - e^{i\varphi} \\ i(e^{-i\varphi} + e^{i\varphi}) \\ 0 \end{pmatrix} \sim \begin{pmatrix} -\sin\varphi \\ \cos\varphi \\ 0 \end{pmatrix},$$

d.h. das $\vec{\mathcal{E}}$-Feld liegt in der x-y-Ebene. Die Welle ist also in der x-y-Ebene linear polarisiert.

Die übrigen Fälle werden entsprechend behandelt. Die gesuchten Ergebnisse sind in der nachfolgenden Tabelle zusammengefaßt aufgeführt.

	Ausstrahlung in z–Richtung	Ausstrahlung in der x–y–Ebene
elektr. Dipolstrahlung		
$m = 1$	rechtszirkular polarisiert	linear polarisiert in x–y–Ebene
$m = 0$	keine Strahlung	linear polarisiert in z–Richtung
$m = -1$	linkszirkular polarisiert	linear polarisiert in x–y–Ebene
magnet. Dipolstrahlung		
$m = 1$	rechtszirkular polarisiert	linear polarisiert in z–Richtung
$m = 0$	keine Strahlung	linear polarisiert in x–y–Ebene
$m = -1$	linkszirkular polarisiert	linear polarisiert in z–Richtung
elektr. Quadrupolstr.		
$m = 2$	keine Strahlung	linear polarisiert in x–y–Ebene
$m = 1$	rechtszirkular polarisiert	linear polarisiert in z–Richtung
$m = 0$	keine Strahlung	keine Strahlung
$m = -1$	links zirkularpolarisiert	linear polarisiert in z–Richtung
$m = -2$	keine Strahlung	linear polarisiert in x–y–Ebene

*** Aufgabe 120:** *Berechnen Sie die mittlere Lebensdauer des 2p–Zustandes für das Wasserstoffatom.*

Lösung: Der 2p–Zustand kann spontan in den 1s–Zustand durch elektrische Dipolstrahlung übergehen. Die Übergangswahrscheinlichkeit kann nach Gl.(5.63) berechnet werden. Diese ist

$$A_{ik} = \frac{e^2 \omega^3}{3\pi \epsilon_0 \hbar c^3}(x_{ik}^2 + y_{ik}^2 + z_{ik}^2).$$

Wir berechnen zuerst den $\Delta m = 0$ Übergang vom Zustand i (2p mit $m = 0$) in den Zustand k (1s mit $m = 0$).

$$x_{ik} = \int \phi_k(\vec{r}) x \phi_i^*(\vec{r}) d^3r = 0$$

$$y_{ik} = \int \phi_k(\vec{r}) y \phi_i^*(\vec{r}) d^3r = 0$$

$$z_{ik} = \int \phi_k(\vec{r}) z \phi_i^*(\vec{r}) d^3r = \sqrt{\frac{4\pi}{3}} \int R_{10}(r) R_{21}(r) r^3 dr \int Y_0^0 Y_1^0 Y_1^0 d\Omega$$

$$= \frac{a_0}{\sqrt{2}} \cdot \frac{256}{243}.$$

Dabei haben wir für x, y, z die Gln.(5.32) eingesetzt und für ϕ_i bzw. ϕ_k die Wasserstoffwellenfunktionen verwendet. x_{ik} und y_{ik} ergeben Null, da die Integrale über die Kugelfunktionen verschwinden.

Wenn $\omega = 2\pi\nu = 2\pi \cdot 2.47 \cdot 10^{15} s^{-1}$ gesetzt wird ($h\nu = E_i - E_k$), ergibt sich für $A_{ik}(\Delta m = 0) = 0.63 \cdot 10^9 s^{-1}$.

Die $\Delta m = +1$ und $\Delta m = -1$ Übergänge berechnen sich auf die gleiche Art. Beispielsweise ergibt sich für $\Delta m = +1$ (Übergang vom 2p–Zustand mit $m = 1$ in den

$1s$–Zustand mit $m = 0$)

$$x_{ik} = -\sqrt{\frac{2\pi}{3}} \int R_{10}(r)R_{21}(r)r^3 dr \int Y_0^0 Y_1^1 (Y_1^1)^* d\Omega = -\frac{a_0}{2} \cdot \frac{256}{243}$$

$$y_{ik} = i\sqrt{\frac{2\pi}{3}} \int R_{10}(r)R_{21}(r)r^3 dr \int Y_0^0 Y_1^1 (Y_1^1)^* d\Omega = i\frac{a_0}{2} \cdot \frac{256}{243}$$

$$z_{ik} = 0$$

und daraus $A_{ik}(\Delta m = +1) = 0.63 \cdot 10^9 s^{-1}$.

Das gleiche Ergebnis folgt für den $\Delta m = -1$–Übergang. Auch hierfür ist $A_{ik}(\Delta m = -1) = 0.63 \cdot 10^9 s^{-1}$.
Die Übergangswahrscheinlichkeit ist für alle drei Niveaus im 2p–Zustand die gleiche und daher ist die mittlere Lebensdauer des angeregten 2p–Niveaus $\tau = 1/A_{ik} = 1.6 \cdot 10^{-9} s$. Allgemein kann gesagt werden, daß bei der Berechnung der Gesamtübergangswahrscheinlichkeit bei mehreren Anfangs– und Endzuständen die Übergangswahrscheinlichkeiten der Anfangszustände gemittelt, diejenigen der Endzustände aber aufsummiert werden müssen.

Aufgabe 121: *Durch induzierte Absorption kann ein Atom vom Grundzustand in den angeregten Zustand gebracht werden. Berechnen Sie die Zeitdauer des Strahlpulses, die benötigt wird, um beim Wasserstoffatom alle Atome vom Grundzustand E_1 in den ersten angeregten Zustand E_2 zu bringen. Die elektrische Feldstärke $\mathcal{E}$ der Strahlung sei $\mathcal{E} = 10^{-3}$ bzw. 1 bzw. $10^3 V/m$.*

Lösung: Die Frequenz der Strahlung für den Übergang von $E_1 = -13.6 eV$ auf $E_2 = -3.4 eV$ ist im Resonanzfall $\nu = (E_2 - E_1)/h = 2.47 \times 10^{15} s^{-1}$ (also $2.47 \times 10^6 GHz$, entsprechend einer Wellenlänge von $\lambda = 122 nm$).
Nach Gl.(5.60) ist die Zeitdauer der Strahlung für den vollständigen Übergang von E_1 auf E_2 gleich

$$\tau = \frac{\pi}{\Gamma} = \frac{\pi}{2|b|} \quad \text{mit } b = \frac{e\mathcal{E}}{2\hbar} \int \phi_2(\vec{r}) z \phi_1^*(\vec{r})\, d^3r,$$

wobei $\phi_2(\vec{r}) = R_{21}(r)Y_1^0(\varphi, \vartheta)$ und $\phi_1(\vec{r}) = R_{10}(r)Y_0^0(\varphi, \vartheta)$ die Wasserstoffwellenfunktionen sind. Das Integral ergibt sich zu $I = 0.74 a_0$ (a_0 ist der Bohr'sche Radius). Daraus folgt die Zeitdauer τ

$$\tau = 5.3 \times 10^{-2} s \quad bzw. \quad 5.3 \times 10^{-5} s \quad bzw. \quad 5.3 \times 10^{-8} s$$

für die Feldstärken 10^{-3} bzw. 1 bzw. $10^3 V/m$.
Bedeutend längere Zeiten τ erhält man, wenn der Übergang nicht über elektrische Dipolstrahlung erfolgt.

$*$ **Aufgabe 122:** *Betrachten Sie zwei Energieniveaus eines Atoms, den Grundzustand mit der Energie E_1 und den angeregten Zustand mit der Energie E_2. Zur Zeit $t = 0$ sei* *das Atom im Grundzustand. Durch induzierte Absorption mit kohärenter Strahlung der Energie $h\nu = E_2 - E_1$ erfolgt der Übergang in den Zustand E_2. Nach der Zeit $t = \tau$ (s.Aufgabe 121) befindet sich das Atom mit der Wahrscheinlichkeit 1 im angeregten Zustand. Wenn sich umgekehrt das Atom anfangs im angeregten Zustand befindet, findet man es nach der Zeit $t = \tau$ infolge induzierter Emission im Grundzustand wieder. Berechnen Sie die Besetzungswahrscheinlichkeit der zwei Zustände nach der Zeit $t = \tau$, wenn nach den Zeiten a) $\tau/2$, b) $\tau/3$ und $2\tau/3$ und c) $\tau/n, 2\tau/n, 3\tau/n$ ... (also nach jedem Zeitintervall τ/n) nachgeprüft wird, in welchem der zwei Energieniveaus das Atom sich befindet, vorausgesetzt, die Atome sind anfangs alle im Grundzustand.*

Lösung: Sind anfangs alle Atome im Grundzustand, d.h. gemäß Gl.(5.60)

$$|a_1(0)|^2 = 1, \qquad |a_2(0)|^2 = 0$$

so sind die Besetzungswahrscheinlichkeiten der zwei Niveaus zur Zeit t gegeben durch

$$|a_1(t)|^2 = \cos^2\left(\frac{\Gamma}{2}t\right) = \cos^2\left(\frac{\pi}{2\tau}t\right) \qquad |a_2(t)|^2 = \sin^2\left(\frac{\Gamma}{2}t\right) = \sin^2\left(\frac{\pi}{2\tau}t\right).$$

Sind anfangs alle Atome im angeregten Zustand, d.h.

$$|a_1(0)|^2 = 0, \qquad |a_2(0)|^2 = 1$$

so ergibt sich entsprechend

$$|a_1(t)|^2 = \sin^2\left(\frac{\pi}{2\tau}t\right) \qquad |a_2(t)|^2 = \cos^2\left(\frac{\pi}{2\tau}t\right).$$

a) Nach der Zeit $t = \tau/2$ findet man folgende Besetzungswahrscheinlichkeiten der zwei Zustände

$$P_1^{(1)} = |a_1(\tau/2)|^2 = \cos^2(\pi/4) = 1/2 \qquad P_2^{(1)} = |a_2(\tau/2)|^2 = \sin^2(\pi/4) = 1/2.$$

Danach startet induzierte Absorption, falls das Atom im Grundzustand gefunden wurde und induzierte Emission, falls es im angeregten Zustand war. Nach der Gesamtzeit τ befindet sich das Atome im Grund– bzw. im angeregten Zustand mit den nachfolgenden Wahrscheinlichkeiten

$$P_1^{(2)} = P_1^{(1)} \cos^2(\tfrac{\pi}{4}) + P_2^{(1)} \sin^2(\tfrac{\pi}{4}) = \frac{1}{2}\cdot\frac{1}{2} + \frac{1}{2}\cdot\frac{1}{2} = \frac{1}{2} \qquad \text{Grundzustand}$$

$$P_2^{(2)} = P_1^{(1)} \sin^2(\tfrac{\pi}{4}) + P_2^{(1)} \cos^2(\tfrac{\pi}{4}) = \frac{1}{2}\cdot\frac{1}{2} + \frac{1}{2}\cdot\frac{1}{2} = \frac{1}{2} \qquad \text{angeregter Zustand.}$$

b) Bei zweimaligem Nachprüfen jeweils nach dem Zeitintervall $\tau/3$ findet man zunächst zur Zeit $t = \tau/3$ die Besetzungswahrscheinlichkeiten

$$P_1^{(1)} = \cos^2(\frac{\pi}{2\tau}\frac{\tau}{3}) = \cos^2(\frac{\pi}{6}) = \frac{3}{4} \qquad P_2^{(1)} = \sin^2(\frac{\pi}{2\tau}\frac{\tau}{3}) = \sin^2(\frac{\pi}{6}) = \frac{1}{4};$$

und dann zur Zeit $t = 2\tau/3$

$$P_1^{(2)} = P_1^{(1)}\cos^2(\frac{\pi}{6}) + P_2^{(1)}\sin^2(\frac{\pi}{6}) = \frac{3}{4}\cdot\frac{3}{4} + \frac{1}{4}\cdot\frac{1}{4} = \frac{5}{8}$$

$$P_2^{(2)} = P_1^{(1)}\sin^2(\frac{\pi}{6}) + P_2^{(1)}\cos^2(\frac{\pi}{6}) = \frac{3}{4}\cdot\frac{1}{4} + \frac{1}{4}\cdot\frac{3}{4} = \frac{3}{8};$$

schließlich nach der Zeit $t = \tau$

$$P_1^{(3)} = P_1^{(2)}\cos^2(\frac{\pi}{6}) + P_2^{(2)}\sin^2(\frac{\pi}{6}) = \frac{5}{8}\cdot\frac{3}{4} + \frac{3}{8}\cdot\frac{1}{4} = \frac{9}{16}$$

$$P_2^{(3)} = P_1^{(2)}\sin^2(\frac{\pi}{6}) + P_2^{(2)}\cos^2(\frac{\pi}{6}) = \frac{5}{8}\cdot\frac{1}{4} + \frac{3}{8}\cdot\frac{3}{4} = \frac{7}{16}.$$

c) Im allgemeinen Fall bei n–maligen Nachprüfen jeweils nach den Zeitintervallen τ/n ergeben sich die Besetzungswahrscheinlichkeiten zur Zeit $t = \tau/n$

$$P_1^{(1)} = \cos^2(\frac{\pi}{2n}), \qquad P_2^{(1)} = \sin^2(\frac{\pi}{2n}),$$

wobei wir festhalten $P_1^{(1)} - P_2^{(1)} = \cos^2(\frac{\pi}{2n}) - \sin^2(\frac{\pi}{2n}) = \cos(\frac{\pi}{n})$.
Zur Zeit $t = 2\tau/n$

$$P_1^{(2)} = P_1^{(1)}\cos^2(\frac{\pi}{2n}) + P_2^{(1)}\sin^2(\frac{\pi}{2n}) \qquad P_2^{(2)} = P_1^{(1)}\sin^2(\frac{\pi}{2n}) + P_2^{(1)}\cos^2(\frac{\pi}{2n}).$$

Hier gilt: $P_1^{(2)} - P_2^{(2)} = (P_1^{(1)} - P_2^{(1)}) \times (\cos^2(\frac{\pi}{2n}) - \sin^2(\frac{\pi}{2n})) = \cos^2(\frac{\pi}{n})$.
Fortgesetzt erhält man zur Zeit $t = n\tau/n = \tau$

$$P_1^{(n)} - P_2^{(n)} = \cos^n(\frac{\pi}{n}).$$

Da die Summe der zwei Wahrscheinlichkeiten $P_1^{(n)} + P_2^{(n)} = 1$, so ergeben sich die Besetzungswahrscheinlichkeiten zu

$$P_1^{(n)} = \frac{1}{2}(1 + \cos^n(\frac{\pi}{n})) \qquad P_2^{(n)} = \frac{1}{2}(1 - \cos^n(\frac{\pi}{n})).$$

Im Grenzfall $n \to \infty$ folgt $P_1^{(n)} = 1$ und $P_2^{(n)} = 0$. Dies ist ein äußerst interssantes Ergebnis, das in der Quantenoptik unter dem Namen **Quanten–Zenon–Effekt**[3] bekannt ist. Es bedeutet, daß ein kontinuierlich geprüftes System von Atomen (es wird kontinuierlich festgestellt,in welchem Zustand sich das System befindet), die sich anfangs im Grundzustand befinden, nie durch induzierte Strahlung in einen angeregten Zustand gelangen kann. Das gleiche gilt auch für den spontanen Übergang eines angeregten Zustandes in den Grundzustand. Die ständige Beobachtung, ob er schon zerfallen

---

[3]Es erinnert an das vom griechischen Philosophen Zenon von Elea (5.Jh. v.Chr.) formulierte Paradoxon vom fliegenden Pfeil. Dieser befindet sich zu jedem Zeitpunkt an einem definierten Ort und da zwischen zwei Orten unendlich viele Raumpunkte liegen, kann der Pfeil sich – nach Zenon – nicht in einer endlichen Zeit von einem Ort zum anderen bewegen.

ist, bewirkt, daß dieser nie zerfallen kann (B.Misra und E.C.G.Sudarshan, J. Math. Phys. 18 (1977)756)). Der Quanten–Zenon–Effekt wurde experimentell von W.M.Itano et al.(Phys. Rev. A41(1990)2295) gemessen. Mit Hilfe induzierter Absorption eines Hyperfeinstrukturübergangs (RF–Übergang mit $\tau = 256$ ns) des Be^+–Ions in einem Penning–Käfig wurde der Effekt studiert. Das Nachprüfen, in welchem Zustand sich das Atom befindet, wurde durch Einstrahlen eines kurzen Lichtpulses (Dauer 2.4 ms) erreicht. Wenn das Atom im Grundzustand ist, wird es dadurch angeregt und sendet beim Rücksprung in den Grundzustand ein Photon charakteristischer Frequenz aus. Ist es dagegen im angeregten Zustand, so gibt es keinen Übergang bei Einstrahlung des Lichtpulses. Itano et al. finden gute Übereinstimmungen der experimentellen Ergebnisse mit den theoretischen Berechnungen.

14.3   Effekte mit elektrischen und magnetischen Feldern

Die Schrödinger–Gleichung für die Bewegung eines Teilchens der Ladung q in einem beliebigen elektromagnetischen Feld, charakterisiert durch das Vektorpotential $\vec{A}(\vec{r}, t)$ und das skalare Potential $V(\vec{r}, t)$, haben wir im Anhang H hergeleitet. Die recht komplizierte Form dieser Differentialgleichung vereinfacht sich für spezielle Feldformen. Wir untersuchen zunächst die Bewegung des geladenen Teilchens in einem zeitlich und örtlich konstanten Magnetfeld ohne elektrisches Potential und dann die Bewegung eines solchen Teilchens in einem zeitlich und örtlich konstanten elektrischen Feld ohne Anwesenheit eines Magnetfeldes. In beiden Fällen läßt sich die Schrödinger–Gleichung geschlossen lösen. Es folgen danach Betrachtungen zu Spinzuständen, wie sie sich mit Stern–Gerlach–Magneten messen lassen (Aufgaben 123 – 129). Eine besondere Stellung nimmt dabei Aufgabe 125 ein, die das Einstein–Podolski–Rosen–Paradoxon im Zusammenhang mit der Bellschen Ungleichung behandelt. In Aufgabe 129 gehen wir quantitativ auf das Grundprinzip der ESR (s. Abschn. 5.3.7) bzw. der NMR (s. Abschn. 7.1.1) im Resonanzfall ein. Die Aufgaben 130 – 135 sind Lehrstücke zum Zeeman– bzw. Paschen–Back– bzw. Stark–Effekt.

Bewegung eines geladenen Teilchens im zeitlich und örtlich konstanten Magnetfeld B entlang der z–Achse

Der Hamilton–Operator für dieses Problem ist nach Gl.(5.70)

$$H = \frac{1}{2M}(\vec{p} - q\vec{A})^2$$

mit $\vec{p} = -i\hbar\vec{\nabla}$ und $\vec{A} = -\frac{1}{2}(\vec{r} \times \vec{B}) = \frac{B}{2}(-y, x, 0).$ [4]

Wir können die Lösung der Schrödinger–Gleichung durch eine andere Eichung vereinfachen (s. Anhang H). Schreiben wir $\vec{A}' = \vec{A} + \vec{\nabla}f$ mit $f = -\frac{1}{2}Bxy$, so hat $\vec{A}'$ die

---

[4]Das ergibt: $H = \frac{p_z^2}{2M} + \frac{1}{2M}[(p_x^2 + p_y^2) + \frac{q^2B^2}{4}(x^2 + y^2) - qBl_z] = \frac{p_z^2}{2M} + H_\perp$. Da die Operatoren $p_z, l_z, H_\perp$ vertauschen und einen kompletten Satz an Variablen liefern, kann man die Schrödinger–Gleichung –

einfache Form $\vec{A}' = (-yB, 0, 0)$.

Die Schrödinger-Gleichung lautet jetzt

$$\frac{1}{2M}\left((-i\hbar\frac{\partial}{\partial x} + qBy)^2 - \hbar^2(\frac{\partial^2}{\partial y^2} + \frac{\partial^2}{\partial z^2})\right)\phi(\vec{r}) = E\phi(\vec{r}).$$

Der Lösungsansatz $\phi(\vec{r}) = \exp(i(xp_x + zp_z)/\hbar)\cdot\chi(y)$,   ($p_x, p_z$ beliebige reelle Zahlen), führt auf eine Differentialgleichung für $\chi(y)$

$$-\frac{\hbar^2}{2M}\frac{d^2\chi}{dy^2} + \frac{1}{2}K(y - y_0)^2\chi = E'\chi$$

mit den Abkürzungen

$$K = (qB)^2/M \qquad y_0 = -\frac{p_x}{qB} \qquad E' = E - \frac{p_z^2}{2M}.$$

Dies ist aber die wohlbekannte Differentialgleichung des harmonischen Oszillators Gl.(3.28), mit den Energiewerten

$$E = E' + \frac{p_z^2}{2M} = \hbar\omega(n + \frac{1}{2}) + \frac{p_z^2}{2M} \qquad n = 0, 1, 2, \ldots,$$

wobei $\omega = \sqrt{\frac{K}{M}} = \frac{qB}{M}$. Ein Beispiel hierzu sind die Energiezustände der Zyklotron-Bewegung im Penning-Käfig (Gl.(5.145)).

Die Lösung der Differentialgleichung läßt sich sofort angeben (s.Gl.(3.33))

$$\chi_n(y) = \left(\sqrt{\frac{qB}{\pi\hbar}}\cdot\frac{1}{2^n n!}\right)^{1/2} H_n\left(\sqrt{\frac{qB}{\hbar}}(y - y_0)\right)\exp\left(-\frac{qB}{\hbar}\frac{(y - y_0)^2}{2}\right).$$

Bewegung eines geladenen Teilchens im zeitlich und örtlich konstanten elektrischen Feld entlang der z–Achse

Der Hamilton-Operator für dieses Problem hat die Gestalt

$$H = \frac{p^2}{2M} - \mathcal{E}qz.$$

Die zugehörige Schrödinger-Gleichung

$$-\frac{\hbar^2}{2M}\frac{d^2\phi}{dz^2} - \mathcal{E}qz\phi = E\phi$$

führt man Zylinderkoordinaten $(z, \varphi, \varrho = \sqrt{x^2 + y^2})$ ein – mit dem Ansatz

$$\varphi(\vec{r}) = e^{izk_z}\cdot e^{im\varphi}\cdot\beta(\varrho)$$

lösen. Die Funktion $\beta(\varrho)$ muß aus der entsprechenden Differentialgleichung bestimmt werden. Einfacher ist jedoch der im Text vorgeschlagene Weg.

besitzt Lösungen für alle Energiewerte $-\infty < E < +\infty$. Durch eine Variablentransformation

$$v = \left(z + \frac{E}{q\mathcal{E}}\right)\left(\frac{2M}{\hbar^2}q\mathcal{E}\right)^{1/3}$$

erhalten wir die Differentialgleichung

$$\frac{d^2\phi}{dv^2} + v\phi = 0.$$

Wir benötigen eine Lösung, die für alle z-Werte (und damit v-Werte) endlich bleibt. Das leistet die **Airy–Funktion** $A(v)$

$$A(v) = \frac{1}{\sqrt{\pi}}\int_0^\infty \cos(\frac{x^3}{3} + xv)dx.$$

Die Lösung ϕ lautet dann

$$\phi(z) = A(-v) = A\left(-(z + \frac{E}{q\mathcal{E}})(\frac{2M}{\hbar^2}q\mathcal{E})^{1/3}\right).$$

Die Aufenthaltswahrscheinlichkeit $|\phi(v)|^2 = |A(-v)|^2$ ist in nachfolgender Figur zu sehen.

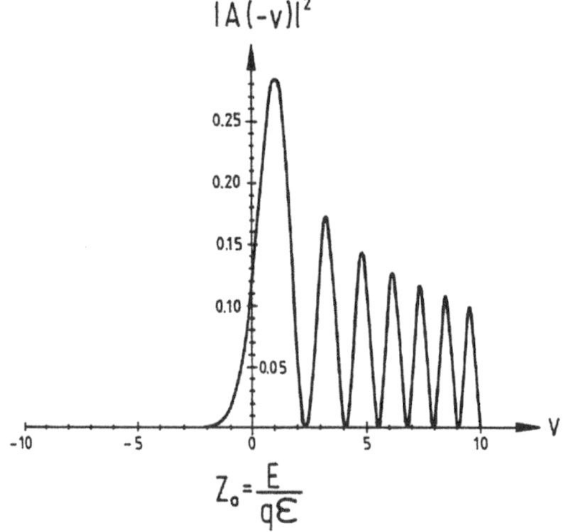

Aufgaben

Aufgabe 123: *Ein Ag–Atomstrahl entlang der x–Achse wird durch einen Stern–Gerlach–Magneten geschickt, dessen Feld $\vec{B}$ in die z–Richtung weist. Anschließend wird mittels einer Blende nur der Teilstrahl mit der Spinkomponente $+\hbar/2$ weitergeleitet und durch einen zweiten Stern–Gerlach–Magneten geschickt, dessen Magnetfeld $\vec{B}'$ um den Winkel θ um die Strahlachse gegenüber der Feldrichtung des ersten Magneten gedreht ist ($\vec{B}'$ liegt also in der y–z–Ebene). Der Strahl wird wiederum in zwei Teilstrahlen aufgespalten. In welchem Verhältnis stehen die Intensitäten dieser Teilstrahlen für $\theta = 60°, 90°, 180°$?*

Lösung: Nach Aufgabe 80 ist der Spinoperator in der y–z–Ebene längs einer Richtung mit dem Winkel θ zur z–Achse, also längs der Richtung $(\varphi = \pm 90°, \theta)$

$$s = \frac{\hbar}{2} \begin{pmatrix} \cos \theta & \mp i \sin \theta \\ \pm i \sin \theta & -\cos \theta \end{pmatrix}.$$

Die Eigenvektoren e_1 bzw. e_2, entsprechend den Eigenwerten $+\frac{\hbar}{2}$ bzw. $-\frac{\hbar}{2}$, sind

$$e_1 = \begin{pmatrix} e^{\mp i\pi/4} \cos \frac{\theta}{2} \\ e^{\pm i\pi/4} \sin \frac{\theta}{2} \end{pmatrix} \qquad \text{bzw.} \quad e_2 = \begin{pmatrix} -e^{\mp i\pi/4} \sin \frac{\theta}{2} \\ e^{\pm i\pi/4} \cos \frac{\theta}{2} \end{pmatrix}.$$

Entwickelt man den im zweiten Magneten einlaufenden Zustand $\begin{pmatrix} 1 \\ 0 \end{pmatrix}$ nach den Eigenzuständen e_1 und e_2

$$\begin{pmatrix} 1 \\ 0 \end{pmatrix} = ae_1 + be_2 \qquad |a|^2 + |b|^2 = 1,$$

so ergibt sich

$$a = e^{\pm i\pi/4} \cos \frac{\theta}{2} \quad \text{und} \quad b = -e^{\pm i\pi/4} \sin \frac{\theta}{2}.$$

Das gesuchte Verhältnis ist demnach $V = |a|^2/|b|^2 = \cot^2 \frac{\theta}{2}$, mit folgenden Zahlenwerten

θ	60°	90°	180°
V	3 : 1	1 : 1	0 : 1

Aufgabe 124: *Ein Stern–Gerlach–Magnet für K–Atome (Masse M_K) hat folgende Daten: Ofentemperatur $T = 170°C$, Länge des Magneten $L = 70mm$, Abstand vom Magnetende zum Detektor $d = 0.3m$, Inhomogenität des Magnetfeldes $\partial B/\partial z = 10^2 T/m$. Berechnen Sie den Abstand der beiden aufgeteilten Atomstrahlen am Ort des Detektors für die Atome mit der wahrscheinlichsten Geschwindigkeit.*

Lösung: Ist z die Feldrichtung, so lautet die Bewegungsgleichung der Atome in den beiden aufgeteilten Atomstrahlen $M_K \ddot{z} = \pm \beta \partial B/\partial z$ mit β gleich dem Bohrschen Magneton. Die Lösung liefert die senkrechte Abweichung jedes Strahls von der Strahlachse am Ende des Magneten von $\pm \beta \frac{\partial B}{\partial z} \frac{L^2}{2M_K v^2}$. Am Ort des Detektors ergibt sich $z = \pm \beta \frac{\partial B}{\partial z} L(L+2d) \frac{1}{2M_K v^2}$. Die Ofentemperatur verursacht eine Maxwell–Boltzmann–Geschwindigkeitsverteilung längs der Strahlachse, also $\frac{dn}{dv} = Kv^2 \exp(-M_K v^2/2kT)$.

Für die wahrscheinlichste Geschwindigkeit $v_w = \sqrt{\frac{2kT}{M_K}}$ kann die Ablenkung z_w der beiden Strahlen sofort berechnet werden und ergibt für den gesuchten Abstand der Strahlen am Ort des Detektors den Wert

$$a = 2z_w = \beta \frac{\partial B}{\partial z} L(L + 2d) \frac{1}{2kT} = 3.6mm.$$

∗ Aufgabe 125: *Ein Spin 0–Zustand zerfalle in zwei Spin 1/2 Teilchen (Bahndrehimpuls $l = 0$), deren Spinkomponenten jeweils in Stern–Gerlach–Magneten gemessen werden. Die Richtungen der Spinmessungen seien die Einheitsvektoren $\vec{a}$ (Polar–und Azimutwinkel θ_1, φ_1) für Teilchen 1 und $\vec{b}(\theta_2, \varphi_2)$ für Teilchen 2.*

a) Wie groß ist die Wahrscheinlichkeit, die Spinkomponenten $+\frac{1}{2}\hbar$ bzw. $-\frac{1}{2}\hbar$ für Teilchen 1 und gleichzeitig $+\frac{1}{2}\hbar$ bzw. $-\frac{1}{2}\hbar$ für Teilchen 2 zu messen ?
b) Wie groß ist die Wahrscheinlichkeit, die Spinkomponenten $+\frac{1}{2}\hbar$ bzw. $-\frac{1}{2}\hbar$ für Teilchen 1 zu messen, ohne zuvor die Spinkomponenten für Teilchen 2 gemessen zu haben?
c) Wie groß ist die Wahrscheinlichkeit, die Spinkomponenten $+\frac{1}{2}\hbar$ bzw. $-\frac{1}{2}\hbar$ für Teilchen 2 zu finden, wenn für Teilchen 1 die Spinkomponente $+\frac{\hbar}{2}$ bzw. $-\frac{\hbar}{2}$ gemessen wurde?
d) Wie groß ist der Erwartungswert für das Produkt der Spinkomponenten (Messung von Teilchen 1 in Richtung $\vec{a}$ und Teilchen 2 in Richtung $\vec{b}$) ?

Lösung: Wegen der Drehimpulserhaltung im Zerfallsprozeß ist die Wellenfunktion des Zweiteilchensystems des Spin 0–Zustandes

$$\psi = \frac{1}{\sqrt{2}} \begin{pmatrix} 0 \\ 1 \\ -1 \\ 0 \end{pmatrix} \qquad \text{(s.Gl.(4.75))}.$$

Die Eigenfunktionen des Spinoperators in Richtung (θ, φ) lauten nach Aufgabe 80

$$\chi^+ = \begin{pmatrix} e^{-i\varphi/2} \cos\theta/2 \\ e^{i\varphi/2} \sin\theta/2 \end{pmatrix} \qquad \text{bzw.} \qquad \chi^- = \begin{pmatrix} -e^{-i\varphi/2} \sin\theta/2 \\ e^{i\varphi/2} \cos\theta/2 \end{pmatrix}.$$

Zerlegt man den Spin 0–Zustand nach Tensorprodukten dieser Eigenfunktionen für Teilchen 1 und 2, so erhält man:

$$\psi = \frac{1}{\sqrt{2}} \begin{pmatrix} 0 \\ 1 \\ -1 \\ 0 \end{pmatrix} = x(\chi_1^+ \otimes \chi_2^+) + y(\chi_1^+ \otimes \chi_2^-) + z(\chi_1^- \otimes \chi_2^+) + \omega(\chi_1^- \otimes \chi_2^-),$$

wobei die Koeffizienten x, y, z, ω, wie man leicht nachrechnet, mit $\varphi = \varphi_1 - \varphi_2$ folgende Gestalt haben

$$x = \frac{1}{\sqrt{2}}(e^{i\varphi/2} \cos\frac{\theta_1}{2} \sin\frac{\theta_2}{2} - e^{-i\varphi/2} \sin\frac{\theta_1}{2} \cos\frac{\theta_2}{2})$$

$$y = \frac{1}{\sqrt{2}}(e^{i\varphi/2} \cos\frac{\theta_1}{2} \cos\frac{\theta_2}{2} + e^{-i\varphi/2} \sin\frac{\theta_1}{2} \sin\frac{\theta_2}{2})$$

$$z = \frac{1}{\sqrt{2}}(-e^{i\varphi/2} \sin\frac{\theta_1}{2} \sin\frac{\theta_2}{2} - e^{-i\varphi/2} \cos\frac{\theta_1}{2} \cos\frac{\theta_2}{2})$$

$$\omega = \frac{1}{\sqrt{2}}(-e^{i\varphi/2} \sin\frac{\theta_1}{2} \cos\frac{\theta_2}{2} + e^{-i\varphi/2} \cos\frac{\theta_1}{2} \sin\frac{\theta_2}{2}).$$

a) Die Wahrscheinlichkeiten, die vier Komponenten der Spinkomponenten $\pm\hbar/2$ für die Teilchen 1 und 2 zu messen, sind für den Fall $(+\frac{1}{2}\hbar, +\frac{1}{2}\hbar)$

$$|x|^2 = \frac{1}{2}(\sin^2\frac{\theta_1}{2}\cos^2\frac{\theta_2}{2} + \cos^2\frac{\theta_1}{2}\sin^2\frac{\theta_2}{2} - 2\cos(\varphi_1 - \varphi_2)\sin\frac{\theta_1}{2}\cos\frac{\theta_1}{2}\sin\frac{\theta_2}{2}\cos\frac{\theta_2}{2})$$

$$= \frac{1}{4}(1 - \vec{a}\vec{b}).$$

Entsprechend erhält man für die übrigen Fälle

$$(+\hbar/2, -\hbar/2) : |y|^2 = \frac{1}{4}(1 + \vec{a}\vec{b})$$

$$(-\hbar/2, +\hbar/2) : |z|^2 = \frac{1}{4}(1 + \vec{a}\vec{b})$$

$$(-\hbar/2, -\hbar/2) : |\omega|^2 = \frac{1}{4}(1 - \vec{a}\vec{b}).$$

b) Die Wahrscheinlichkeit, für Teilchen 1 die Spinkomponente $+\hbar/2$ zu finden, ist $|x|^2 + |y|^2 = \frac{1}{2}$, bzw. die Spinkomponente $-\hbar/2$ zu finden, ist $|z|^2 + |\omega|^2 = \frac{1}{2}$.

c) Wenn für Teilchen 1 die Spinkomponenten $+\hbar/2$ gemessen wurde, ergibt die Wahrscheinlichkeit für die Messung der Spinkomponenten $+\hbar/2$ bzw. $-\hbar/2$ von Teilchen 2 die Werte $2|x|^2 = \frac{1}{2}(1 - \vec{a}\vec{b})$ bzw. $2|y|^2 = \frac{1}{2}(1 + \vec{a}\vec{b})$. Die entsprechenden Werte für die Messung von $-\hbar/2$ bei Teilchen 1 sind $2|z|^2 = \frac{1}{2}(1 + \vec{a}\vec{b})$ bzw. $2|w|^2 = \frac{1}{2}(1 - \vec{a}\vec{b})$.

d) Der Erwartungswert ist

$$E(\vec{a}, \vec{b}) = \psi^+(\vec{s}_a \otimes \vec{s}_b)\psi.$$

Das Tensorprodukt $\vec{s}_a \otimes \vec{s}_b$ ist am einfachsten in kartesischen Koordinaten zu berechnen

$$\vec{s}_a \otimes \vec{s}_b = \frac{\hbar^2}{4}(a_x\vec{\sigma}_x + a_y\vec{\sigma}_z + a_z\vec{\sigma}_z) \otimes (b_x\vec{\sigma}_x + b_y\vec{\sigma}_y + b_z\vec{\sigma}_z).$$

Wenn die Pauli–Matrizen eingesetzt werden, ergibt sich der Erwartungswert zu

$$E(\vec{a}, \vec{b}) = -\frac{\hbar^2}{4}\vec{a}\vec{b}.$$

Die Rechnungen können natürlich für andere Anfangszustände (z.B. Spin 1 mit der z–Komponente 0) auf gleiche Weise durchgeführt werden.

Das Ergebnis hat eine grundlegende Bedeutung. Gesetzt der Fall, die Spinmessungen erfolgen längs der gleichen, aber beliebigen Richtung $\vec{a} = \vec{b}$. Dann besagt das Ergebnis, daß im Fall eines Meßwertes $+\hbar/2$ für Teilchen 1 mit Sicherheit (d.h. mit Wahrscheinlichkeit 1) für Teilchen 2 der Meßwert $-\hbar/2$ herauskommt und umgekehrt. Das bleibt auch gültig, wenn die beiden Teilchen so weit voneinander entfernt sind, daß sie nicht mehr miteinander kommunizieren können. Es stellt sich die Frage, woher weiß Teilchen

2, daß Teilchen 1 die Spinkomponente $+\hbar/2$ (bzw. umgekehrt $-\hbar/2$) hat, auch für den Fall, daß die Spinmessung in weiter Entfernung voneinander erfolgt.

Einstein und Mitarbeiter nehmen an, daß noch versteckte Parameter im Spiel sind, die die zwei Meßvorgänge korrelieren. Das ist das berühmte **Einstein–Podolsky–Rosen–Paradoxon.** Bei ganz allgemeinen Voraussetzungen für dieses Problem mit versteckten Parametern konnte John Stuart Bell folgende Ungleichung, **die Bellsche Ungleichung,** ableiten (J.S.Bell, Physics 1 (1964)195)

$$|E(\vec{a},\vec{b}) - E(\vec{a},\vec{c})| \leq \frac{\hbar^2}{4} + E(\vec{b},\vec{c}),$$

wobei $E(\vec{A},\vec{B})$ der Erwartungswert für das Produkt der Spinkomponenten bedeutet (die Messung der Spinkomponenten von Teilchen 1 in Richtung $\vec{A}$ und von Teilchen 2 in Richtung $\vec{B}$).

Unsere quantenmechanische Berechnung (s. Teilaufgabe d) z.B. für drei koplanare Magnetfeldrichtungen mit $\angle(\vec{a}\vec{b}) = \angle(\vec{b}\vec{c}) = 60°$ und $\angle(\vec{a}\vec{c}) = 120°$ in die Bellsche Ungleichung eingesetzt liefert das widersprüchliche Ergebnis

$$|E(\vec{a},\vec{b}) - E(\vec{a},\vec{c})| = \frac{\hbar^2}{4} \leq \frac{\hbar^2}{4} + E(\vec{b},\vec{c}) = \frac{\hbar^2}{8}.$$

Die Bellsche Ungleichung für das Problem mit versteckten Parametern ist also für die quantenmechanische Berechnung nicht erfüllt. Es läßt sich nun experimentell überprüfen, welche der beiden Theorien (die Einsteinsche Theorie mit versteckten Parametern oder die normale Quantentheorie) korrekt ist. Anstelle der zwei Spin 1/2 Teilchen ist das Experiment jedoch leichter mit zwei Photonen durchzuführen. Dafür kann eine verallgemeinerte Bellsche Ungleichung abgeleitet werden, die ebenfalls mit der quantenmechanischen Vorhersage im Widerspruch steht.

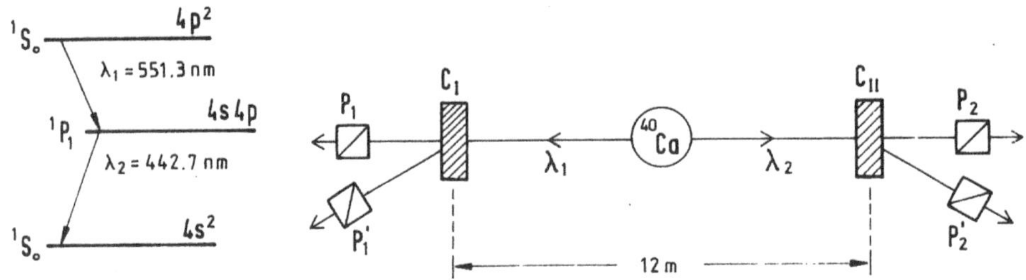

A. Aspect und Mitarbeiter (A.Aspect et al., Phys. Rev. Lett. 49(1982)1804) führten eine Reihe von Experimenten mit Photonen durch und konnten die quantenmechanischen Vorhersagen überzeugend verifizieren. Der experimentelle Aufbau wird nachfolgend beschrieben (s. Figur). Ein Strahl von ^{40}Ca Atomen (im Grundzustand $^1S_0$ mit $4s^2$) wird durch eine Zwei–Photon–Anregung in den angeregten Zustand $^1S_0$ (mit $4p^2$) übergeführt, der wiederum über den Zwischenzustand $^1P_1$ durch Aussenden von zwei

Photonen ($\lambda = 551.3nm$ und $\lambda = 442.7nm$) in den Grundzustand zurückkehrt (s.Fig.). Da die Kaskade $^1S_0 \to {}^1P_1 \to {}^1S_0$ zwischen zwei Singulett-Zuständen stattfindet, muß der Gesamtdrehimpuls des emittierten Photonpaares gleich Null sein,was bedeutet, daß das emittierte Photonenpaar eine korrelierte Polarisation zeigt. Die Polarisation jedes Photons wird jeweils wahlweise durch zwei an verschiedenen Orten aufgestellte und unterschiedlich eingestellte Polarisatoren P, P' gemessen. Auf welche der beiden Polarisatoren das Photon auftrifft, entscheidet ein schneller akustooptischer Schalter C_I, C_{II} (unterschiedliche Schaltzeiten der Größenordnung $10ns$) im Strahlengang eines jeden Photons. Diese Maßnahme dient dazu, um eine eventuelle Kommunikation zwischen den beiden $12m$ voneinander entfernten (entspricht einer Photonflugzeit von $40ns$) Meßeinheiten auszuschließen. Durch die Messung der korrelierten Polarisationen der zwei Photonen in entgegengesetzte Richtung konnte die quantenmechanischen Vorhersagen verifiziert werden. Die Bellsche Ungleichung, die für die Theorie mit versteckten Parametern gültig ist, ist bei diesem Experiment um 5 Standard–Abweichungen verletzt.

Aufgabe 126: *Ein Gas mit Spin 1/2–Atomen und magnetischen Moment $\mu = \beta$ im Grundzustand befindet sich bei einer Temperatur von $T = 5K$ in einem Magnetfeld von $B = 0.5T$.*
a) Wie groß ist das Verhältnis V der Atome mit dem Spin parallel bzw. antiparallel zur Feldrichtung ?
b) Auf welchen Wert muß das Feld bei Erhöhung der Temperatur auf $25K$ geändert werden, um V konstant zu halten ?
c) Welchen Wert hat V bei Zimmertempertatur $T=293$ K und $B = 0.1$ T?

Lösung: a) Die Besetzung der Energieniveaus folgt nach der Boltzmannstatistik

$$V = \frac{\exp(-E_1/kT)}{\exp(-E_2/kT)} = \exp(-2\beta B/kT) = 0.87.$$

b) Für konstantes V muß das Feld um den gleichen Faktor (5) erhöht werden wie die Temperatur, also auf $B = 2.5T$.
c) Bei $T = 293K$ ist $V \approx 1$, weil $\Delta E << kT$ ist.

Aufgabe 127: *a) Berechnen Sie für ein ruhendes geladenes Spin 1/2–Teilchen die Energieniveaus sowie die Spinpräzessionsfrequenz und die Erwartungswerte $< s_x(t) >$, $< s_y(t) >, < s_z(t) >$ in einem konstanten Magnetfeld B entlang der z–Achse.*
b) Angenommen, es handelt sich um ein Elektron im Magnetfeld der Erde ($B = 0.5 \cdot 10^{-4}T$) im höheren der beiden Energieniveaus. Wie groß ist die Wellenlänge und welcher Typ von Multipolstrahlung wird ausgesandt, wenn das Elektron unter Emission eines Photons in das niedrigere Niveau überwechselt?

Lösung: a) Das magnetische Moment $\vec{\mu}$ des Teilchens aufgrund seines Spins ist in Gl. (5.87) gegeben.

Der Hamilton–Operator lautet daher

$$H = -\vec{\mu}\vec{B} = -\mu_z B \quad \text{mit} \quad \mu_z = g\frac{q}{2M}s_z.$$

Die Schrödinger–Gleichung lautet daher

$$-\frac{g}{2}\frac{qB\hbar}{2M}\begin{pmatrix} 1 & 0 \\ 0 & -1 \end{pmatrix}\begin{pmatrix} \phi_1 \\ \phi_2 \end{pmatrix} = E\begin{pmatrix} \phi_1 \\ \phi_2 \end{pmatrix}.$$

Die Energiewerte für die beiden Lösungen $\Phi_1 = \begin{pmatrix} 1 \\ 0 \end{pmatrix}$ und $\Phi_2 = \begin{pmatrix} 0 \\ 1 \end{pmatrix}$ sind offensichtlich

$$E_1 = -\frac{g}{2}\frac{qB\hbar}{2M} \quad \text{und} \quad E_2 = \frac{g}{2}\frac{qB\hbar}{2M}.$$

Als allgemeine zeitabhängige Lösung können wir daher schreiben

$$\Phi = a\begin{pmatrix} 1 \\ 0 \end{pmatrix}e^{-iE_1 t/\hbar} + b\begin{pmatrix} 0 \\ 1 \end{pmatrix}e^{-iE_2 t/\hbar}, \quad \text{mit} \quad |a|^2 + |b|^2 = 1.$$

Der Spin vollführt eine Präzession um die Richtung des Magnetfeldes (z–Achse). Wir berechnen daher $< s_x(t) >$, $< s_y(t) >$ und $< s_z(t) >$.

$$\begin{aligned} < s_x > \;&=\; \Phi^+ s_x \Phi = \frac{\hbar}{2}(a^* e^{iE_1 t/\hbar}, b^* e^{iE_2 t/\hbar})\begin{pmatrix} 0 & 1 \\ 1 & 0 \end{pmatrix}\begin{pmatrix} ae^{-iE_1 t/\hbar} \\ be^{-iE_2 t/\hbar} \end{pmatrix} \\ &=\; \hbar|a||b|\cos(\omega_0 \cdot t + \gamma) \end{aligned}$$

mit der Larmor–Frequenz (vgl.Gl.(5.140) für q=−e)

$$\omega_0 = \frac{|E_1 - E_2|}{\hbar} = \frac{g}{2}\frac{qB}{M}; \qquad \gamma = \text{Differenz der Phasen von b und a.}$$

Entsprechend ergibt sich

$$\begin{aligned} < s_y > \;&=\; \Phi^+ s_y \Phi = \hbar|a||b|\sin(\omega_0 t + \gamma) \\ < s_z > \;&=\; \Phi^+ s_z \Phi = \frac{\hbar}{2}(|a|^2 - |b|^2). \end{aligned}$$

b) Für das Elektron mit $g = 2$ ist $\Delta E = E_1 - E_2 = 2\beta B$ (β ist das Bohrsche Magneton). Numerisch ergibt sich $\Delta E = 5.8 \cdot 10^{-9} eV$ bzw. $\lambda = 214 m$. Es handelt sich um magnetische Dipolstrahlung (Spinumklappvorgang).

Aufgabe 128: *Gemäß Aufgabe 127 beträgt für ein Elektron ($g = 2$) die Präzessionsfrequenz seines Spins im Magnetfeld $\omega_0 = geB/(2M_e)$. Die Zyklotronfrequenz des Elektrons ist durch $\omega_z = eB/M_e$ gegeben, was etwas niedriger ist als ω_0, weil der g-Faktor geringfügig größer ist als zwei (Abschn. 5.4.1). Wieviele Umläufe n muß das*

Elektron in einem beliebigen Feld machen, bis sein Spin gerade $n+1$ Umdrehungen vollführt hat ?

Lösung: Nach Gl.(5.144) ist die Differenzfrequenz $\omega_D = \frac{1}{2}(g-2)\omega_z$. Ist T die Umlaufperiode, so ist demnach $\frac{1}{T} = \frac{1}{2}(g-2)\frac{n}{T}$, woraus $n = 862$ folgt.

* **Aufgabe 129:** *Als Verallgemeinerung von Aufgabe 127 untersuchen Sie das Zeitverhalten eines geladenen Spin 1/2–Teilchens mit magnetischem Moment $\vec{\mu}$ in einem konstanten Magnetfeld B_0 entlang der z–Achse und in einem dazu transversalen, zeitabhängigen rotierenden Magnetfeld $\vec{B} = (K\cos\omega t, -K\sin\omega t, 0)$. Berechnen Sie die Spin-Erwartungswerte $< \vec{s}(t) >$.*

Lösung: Der Hamilton–Operator für die Wechselwirkung des magnetischen Moments $\vec{\mu}$ mit dem Magnetfeld ist (s. Abschn.5.3.7)

$$H = -\vec{\mu}(\vec{B}_0 + \vec{B}) = -\gamma \begin{pmatrix} B_0 & Ke^{i\omega t} \\ -Ke^{-i\omega t} & -B_0 \end{pmatrix} \qquad mit \qquad \gamma = \frac{gq\hbar}{4M}.$$

Die zeitabhängige Schrödinger–Gleichung $i\hbar\frac{\partial\Psi}{\partial t} = H\Psi$ ist daher

$$i\hbar\frac{\partial}{\partial t}\begin{pmatrix}\psi_1 \\ \psi_2\end{pmatrix} = -\gamma\begin{pmatrix} B_0 & Ke^{i\omega t} \\ Ke^{-i\omega t} & -B_0 \end{pmatrix}\begin{pmatrix}\psi_1 \\ \psi_2\end{pmatrix}.$$

Zur Lösung dieser gekoppelten Differentialgleichung wählen wir den Ansatz (s. H.Haken, Licht und Materie, Bd.I, Elemente der Quantenoptik, Wissenschaftsverlag Mannheim – Wien – Zürich)

$$\Psi(t) = \begin{pmatrix}\psi_1(t) \\ \psi_2(t)\end{pmatrix} = \begin{pmatrix} e^{i\omega_0 t/2}\,\chi_1(t) \\ e^{-i\omega_0 t/2}\,\chi_2(t) \end{pmatrix} \qquad mit \qquad \omega_0 = \frac{2\gamma B_0}{\hbar}$$

und erhalten folgende gekoppelte Gleichungen in χ_1 und χ_2

$$i\hbar\frac{\partial\chi_1}{\partial t} = -\frac{\omega_0\hbar}{2}\frac{K}{B_0}e^{i(\omega-\omega_0)t}\chi_2$$

$$i\hbar\frac{\partial\chi_2}{\partial t} = -\frac{\omega_0\hbar}{2}\frac{K}{B_0}e^{-i(\omega-\omega_0)t}\chi_1.$$

Einsetzen der zweiten Gleichung in die erste, nach t differenzierte Gleichung ergibt

$$\frac{\partial^2\chi_1}{\partial t^2} - i(\omega-\omega_0)\frac{\partial\chi_1}{\partial t} + \left(\frac{\omega_0 K}{2B_0}\right)^2\chi_1 = 0.$$

Im Resonanzfall $\omega = \omega_0$, d.h. wenn der Spin im Takt mit der Frequenz ω präzediert (vgl. auch Gl.(5.139)), wird das Ergebnis stark vereinfacht. Die Lösungen der Differentialgleichungen lassen sich sofort umschreiben mit $\Omega = \frac{\omega_0 K}{2B_0} = \frac{\gamma K}{\hbar} = \frac{gqK}{4M}$

$$\chi_1 = A\cos\Omega t + B\sin\Omega t$$

$$\chi_2 = iA\sin\Omega t - iB\cos\Omega t.$$

Die Größe Ω ist die Frequenz der Spinbewegung längs der z-Richtung. Wählen wir beispielsweise die Anfangsbedingung $\Psi(t = 0) = \begin{pmatrix} 1 \\ 0 \end{pmatrix}$, d.h. $A = 1, B = 0$, so ist die Lösung der Gleichung

$$\Psi(t) = \begin{pmatrix} \psi_1(t) \\ \psi_2(t) \end{pmatrix} = \begin{pmatrix} \cos \Omega t \cdot e^{i\omega_0 t/2} \\ i \sin \Omega t \cdot e^{-i\omega_0 t/2} \end{pmatrix}.$$

Der zeitliche Verlauf der Lösung läßt sich hieraus leicht ablesen. Zur Zeit $t = 0$ ist der Spin in z-Richtung eingestellt. Zur Zeit t > 0 erhalten wir die z-Komponenten des Spins +1/2 und -1/2 mit den Wahrscheinlichkeiten $\cos^2 \Omega t$ und $\sin^2 \Omega t$. Zur Zeit $t = \pi/2\Omega$ weist der Spin in die negative z-Richtung.

Es ist interessant, die Spinerwartungswerte $< \vec{s} >$ als Funktion der Zeit zu berechnen. Wir erhalten

$$< s_x(t) > = \Psi^+ s_x \Psi \;\; = \;\; \frac{\hbar}{2} \sin(2\Omega t) \sin(\omega_0 t)$$

$$< s_y(t) > = \Psi^+ s_y \Psi \;\; = \;\; \frac{\hbar}{2} \sin(2\Omega t) \cos(\omega_0 t)$$

$$< s_z(t) > = \Psi^+ s_z \Psi \;\; = \;\; \frac{\hbar}{2} \cos(2\Omega t).$$

Im Falle $B_0 >> K$ ist $\omega_0 >> \Omega$. Wir haben daher eine Überlagerung einer langsamen Abwärtsbewegung des Spins von $< s_z > = \hbar/2$ bei $t = 0$ auf $< s_z > = 0$ bei $t = \pi/4\Omega$, auf $< s_z > = -\hbar/2$ bei $t = \pi/2\Omega$. Gleichzeitig rotiert $< \vec{s} >$ schnell um die z-Achse mit $T = 2\pi/\omega_0$. Die Bewegung sieht folgendermaßen aus (H. Haken, op.cit.)

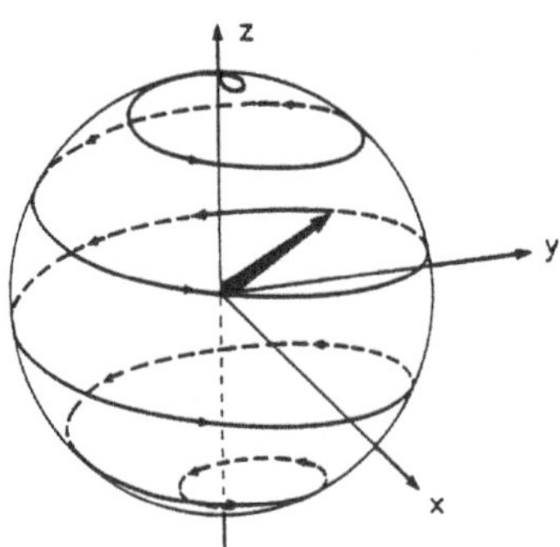

Den Effekt macht man sich bekanntlich bei der ESR und NMR zunutze (s. Abschn. 5.37 und 8.2.2).

Aufgabe 130: *Die Beobachtung des normalen Zeeman-Effektes in einem Magnetfeld $B = 1.5T$ ergebe die Aufspaltung eines Energieniveaus in drei äquidistante Terme.*
a) Wie groß sind die Komponenten des magnetischen Moments des betreffenden Atoms in Feldrichtung ? Welche Winkel nimmt der Bahndrehimpuls gegenüber der Feldrichtung ein?

b) Wieviele Striche muß ein Strichgitter mindestens besitzen, damit man die Zeeman-Linien in 1.Ordnung auflösen kann ? Die Wellenlänge der Linien betrage bei abgeschaltetem Feld $\lambda = 450nm$.

Lösung: a) Das betrachtete Energieniveau hat $l = 1$, also $m_l = 0, \pm 1$. Daher hat $\vec{\mu}$ die Komponenten $\mu_z = -\beta m_l = 0, \mp\beta$. Wegen $\cos\vartheta = m_l/\sqrt{l(l+1)} = 0, \pm 1/\sqrt{2}$ betragen die Winkel $\vartheta = 45°, 90°, 135°$.

b) Der Frequenzabstand der Linien beträgt $\Delta\nu = \beta B/h$ (s.Gl.5.84)). Das Auflösungsvermögen eines Gitters ist durch $\lambda/\Delta\lambda = n \cdot N$ gegeben, wobei n die Ordnung (=1) und N die Anzahl der beleuchteten Striche ist. Wegen $|\Delta\nu| = c\Delta\lambda/\lambda^2$ erhält man $N = ch/(\lambda\beta B) \approx 32000$ Striche, die notwendig sind, um die Zeeman–Linien aufzulösen.

Aufgabe 131: *Betrachten Sie das Termschema für die $3D_{3/2}-$ und $2P_{1/2}-$Zustände des H–Atoms*
a) im Fall des anomalen Zeeman–Effkts bei einem Magnetfeld von 0.1T. Wieviel Übergäng gibt es ? Berechnen Sie die Zusatzbeiträge der Übergangsenergien gegenüber den Übergänge ohne Feld.
b) Im Fall des Paschen–Back–Effekts. Wieviele Einzelübergänge und wieviele Übergangsgruppen gibt es ? Schätzen Sie den energetischen Abstand (eV) zwischen benachbarten Liniengruppen und denjenigen zwischen benachbarten Einzellinien einer Gruppe ab bei einem Feld von $B = 2T$.

Lösung: a) Die Entartung der D–Terme (j $= 3/2$) bzw. P–Terme (j $= 1/2$) ist aufgehoben. Das Aufspaltungsbild entspricht also qualitativ demjenigen von Fig. 5.19 (b) für den $2P_{3/2}-$ bzw. $1S_{1/2}-$Term. Dementsprechend gibt es unter Beachtung der Auswahlregeln wie dort sechs Übergänge. Die Zusatzenergien der Terme werden jeweils durch den g–Faktor geregelt: $g(D_{3/2}) = 4/5, g(P_{1/2}) = 2/3$. Gegenüber dem Schrödinger–Übergang $E^0 = E(3D) - E(2P) = 1.89eV$ (vgl. Aufgabe 38) und der Feinstrukturaufspaltung $\Delta E = 49.89 \cdot 10^{-6}eV$ (s.Fig. 5.17) ergeben sich die Zusatzterme $\Delta E = \beta B(g(D_{3/2})m_j^{(D)} - g(P_{1/2})m_j^{(P)})$ mit $\Delta m_j = 0, \pm 1$ (vgl. Gl.(5.119)).

$m_j^{(D)} \to m_j^{(P)}$	$-3/2 \to -1/2$	$-1/2 \to 1/2$	$-1/2 \to -1/2$
$\Delta E[10^{-6}eV]$	-5.02	-4.24	-0.39

$m_j^{(D)} \to m_j^{(P)}$	$1/2 \to 1/2$	$1/2 \to -1/2$	$3/2 \to 1/2$
$\Delta E[10^{-6}eV]$	0.39	4.24	5.02

b) Die Terme sind durch m und m_s gekennzeichnet. Die $3D_{3/2}-$ und $3D_{5/2}-$Niveaus spalten in zehn, die $2P_{1/2}-$ und $2P_{3/2}-$Niveaus in sechs Terme auf, wobei je zwei Terme zusammenfallen (vgl. Fig.5.21). Die Auswahlregeln lassen $\Delta l = 1, \Delta m = 0, \pm 1, \Delta m_s = 0$ zu. Die achtzehn Einzelübergänge gruppieren sich spektroskopisch zu drei Liniengruppen $\Delta m = 0, \pm 1$, die jeweils sechs eng beieinander liegende, für $\Delta m = 0$ teilweise zusammenfallende Übergänge (drei der sechs Übergänge) enthalten. Der energetische Abstand zwischen zwei benachbarten Liniengruppen beträgt nach Gl.(5.126) $\Delta E = \beta B = 1.2 \cdot 10^{-4} eV$, derjenige zwischen den Einzellinien einer Gruppe ist maximal $1.4 \cdot 10^{-5} eV$ unabhängig von B, berechnet nach dem letzten Term von Gl.(5.126).

Aufgabe 132: *Berechnen Sie numerisch die HFS–Zeeman–Aufspaltung der Terme des H–Atoms im Grundzustand für B–Felder*
a) B = 0
b) B = 0.05 T
c) B = 0.25 T
und vergleichen Sie die Ergebnisse mit Fig.5.43.

Lösung: Es ist die Breit–Rabi–Formel, Gl.(5.175), für $S = 1, M_s = 0, \pm 1$ bzw. für $S = 0, 1, M_s = 0$ zu verwenden. Man findet x = 0 für B = 0, x = 0.99 für B = 0.05 T und x = 4.95 für B = 0.25 T. Daraus ergeben sich folgende Zahlenwerte für $W/\Delta W$

	$S = 0, M_s = 0$	$S = 1, M_s = 1$	$S = 1, M_s = 0$	$S = 1, M_s = -1$
B = 0	- 0.75	0.25	0.25	0.25
B = 0.05 T	- 0.95	0.74	0.45	· 0.24
B = 0.25 T	- 2.77	2.72	2.72	- 2.22

Die Zahlenwerte passen zu den Kurven von Fig. 5.43.

Aufgabe 133: *Beim H–Atom gibt es im Grundzustand n = 1 keinen linearen Stark–Effekt, da das elektrische Dipolmoment $< \vec{Q} >$ des Atoms gleich Null ist. Ein elektrisches Dipolmoment kann aber durch das äußere elektrische Feld $\vec{\mathcal{E}}$ induziert werden (die Ladungsschwerpunkte von positiver und negativer Ladung werden verschoben) und ergibt sich zu $< \vec{Q} >= \alpha \vec{\mathcal{E}}$. Die Proportionalitätskonstante α (die sog. Polarisierbarkeit) ist gegeben durch (s.Abschn.5.3.6)*

$$\alpha = 2e^2 \sum_{n=2} \frac{|\int \phi_{n10}^*(\vec{r}) z \phi_{100}(\vec{r}) d^3 r|^2}{E_n - E_1}.$$

Schätzen Sie α ab, indem Sie die ersten beiden Glieder der Entwicklung berechnen.

Lösung: Es gilt

$$\frac{2e^2}{E_n - E_1} = 4a_0(4\pi\epsilon_0)\frac{1}{1 - 1/n^2}, \qquad a_0 \text{ Bohrscher Radius.}$$

a) n = 2 ergibt

$$\int \phi_{210}^*(\vec{r}) z \phi_{100}(\vec{r}) d^3 r = \frac{1}{\sqrt{3}} \int R_{21}(r) R_{10}(r) r^3 dr = \frac{a_0}{\sqrt{2}} \cdot \frac{2^5}{3^6} \cdot 4!;$$

b) n = 3 ergibt

$$\int \phi_{310}^*(\vec{r}) z \phi_{100}(\vec{r}) d^3 r = \frac{1}{\sqrt{3}} \int R_{31}(r) R_{10}(r) r^3 dr = \frac{a_0}{\sqrt{2}} \cdot \frac{3^2}{2^9} \cdot 4!.$$

Dabei wurde $\int_0^\infty x^n e^{-x} dx = n!$ benutzt.

Die ersten beiden Glieder der Entwicklung lauten daher

$$\alpha = \alpha_2 + \alpha_3 = a_0^3(4\pi\epsilon_0)\left(\frac{2^{19}}{3^{11}} + \frac{3^8}{2^{14}} + \cdots\right) = a_0^3(4\pi\epsilon_0)(2.8 + 0.4 + \cdots) \simeq 3.2 \cdot a_0^3(4\pi\epsilon_0).$$

Der korrekte Wert für die gesamte Summe ist $\alpha = \frac{9}{2}a_0^3(4\pi\epsilon_0) = 7.4 \cdot 10^{-41} Asm^2/V$ (L.D.Landau und E.M.Lifschitz, Lehrbuch der Theoretischen Physik, Band III, Quantenmechanik, 9. Aufl., Akademie–Verlag, Berlin 1990). Man findet für α das gleiche Ergebnis, wenn $\mathcal{E}$ in x– oder y–Richtung weist. D.h. α ist beim H–Atom ein Skalar und es gilt

$$< \vec{Q} >= \alpha\vec{\mathcal{E}}.$$

Aufgabe 134: *Wie groß müßte beim Stark–Effekt des H–Atoms das elektrische Feld sein, damit die Energieaufspaltung des linearen Stark–Effekts bei $n = 2$ dem Betrag nach genauso groß wäre wie diejenige des quadratischen Stark–Effekts für $n = 1$? Wie groß wäre dann die Aufspaltung [eV]? Die Polarisierbarkeit des H–Atoms beträgt $7.4 \cdot 10^{-41} Asm^2/V$ (s.Aufgabe 133).*

Lösung: Es müßte sein $3e\mathcal{E}a_0 = \alpha\mathcal{E}^2/2$, d.h. $\mathcal{E} = 6ea_0/\alpha$. Dies ergibt $\mathcal{E} = 6.9 \cdot 10^{11} V/m$ und eine Aufspaltung von $\Delta E = 110 eV$, ein im Labor nicht realisierbares Ergebnis. Geht man von einer erreichbaren Feldstärke von $\mathcal{E} = 10^8 V/m$ aus, so ist der quadratische Starkeffekt für $n = 1$ um den Faktor $E^{(2)}_{n=1}/E^{(1)}_{n=2} = \alpha\mathcal{E}/(6ea_0) = 1.5 \cdot 10^{-4}$ kleiner als der lineare Starkeffekt für $n = 2$.

Aufgabe 135: *Betrachten Sie das H–Atom im Zustand $n = 2$ für die drei Fälle*
a) ohne äußeres Feld,
b) in einem Magnetfeld von $B = 1T$,
c) in einem elektrischen Feld $\mathcal{E} = 10^7 V/m$,
und vergleichen Sie die zahlenmäßigen Term–Aufspaltungen
a) der Feinstruktur,
b) des Paschen–Back–Effekts,
c) des linearen Stark–Effekts miteinander.

Lösung: a) Nach der Feinstrukturformel Gl.(5.106) berechnet sich der Energieunterschied der Terme mit $j = 1/2$ und $j = 3/2$ zu $\Delta E_{FS} = 4.5 \cdot 10^{-5} eV$ (s.Fig. 5.17).

b)Die Aufspaltung wird nach den beiden letzten Termen von Gl.(5.126) berechnet; je nach den Werten von $m = 0, \pm1$ und $m_S = \pm1/2$ ergeben sich Termverschiebungen bis zu $\pm2\beta B = \pm1.3 \cdot 10^{-4} eV$, d.h. maximale Energieunterschiede von $2.6 \cdot 10^{-4} eV$, wobei der Anteil des Feinstrukturterms (letzter Term von Gl.(5.126)) nur $\pm1.5 \cdot 10^{-5} eV$ ausmacht.

c) Die Termaufspaltung beträgt nach Gl.(5.136) $\Delta E_{St} = 6ea_0\mathcal{E} = 3.2 \cdot 10^{-3} eV$. Man sieht, daß die Termaufspaltung des nur beim H–Atom vorkommenden linearen

Stark–Effekts vergleichweise groß ist, während die Aufspaltung durch den quadratischen Stark–Effekt, wie er sonst bei allen anderen Atomen in Erscheinung tritt, um mehrere Größenordnungen kleiner ist (vgl. Aufgabe 134).

15 Effekte bei Mehrelektronenatomen

15.1 Zustände von Mehrelektronenatomen

Die Behandlung von Mehrelektronenatomen erweist sich als recht komplex und zwingt zu Näherungsverfahren. Die Berechnung von Wellenfunktionen und Energien geht über den Rahmen dieser kleinen Abhandlung hinaus. Wir haben uns daher auf einfache Beispiele beschränkt wie die Behandlung von Zuständen und Wellenfunktionen bei Atomen mit wenigen Elektronen (Aufgaben 136 - 143). Die Möglichkeit unterschiedlicher Drehimpulskopplungen (L–S–Kopplung, j–j–Kopplung) haben wir bereits in Kap.13 Aufgabe 91 an einem möglichst einfachen Beispiel vorweggenommen. Anfängeraufgaben zur Zustandsbesetzung schwerer Atome schließen sich an (Aufgaben 146 - 148). Ebenfalls einfache Aufgaben bietet die Röntgenstrahlung im Zusammenhang mit der Bragg–Reflexion und den Moseley–Gesetzen (Aufgaben 150 - 152).

Aufgaben

Aufgabe 136: *Ermitteln Sie die möglichen Zustände, die Atome mit zwei äquivalenten d–Elektronen in der äußersten Schale einnehmen können, wenn alle übrigen Schalen sonst abgeschlossen sind.*

Lösung: Geht man nach dem gleichen Schema vor, wie es in Abschn.6.1.2 für äquivalente p–Elektronen gezeigt ist (vgl.Tab.6.1, Fign. 6.1 und 6.2) so ergeben sich folgende Zustände (in Klammern die Quantenzahlen des Gesamtbahndrehimpulses und Gesamtspins): $^1S(L = 0, S = 0),^3 P(L = 1, S = 1),^1 D(L = 2, S = 0),^3 F(L = 3, S = 1),^1 G(L = 4, S = 0)$.

Aufgabe 137: *Stellen Sie die antisymmetrische Wellenfunktion des Li–Atoms auf für die Elektronenkonfiguration $(2s)^1(2p)^1(3p)^1$ im Zustand $L = 2, M_L = 2, S = 3/2, M_S = 1/2$.*

Lösung: Li ist ein Alkaliatom mit der Elektronenkonfiguration $(1s)^2(2s)^1$ im Grundzustand und $5.4eV$ Ionisierungsenergie des Leuchtelektrons. Die Konfiguration der Aufgabenstellung entspricht einem Aufbrechen der K–Schale, wozu ein Mehrfaches der angegebenen Ionisierungsenergie notwendig wäre. Die angegebene Elektronenkonfiguration ist daher unter Laborbedingungen unrealistisch, kann jedoch für schwere Atome mit drei Elektronen höherer n–Werte außerhalb geschlossener Schalen interessant sein, wenn man die Beschreibung der Elektronen in den abgeschlossenen Schalen außer Acht läßt.

Die Quantenzahlen $L = 2, S = 3/2$ bedeuten einen ^4D–Zustand. Es erfolgt die Kopplung der Drehimpulse nach der Clebsch–Gordan–Reihe entsprechend der Gl.(6.16). Koppeln wir die beiden p–Elektronen zu $L = 2, M_L = 2$ und dazu das s–Elektron, so besteht diese Reihe hinsichtlich der Bahndrehimpulse nur aus einem Term, und zwar aus dem Produkt der drei Ortsfunktionen. Wir kürzen letztere ab mit: $(2,0)_1 = R_{20}(1)Y_0^0(1); (2,1)_2 = R_{21}(2)Y_1^1(2); (3,1)_3 = R_{31}(3)Y_1^1(3)$.

Hinsichtlich der Spinkopplung zu $S = 3/2$ besteht die Reihe aus drei Termen. Die Kopplung zu $S_{23} = 1$ liefert die Zwischenzustände

$$\chi_{23}^1 = \chi_2^+\chi_3^+ \equiv |1,1>$$
$$\chi_{23}^0 = \frac{1}{\sqrt{2}}(\chi_2^+\chi_3^- + \chi_2^-\chi_3^+) \equiv |1,0>.$$

Die Reihe zur Kopplung $1 \otimes 1/2$ liefert den Spin–Endzustand

$$|3/2,1/2> = \frac{1}{\sqrt{3}}\cdot\chi_{23}^1\chi_1^- + \sqrt{\frac{2}{3}}\cdot\chi_{23}^0\chi_1^+$$
$$= \frac{1}{\sqrt{3}}(\chi_1^-\chi_2^+\chi_3^+ + \chi_1^+\chi_2^+\chi_3^- + \chi_1^+\chi_2^-\chi_3^+).$$

Somit lautet die Wellenfunktion

$$\phi(1,2,3) = (2,0)_1(2,1)_2(3,1)_3 \cdot \frac{1}{\sqrt{3}}(\chi_1^+\chi_2^+\chi_3^- + \chi_1^+\chi_2^-\chi_3^+ + \chi_1^-\chi_2^+\chi_3^+)$$
$$= \frac{1}{\sqrt{3}}\{(2,0^+)_1(2,1^+)_2(3,1^-)_3 + (2,0^+)_1(2,1^-)_2(3,1^+)_3 + (2,0^-)_1(2,1^+)_2(3,1^+)_3\}$$

mit der Abkürzung z.B. $(2,1^\pm)_i = R_{20}(i)Y_1^1(i)\chi_i^\pm$. Die Antisymmetrisierung der Wellenfunktion erfolgt durch die Aufstellung der Slater–Determinante für jeden Term. Zusammen mit dem Faktor $1/\sqrt{N!} = 1/\sqrt{6}$ erhält man

$$\phi_A(1,2,3) = \frac{1}{\sqrt{18}}(|2,0^+;2,1^+;3,1^-| + |2,0^+;2,1^-;3,1^+| + |2,0^-;2,1^+;3,1^+|)$$

mit der Abkürzung z.B.

$$|2,0^+;2,1^+;3,1^-| = \begin{vmatrix} (2,0^+)_1 & (2,0^+)_2 & (2,0^+)_3 \\ (2,1^+)_1 & (2,1^+)_2 & (2,1^+)_3 \\ (3,1^-)_1 & (3,1^-)_2 & (3,1^-)_3 \end{vmatrix}.$$

Die explizite Ausrechnung sei dem Leser überlassen. Man kann an dieser abgekürzten Schreibweise aber schon ablesen, daß $\phi_A(1,2,3) = 0$ sein muß, wenn die Elektronenkonfiguration für den gleichen Zustand z.B. auf $(2s)^1(2p)^2$ abgeändert wird, d.h. wenn die beiden p-Elektronen die gleichen Quantenzahlen haben. In diesem Fall heben sich in der Gleichung für $\phi_A(1,2,3)$ die beiden ersten Determinanten gegenseitig auf und die dritte verschwindet. Man erhält dieses Ergebnis auch sofort bei Benutzung von Tab. 6.2. Zwei äquivalente p-Elektronen können nicht den Zustand ^3D aufbauen, der nötig ist, um den gewünschten Endzustand von $L = 2, S = 3/2$ zu erreichen.

*** Aufgabe 138:** *Berechnen Sie die Grundzustandsenergie des He–Atoms mit Hilfe der Störungsrechnung unter Berücksichtigung der gegenseitigen Abschirmung der Elektronen gegenüber der positiven Kernladung. Führen Sie dazu eine effektive Kernladungszahl $Z' < 2$ ein und ermitteln Sie Z' durch Minimierung der Energie.*

Lösung: Beim He–Atom ist mindestens eines der beiden Elektronen immer im $1s$-Zustand und hält sich daher mit großer Wahrscheinlichkeit in der Nähe des Atomkerns auf. Die Wechselwirkung des zweiten Elektrons mit dem Atomkern und dem ersten Elektron kann daher durch eine Wechselwirkung mit einem abgeschirmten Atomkern mit Kernladung Z' genähert werden. Es gilt also

$$-\frac{Z'e^2}{4\pi\varepsilon_0}\left(\frac{1}{r_1}+\frac{1}{r_2}\right) \approx -\frac{Ze^2}{4\pi\varepsilon_0}\left(\frac{1}{r_1}+\frac{1}{r_2}\right) + \frac{e^2}{4\pi\varepsilon_0}\cdot\frac{1}{r_{12}}.$$

Im Grundzustand des He sind beide Elektronen im $1s$-Zustand; die Rechnung mit abgeschirmter Kernladung gibt aber trotzdem noch gute Ergebnisse. Man führt Z' in den Hamilton–Operator so ein, daß in Gl. (6.37) ein entsprechender Term hinzugefügt und wieder abgezogen wird.

$$\begin{aligned}
H &= H_0' + H' \\
&= \left\{-\frac{\hbar^2}{2M_e}(\Delta_1+\Delta_2) - \frac{Z'e^2}{4\pi\varepsilon_0}\left(\frac{1}{r_1}+\frac{1}{r_2}\right)\right\} + \frac{e^2}{4\pi\varepsilon_0}\left\{\frac{1}{r_{12}} - (Z-Z')\left(\frac{1}{r_1}+\frac{1}{r_2}\right)\right\}.
\end{aligned}$$

Die erste geschweifte Klammer H_0' stellt dann bei einer Störungsrechnung das ungestörte Problem mit effektiver Kernladungszahl Z' dar, während der Störterm H', der nun viel kleiner ist als bei der Rechnung in Abschn.6.4.1, durch den zweiten Term gegeben wird. Mit den Raumwellenfunktionen $\phi_R^0(i) = R_{10}(i)Y_0^0(i)$ für die beiden Elektronen im Grundzustand und der Gesamtwellenfunktion

$$\Phi(1,2) = \phi_R^0(1)\phi_R^0(2)\chi_A$$

liefert die Störungsrechnung (vgl.Abschn.6.4.1)

$$\begin{aligned}
E' &= \frac{e^2}{4\pi\varepsilon_0}\sum_{\chi_1,\chi_2}\int \Phi^+(1,2)\left\{\frac{1}{r_{12}} - (Z-Z')\left(\frac{1}{r_1}+\frac{1}{r_2}\right)\right\}\Phi(1,2)d^3r_1d^3r_2 \\
&= \frac{e^2}{4\pi\varepsilon_0}\int \Phi^+(1,2)\frac{1}{r_{12}}\Phi(1,2)d^3r_1d^3r_2 - \frac{(Z-Z')e^2}{4\pi\varepsilon_0}2\int |\phi_R^0(r)|^2\frac{1}{r}d^3r \\
&= E'_{1,0,0} + E''_{1,0,0}.
\end{aligned}$$

Hierbei ist der erste Term $E'_{1,0,0}$ identisch mit der in Abschn.6.4.1 angegebenen Größe $E'_{1,0,0} = \frac{5}{8}\alpha^2 M_e c^2 Z'$ (der Wert war dort $34eV$). Das zweite Integral gilt es also noch auszuwerten,

$$E''_{1,0,0} = -\frac{(Z-Z')e^2}{2\pi\varepsilon_0}\int_0^\infty |R_{10}|^2 r\,dr,$$

wobei nach Tab.5.1 $R_{10}(r) = 2(\frac{Z'}{a_0})^{3/2}\exp(-\frac{Z'r}{a_0})$ die Radialfunktion für den Grundzustand ist. Mit Hilfe des Integrals $\int_0^\infty re^{-\lambda r}dr = \frac{1}{\lambda^2}$ läßt sich der Ausdruck leicht berechnen und ergibt $E''_{1,0,0} = -2\alpha^2 M_e c^2 Z'(Z-Z')$. Somit erhält man für die Gesamtenergie des He–Atoms im Grundzustand

$$
\begin{aligned}
E^0_{He} &= 2E^0_1 + E'_{1,0,0} + E''_{1,0,0} \\
&= -Z'^2\alpha^2 M_e c^2 + \frac{5}{8}Z'\alpha^2 M_e c^2 - 2Z'(Z-Z')\alpha^2 M_e c^2 \\
&= \alpha^2 M_e c^2 (Z'^2 - 2Z'Z + \frac{5}{8}Z').
\end{aligned}
$$

Diese Energie nimmt, wie man leicht nachrechnet, ein Minimum an für

$$
Z' = \frac{1}{2}(2Z - \frac{5}{8}) = 1.7 \quad \text{mit} \quad Z = 2.
$$

Das bedeutet, daß die beiden Elektronen zu etwa 30% die Kernladung $Z = 2$ abschirmen. Numerisch erhält man dann $E^0_{He} = -77.5eV$, was nur noch um 2% vom experimentellen Wert von $-79eV$ abweicht.

Aufgabe 139: *Betrachten Sie He–Atome, bei denen sich das eine Elektron im 1s–Zustand, das andere im 2s–Zustand befindet. Bei einer Überlagerung von Singulett– und Triplettzustand tauschen die beiden Elektronen im Laufe der Zeit ihre Zustände aus. Untersuchen Sie das Zeitverhalten des Zustandsaustauschs und berechnen Sie numerisch die Austauschfrequenz ν_A. Die Energiedifferenz der beiden 2S–Singulett– und Triplettzustände beträgt $E_S - E_T = 0.78eV$.*

Lösung: Die Wellenfunktionen des Singulettzustandes mit symmetrischer Raumwellenfunktion und des Triplettzustandes mit antisymmetrischer Raumwellenfunktion (hier mit $M_S = 0$) sind als Funktion der Zeit folgendermaßen gegeben (vgl.Gl.(6.41))

$$
\Phi_S(1,2) = \frac{1}{\sqrt{2}}\{\phi_1(1,2) + \phi_2(1,2)\} \cdot \frac{1}{\sqrt{2}}\left(\chi_1^+\chi_2^- - \chi_1^-\chi_2^+\right) \cdot \exp(-\frac{i}{\hbar}(E^0 + Q + A)t)
$$

$$
\Phi_T(1,2) = \frac{1}{\sqrt{2}}\{\phi_1(1,2) - \phi_2(1,2)\} \cdot \frac{1}{\sqrt{2}}\left(\chi_1^+\chi_2^- + \chi_1^-\chi_2^+\right) \cdot \exp(-\frac{i}{\hbar}(E^0 + Q - A)t)
$$

mit $E^0 = E^0_1 + E^0_2$, $Q = $ Coulomb–Energie, $A = $ Austauschenergie und (vgl. Abschn.6.4.1)

$$
\begin{aligned}
\phi_1(1,2) &= R_{10}(1)R_{20}(2)Y^0_0(1)Y^0_0(2) \\
\phi_2(1,2) &= R_{20}(1)R_{10}(2)Y^0_0(1)Y^0_0(2).
\end{aligned}
$$

Das Zeitverhalten der überlagerten Wellenfunktion ist

$$
\Phi = \frac{1}{\sqrt{2}}(\Phi_S(1,2) + \Phi_T(1,2)) =
$$

$$
\frac{1}{2}\exp(-i\omega_0 t) \cdot \left\{ \left(\phi_1(1,2)\chi_1^+\chi_2^- - \phi_2(1,2)\chi_1^-\chi_2^+\right) \cdot \cos\delta t \right.
$$

$$
\left. -i\left(\phi_2(1,2)\chi_1^+\chi_2^- - \phi_1(1,2)\chi_1^-\chi_2^+\right) \cdot \sin\delta t \right\}
$$

mit $\omega_0 = \dfrac{E^0 + Q}{\hbar}$ und $\delta = \dfrac{A}{\hbar}$.

Der Ausdruck besagt, daß für Spin χ^+ bzw. χ^- des ersten bzw. zweiten Elektrons bei $t = 0$ sich das erste Elektron im $1s$–Zustand, das zweite im $2s$–Zustand befinden (entsprechendes gilt für Spin $\chi_1^- \chi_2^+$). Nach der Zeit $\tau = \pi/2\delta$, d.h. $\cos \delta t = 0$ und $\sin \delta t = 1$, befinden sich das erste Elektron im $2s$– und das zweite im $1s$–Zustand. Nach der Zeit $2\tau = \pi/\delta$ ist der Anfangszustand wiederhergestellt. Die Austauschfrequenz ist daher

$$\nu_A = \frac{1}{2\tau} = \frac{\delta}{\pi} = \frac{A}{\pi\hbar}.$$

Die Energiedifferenz beider Zustände ist gegeben durch $E_S - E_T = 2A$, sodaß

$$\nu_A = \frac{E_S - E_T}{2\pi\hbar} = 1.9 \cdot 10^{14} Hz.$$

* **Aufgabe 140:** *Betrachten Sie den Grundzustand 1^1S_0 des He–Atoms und geben Sie die allgemeinste Form der Raumwellenfunktion $\phi_R(\vec{r}_1, \vec{r}_2)$ an, wenn auf die übliche Faktorisierung der Wellenfunktion (beiden Elektronen wird Bahndrehimpuls 0 zugeordnet) verzichtet wird (vgl. das Problem der Konfigurationswechselwirkung in Abschn.6.4.1).*

Lösung: Im 1^1S_0–Grundzustand ist der Gesamtbahndrehimpuls des Zwei–Elektronen Systems Null und die Raumwellenfunktion $\phi_R(\vec{r}_1, \vec{r}_2)$ ist symmetrisch bei Austausch der zwei Elektronen.

Der Operator des Gesamtbahndrehimpulses für die z–Komponente ist

$$L_z = l_z(1) \otimes 1 + 1 \otimes l_z(2) = -i\hbar \left(\frac{\partial}{\partial \varphi_1} + \frac{\partial}{\partial \varphi_2} \right).$$

Da der Gesamtbahndrehimpuls Null ist, muß L_z auf $\phi_R(\vec{r}_1, \vec{r}_2)$ angewandt Null ergeben. Geben wir $\vec{r}_1, \vec{r}_2$ in Kugelkoordinaten an, so ist dies nur möglich, wenn die Wellenfunktion nicht getrennt von φ_1 und φ_2 abhängt, sondern nur von der Differenz $(\varphi_1 - \varphi_2)$.[5] Ähnliches gilt bei Anwendung des Bahndrehimpulsoperators entlang anderer Achsen. Die Folge ist, daß ϕ_R nur von r_1, r_2 und dem Winkel dazwischen, oder von r_1, r_2 und dem Abstand r_{12}, nicht aber von irgend einer Lage der Vektoren $\vec{r}_1, \vec{r}_2$ im Raum abhängt. E.H.Hylleraas, Z. Physik 54(1939)347, nutzte dieses Ergebnis und erhielt eine extrem genaue He–Wellenfunktion folgender Form (die Austauschsymmetrie ist dabei ebenfalls berücksichtigt)

$$\phi_R(p, q^2, r_{12}) = e^{-Ap} \cdot (1 + Bp + Cr_{12} + Dp^2 + Eq^2 + Fr_{12})$$

mit $p = r_1 + r_2$, $q = r_1 - r_2$. Die Größen A, B, C, D, E und F sind Konstante. Diese Wellenfunktion ist eine Verallgemeinerung der üblichen 1^1S_0–Wellenfunktion $R_{10}(r_1)R_{10}(r_2)$.

---

[5] Dies folgt daraus, daß bei der Entwicklung von ϕ_R nach $(\varphi_1 - \varphi_2)$ Glieder mit $(\varphi_1 - \varphi_2)^n$ auftreten. Für diese gelten $L_z(\varphi_1 - \varphi_2)^n = 0$, wie durch Einsetzen von L_z sofort zu sehen ist.

Aufgabe 141: *Zeigen Sie beim He–Atom, daß der mittlere quadratische Abstand der beiden Elektronen $< (\vec{r_1} - \vec{r_2})^2 >$ für den Triplettzustand größer ist als für den entsprechenden Singulettzustand.*

Lösung: Es ist zu untersuchen

$$
\begin{aligned}
< (\vec{r_1} - \vec{r_2})^2 > &= \sum_{\chi_1,\chi_2} \int \Phi^+(1,2)(\vec{r_1} - \vec{r_2})^2 \Phi(1,2) d^3r_1 d^3r_2 \\
&= \int \phi^+_{\substack{A\\s}}(1,2)(\vec{r_1} - \vec{r_2})^2 \phi_{\substack{A\\s}}(1,2) d^3r_1 d^3r_2,
\end{aligned}
$$

wobei $\phi_{\substack{A\\s}}$ die antisymmetrische bzw. symmetrische Raumwellenfunktion im Singulett- bzw. Triplettzustand ist

$$
\phi_{\substack{A\\s}}(1,2) = \frac{1}{\sqrt{2}}(\phi_1(1)\phi_2(2) \pm \phi_1(2)\phi_2(1)).
$$

Mit den Abkürzungen $\phi_1(1) \equiv u_1, \phi_1(2) \equiv u_2, \phi_2(1) \equiv v_1, \phi_2(2) \equiv v_2, d^3r_1 \equiv d\tau_1$ und $d^3r_2 \equiv d\tau_2$ ist

$$
< (\vec{r_1} - \vec{r_2})^2 > = \frac{1}{2} \int (u_1^* v_2^* \pm u_2^* v_1^*)(\vec{r_1}^2 + \vec{r_2}^2 - 2\vec{r_1}\vec{r_2})(u_1 v_2 \pm u_2 v_1) d\tau_1 d\tau_2.
$$

Die Berechnung dieses Ausdrucks liefert zusammengefaßt

$$
< (\vec{r_1} - \vec{r_2})^2 > = < r^2 >_u + < r^2 >_v -2 < \vec{r} >_u < \vec{r} >_v +G,
$$

wobei die Indizes u, v angeben, ob die zugehörigen Erwartungswerte im Zustand u oder v zu nehmen sind. Die Größe G ist ein gemischter Term der expliziten Gestalt

$$
\begin{aligned}
G = \pm\frac{1}{2}\Bigg\{ &\int u_2^* v_2 d\tau_2 \int v_1^* r_1^2 u_1 d\tau_1 + \int u_2^* r_2^2 v_2 d\tau_2 \int v_1^* u_1 d\tau - 2 \int u_2^* \vec{r_2} v_2 d\tau_2 \int v_1^* \vec{r_1} u_1 d\tau_1 \\
&+ \int u_1^* r_1^2 v_1 d\tau_1 \int v_2^* u_2 d\tau_2 + \int u_1^* v_1 d\tau_1 \int v_2^* r_2^2 u_2 d\tau_2 - 2 \int u_1^* \vec{r_1} v_1 d\tau_1 \int v_2^* \vec{r_2} u_2 d\tau_2 \Bigg\},
\end{aligned}
$$

der sich wegen der Orthonormierung der Funktionen u und v auf die Gleichung

$$
G = \mp 2| < u|\vec{r}|v > |^2
$$

reduziert, wobei die Abkürzungen $< u|\vec{r}|v > \equiv \int u_2^* \vec{r_2} v_2 d\tau_2 = \int u_1^* \vec{r_1} v_1 d\tau_1$ sowie $< u|\vec{r}|v >^* \equiv \int v_2^* \vec{r_2} u_2 d\tau_2 = \int v_1^* \vec{r_1} u_1 d\tau_1$ verwendet wurden. Somit ist

$$
< (\vec{r_1} - \vec{r_2})^2 > = < r^2 >_u + < r^2 >_v -2 < \vec{r} >_u < \vec{r} >_v \mp 2| < u|\vec{r}|v > |^2.
$$

Das Betragsquadrat des letzten Terms ist stets positiv. Das negative Vorzeichen gilt für die symmetrische, das positive für die antisymmetrische Raumwellenfunktion $\phi(1,2)$. Das bedeutet, daß die Größe $< (\vec{r_1} - \vec{r_2})^2 >$ für den Singulettzustand (symmetrische Raumwellenfunktion) kleiner ist als für den entsprechenden Triplettzustand (antisymmetrische Raumwellenfunktion).

Aufgabe 142: *Geben Sie die möglichen elektrischen Dipolübergänge im Termschema des He–Atoms an.*

Lösung Die Auswahlregeln für L–S–Kopplung sind in Abschn. 6.4.3 angegeben. Sie lauten

$$\Delta S = 0 \quad \Delta L = \pm 1, 0 \quad \Delta J = \pm 1, 0, \quad nicht \quad J = 0 \to J' = 0.$$

Für das He–Atom gibt es daneben noch Einschränkungen, wenn die Paritätsänderung der Zustände bei elektrischer Dipolstrahlung mitberücksichtigt wird. Da die Parität des Zwei–Elektronen–Systems gleich $P = (-1)^{l_1 + l_2}$ und $l_1 = 0$ für das He–Atom sind, gilt $\Delta L = L_1 - L_2 = l_1 - l_2 = \pm 1$. Mit dieser Einschränkung gibt es genau die in Fig. 6.10 eingezeichneten elektrischen Dipolübergänge.

Aufgabe 143: *Skizzieren Sie qualitativ das Grotrian–Diagramm des Li–Atoms bis einschließlich zur Hauptquantenzahl $n = 4$. Kennzeichnen Sie die Terme durch die vollständigen spektroskopischen Symbole. Tragen Sie die Übergänge für elektrische Dipolstrahlung ein.*

Lösung: Da das Lithium ein Alkaliatom ist, baut sich das Termschema analog zum Termschema des Na–Atoms auf (vgl. Fig. 6.11)

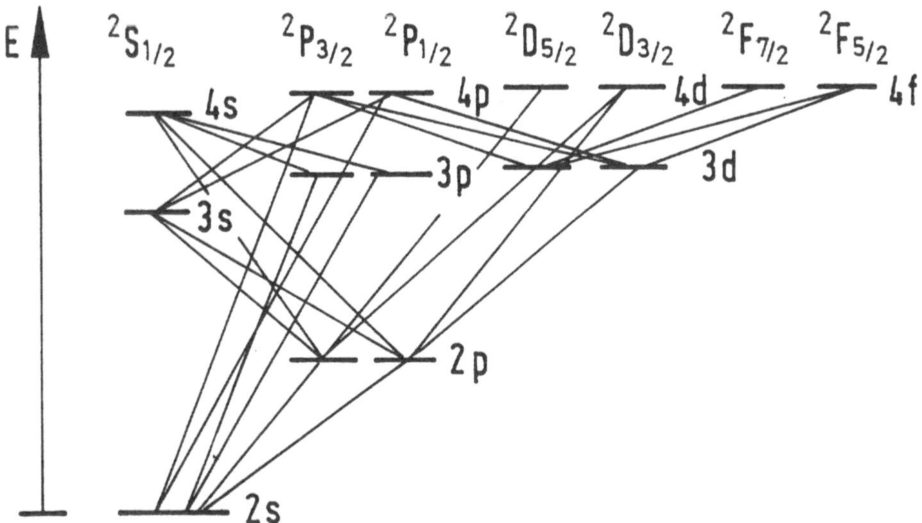

Der Übergang $(2^2 P_{3/2}, 2^2 P_{1/2}) \to (2^2 S_{1/2})$ bildet analog zum Na–Atom ein Dublett im sichtbaren Bereich bei $\lambda = 667 nm$ mit einem Wellenlängenabstand von $\Delta\lambda = 1.5 \cdot 10^{-2} nm$.

Aufgabe 144: *Interpretieren Sie das unten dargestellte Grotrian–Diagramm (Teilschema) des Sauerstoffatoms (nach Alonso–Finn, Quantenphysik, Oldenbourg Verlag).*

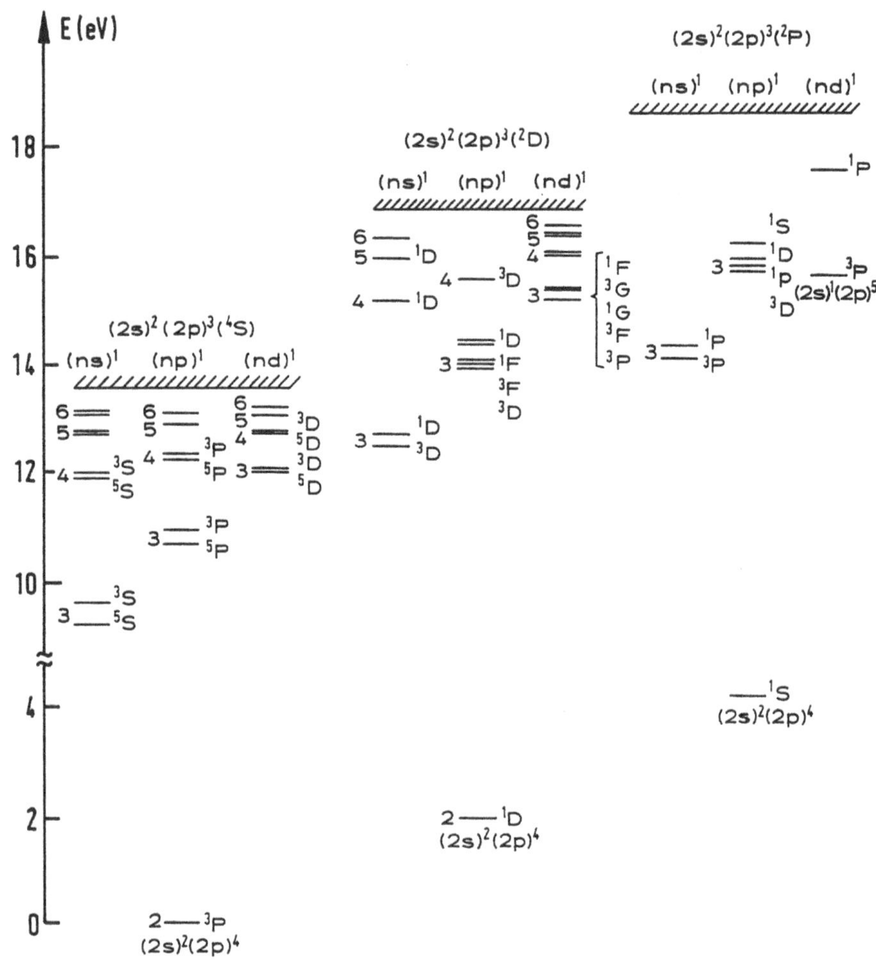

Lösung: Als leichtes Atom unterliegt Sauerstoff ($Z = 8$) der L–S–Kopplung, was sich in der spektroskopischen Bezeichnung ausdrückt. Bei den jeweils angegebenen Elektronenkonfigurationen sind die $(1s)^2$–Elektronen weggelassen, da die abgeschlossene K–Schale nicht zu Anregungen beiträgt. Die $(2s)^2$–Elektronen bilden eine abgeschlossene Unterschale, sodaß jeweils nur die vier restlichen Elektronen den Drehimpuls des O–Atoms bestimmen. Die Hauptquantenzahl n der Terme ist jeweils linksseitig angegeben.

Die Grundzustände des Sauerstoffatoms mit $(2s)^2(2p)^4$ sind daher $^3P, ^1D, ^1S$ (Tab. 6.2), wobei infolge der Hundschen Regel der Zustand mit dem größten Spinwert ^3P am tiefsten liegt. Im vorliegenden Grotrian–Diagramm sind nur die Anregungen eines der $2p$–Elektronen gezeigt und nur diese sollen interpretiert werden. Es gibt dafür die drei Seriengrenzen von $(2s)^2(2p)^3$, die nach Tab. 6.2 die Zustände $^4S,\,^2D,\,^2P$ ergeben. Die Ionisationsenergie von ^4S ist am tiefsten mit $13,61eV$, gefolgt von denjenigen von ^2D $(16,93eV)$ und ^2P $(18,50eV)$.

Die möglichen Zustände dazwischen sind folgende (s. Abschn. 6.1.2, Fall(b))
a) Für den am stärksten gebundenen Zustand von $(2p)^3$ (^4S) gibt es durch die Kopplung mit (ns) die Zustände ^3S und ^5S; entsprechend ergibt $(2s)^2(2p)^3(np)$ die Zustände ^3P und ^5P usw.

b) Der am zweitstärksten gebundene $(2p)^3$–Zustand ^2D ergibt bei $(2s)^2(2p)^3(ns)^1$ die Zustände ^1D und ^3D, bei $(2s)^2(2p)^3(np)$ durch die Kopplung von $L' = 2$ mit $l = 1$ die Zustände ^1D, ^1F, ^3D, ^3F usw.

c) Der am lockersten gebundene $(2p)^3$–Zustand ^2P ergibt entsprechend bei $(2s)^2(2p)^3$ (ns): $^1P,\,^3P$; bei $(2s)^2(2p)^3(np)$: ^1S, ^3S, ^1P, ^3P, ^1D, ^3D usw.

Aufgabe 145: *Die sogenannte Na–D Linie im Spektrum des Na–Atoms ist der Dublett-Übergang $(3P_{3/2}, 3P_{1/2}) \to (3S_{1/2})$ mit dem Wellenlängenabstand von $\Delta\lambda = 0.6nm$ (s. Fig. 6.11).*
Berechnen Sie das mittlere Magnetfeld B, das auf das Leuchtelektron im 3P–Zustand infolge seiner eigenen Bahnbewegung wirkt.

Lösung: Der Energieunterschied ΔE der beiden 3P Terme rührt von der unterschiedlichen Stellung des magnetischen Moments $\vec{\mu}$ des Elektrons im Magnetfeld $\vec{B}$ der Bahn her. Daher ist $\Delta E = 2\beta B$ und $B = \Delta E/(2\beta) = hc\Delta\lambda/(2\beta\lambda^2) = 18.5T$ mit $\lambda = 589nm$.

Aufgabe 146: *Geben Sie die Spinbesetzung der Hüllenelektronen für das Fe–Atom an nach dem Muster von Fig. 6.3 .*

Lösung: Das Fe-Atom $(Z = 26)$ hat die Elektronenkonfiguration (s. Tab. 6.5): $1s^2 2s^2 2p^6 3s^2 3p^6 3d^6 4s^2$. Die Zustände sind wie folgt besetzt

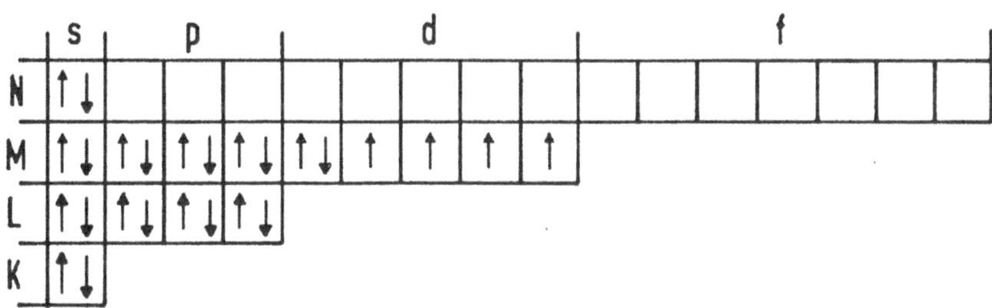

Die vier in der 3d–Schale gemäß der Hundschen Regel ungepaarten Elektronen bilden

mit ihrem gesamten magnetischen Moment die Voraussetzung für die Bildung des Ferromagnetismus. Unter Festkörperbedingungen kommen allerdings konkurrierende energetische Forderungen hinzu, welche die Besetzung der 3d–Schale verändern und aufgrund welcher der Ferromagnetismus erst erklärt werden kann.

Aufgabe 147: *Geben Sie die Elektronenkonfiguration des Cs–Atoms im Grundzustand an.*

Lösung: Cs ist ein Alkali–Atom mit einem nur lose gebundenen Leuchtelektron ($6s$), Ordnungszahl $Z = 55$. Das vorangehende Atom ($Z = 54$) ist das Edelgas Xenon. Gem. Tab.6.6 lautet die Elektronkonfiguration des Cs–Atoms:
$1s^2 2s^2 2p^6 3s^2 3p^6 3d^{10} 4s^2 4p^6 4d^{10} 5s^2 5p^6 6s$. Die Hauptschalen $n = 4$ und $n = 5$ sind beide nicht abgeschlossen.

Aufgabe 148: *Die Elektronenhülle eines Atoms sei wie folgt besetzt: Die Schalen $n = 1, 2, 3$ sind vollständig aufgefüllt. Für $n = 4$ sind alle Zustände mit $l = 0, 1, 2$ besetzt, für $n = 5$ alle Zustände mit $l = 0, 1$, für $n = 6$ alle Zustände mit $l = 0$.*
a) Um welches Element handelt es sich und welche Ordnungszahl besitzt dieses?
b) Wenn für $n = 4$ alle möglichen Zustände aufgefüllt werden, bei welchem Element (Ordnungszahl) ist man angelangt?

Lösung: a) Die Zahl der besetzten Zustände ist zu summieren: Für $n = 1, 2, 3$ jeweils $2n^2$, für $n = 4, 5, 6$ jeweils $2(2l + 1)$. Dies ergibt $Z = 56$, d.i. Barium.
b) Für $n = 4$ werden noch alle f–Zustände ($l = 3$) besetzt, d.i. $2(2l + 1) = 14$ Zustände. Das Element ist also Ytterbium ($Z = 70$).

*** Aufgabe 149:** *Zeigen Sie, daß der der Gesamtbahndrehimpuls der Elektronen eines Atoms $\vec{L} = \sum_j \vec{l}_j$ mit dem Hamilton–Operator Gl.(6.44) kommutiert und somit eine Erhaltungsgröße ist (Abschn.4.6).*

Lösung: Es ist

$$H = \sum_i \left(-\frac{\hbar^2}{2M_e}\Delta_i - \frac{Ze^2}{4\pi\varepsilon_0}\frac{1}{r_i} \right) + \sum_i \sum_k \frac{1}{2}\left(\frac{e^2}{4\pi\varepsilon_0}\frac{1}{r_{ik}} \right) = \sum_i f_i + \sum_i \sum_k g_{ik}.$$

Man untersucht im einzelnen die Kommutatoren

$$[H, \vec{L}] = \sum_i [f_i, \vec{L}] + \sum_i \sum_k [g_{ik}, \vec{L}] \qquad \text{mit } \vec{L} = \sum_j \vec{l}_j.$$

a) Es ist $[f_i, \vec{l}_j] = 0$ für jedes j wegen des Zentralfeldcharakters der f_i. Also ist $\sum_i [f_i, \vec{L}] = 0$.

b) Man zeigt, daß $[g_{ik}, l_i + l_k] = 0$; dann ist auch $\sum_i \sum_k [g_{ik}, \vec{L}] = 0$. Hierzu verwendet man die Entwicklung von $1/r_{ik}$

$$\frac{1}{r_{ik}} = \sum_l \sum_m \frac{4\pi}{2l+1} \frac{r_<^l}{r_>^{l+1}} Y_l^m(\varphi_i, \vartheta_i) Y_l^{m*}(\varphi_k, \vartheta_k),$$

wobei $r_<$ bzw. $r_>$ jeweils der kleinere bzw. größere der beiden Abstände der Elektronen i, k vom Kern bedeuten. Offensichtlich sind für unsere Untersuchungen nur die Winkelanteile wichtig. Wir betrachten die einzelnen kartesischen Komponenten

b1) **z–Komponenten**
Es ist

$$(l_{iz} + l_{kz})Y_l^m(\varphi_i, \vartheta_i)Y_l^{m*}(\varphi_k, \vartheta_k) = (m\hbar - m\hbar)Y_l^m(\varphi_i, \vartheta_i)Y_l^{m*}(\varphi_k, \vartheta_k) = 0.$$

Also ist $[g_{ik}, l_{iz} + l_{kz}] = 0$ und auch $[H, L_z] = 0$.

b2) **x–Komponenten**
Man benutzt die Schiebeoperatoren Gl.(4.20). Hiernach ist

$$l_{ix}Y_l^m(i) = \frac{\hbar}{2}\sqrt{(l-m)(l+m+1)}Y_l^{m+1}(i) + \frac{\hbar}{2}\sqrt{(l+m)(l-m+1)}Y_l^{m-1}(i).$$

Demnach ist

$$(l_{ix} + l_{kx})Y_l^m(i)Y_l^{m*}(k)$$
$$= \frac{\hbar}{2}\left\{ \sqrt{(l-m)(l+m+1)}Y_l^{m+1}(i)Y_l^{m*}(k) + \sqrt{(l+m)(l-m+1)}Y_l^{m-1}(i)Y_l^{m*}(k) \right.$$
$$\left. -\sqrt{(l+m)(l-m+1)}Y_l^m(i)Y_l^{(m-1)*}(k) - \sqrt{(l-m)(l+m+1)}Y_l^m(i)Y_l^{(m+1)*}(k) \right\}.$$

Bildet man die Summe über m und beachtet, daß

$$\sum_{m=-l}^{l-1} \sqrt{(l-m)(l+m+1)}Y_l^{m+1}(i)Y_l^{m*}(k) = \sum_{m=-l+1}^{l} \sqrt{(l+m)(l-m+1)}Y_l^m(i)Y_l^{(m-1)*}(k),$$

so heben sich die Summenterme gegenseitig auf, sodaß

$$(l_{ix} + l_{kx})\sum_m Y_l^m(i)Y_l^{m*}(k) = 0.$$

Also ist $[g_{ik}, l_{ix} + l_{kx}] = 0$ und auch $[H, L_x] = 0$.
Die entsprechende Betrachtung gilt auch für die y–Komponenten.

Aufgabe 150: *Die Intensität $I(x)$ der Röntgenstrahlung folgt dem Absorptionsgesetz Gl. (6.36), $I(x) = I_0 \exp(-\mu x)$, wobei μ der Absorptionskoeffizient und x die durchdrungene Schichtdicke sind. Wie groß ist die mittlere freie Weglänge λ der Röntgenphotonen, d.i. die Strecke, die ein Quant im Mittel ohne Wechselwirkung durchfliegt? In welchem Zusammenhang steht diese Größe mit dem Absorptionskoeffizienten μ?*

Lösung: $I(x)/I_0 = \exp(-\mu x)$ ist die Wahrscheinlichkeit für die Photonen, die Strecke x wechselwirkungsfrei zu durchlaufen. Demnach ist

$$< x > = \lambda = \frac{\int_0^\infty x \exp(-\mu x) dx}{\int_0^\infty \exp(-\mu x) dx} = \frac{1}{\mu}$$

(partielle Integration). Die Voraussetzung für die Gültigkeit des Absorptionsgesetzes, nämlich daß ein Photon im Mittel nicht mehr als eine Wechselwirkung erleidet, bedeutet hiernach $x < \lambda$ bzw. $\mu x < 1$.

Aufgabe 151: *Eine Röntgenröhre mit einer Cu–Anode ($Z = 29$) wird bei 20 kV Spannung betrieben. Das Emissionsspektrum wird mittels eines Li F–Kristalls (Netzebenenabstand $a = 2.0 \cdot 10^{-10}m$) nach der Methode der Bragg–Reflexion untersucht.*
a) Welcher Energiebereich läßt sich mit dieser Methode in erster Ordnung ausmessen, wenn die Anordnung eine Messung im Winkelbereich $10° \leq \theta \leq 80°$ erlaubt (s. Fig. 1.12)?
b) Welche charakteristischen Linien werden in welcher Ordnung unter welchen Winkeln θ gemessen?

Lösung: a) Die Bragg–Bedingung Gl.(1.14) liefert das Intervall für den auszumessenden Energiebereich nach $E = hc/\lambda = hc/(2a \sin \theta)$ für $n = 1$ zwischen $E(\theta = 80°) = 3.15 keV$ und $E(\theta = 10°) = 17.9 keV$.
b) In dieses Energieintervall fallen nach Gl.(6.32) bzw.(6.33) nur die K–Linien des Cu, $E_{K\alpha} = 8.0 keV, E_{K\beta} = 9.48 keV$ (weitere K–Linien sind in der Regel zu intensitätsarm). Nach Gl. (1.14) mißt man sie in erster Ordnung bei $\theta_\alpha = 22.8°, \theta_\beta = 19.1°$, in zweiter Ordnung bei $\theta_\alpha = 50.8°, \theta_\beta = 40.9°$, in dritter Ordnung nur bei $\theta_\beta = 79.0°$.

Aufgabe 152: *Eine Röntgenquelle mit einer Ag–Anode ($Z = 47$) emittiere hauptsächlich die K_α– und K_β–Linie von Ag. Es soll eine der beiden Linien mittels einer Palladiumfolie ($Z = 46$) herausgefiltert werden. Die Absorptionskoeffizienten von Pa betragen $15.6 mm^{-1}$ bzw. $66.7 mm^{-1}$ für die K_α– bzw. K_β–Linie von Ag.*
a) Welche von den beiden Linien wird durch das Filter stark geschwächt?
b) Wie dick muß die Folie sein, damit diese Schwächung 10^{-4} beträgt? Wie stark ist dann die Schwächung der anderen Linie?

Lösung: a) Nach dem Moseley–Gesetz Gl.(6.32) berechnen sich die Energien der emittierten Linien des Ag zu $E_{K\alpha} = 21.58 keV, E_{K\beta} = 25.58 keV$. Die Bindungsenergie der K–Elektronen des Pa beträgt nach Gl.(6.34) $E_B^{(Pa)} = 25.15 keV$, ist also geringfügig kleiner als die Energie der K_β–Linie des Ag. Pa eignet sich also sehr gut zum Wegfiltern der K_β–Linie des Ag, weil deren Energie gerade oberhalb des Kantensprungs im Absorptionsverlauf des Pa liegt.
b)Für $I(x)/I_0 = 10^{-4}$ erhält man nach Gl.(6.36) die Dicke der Pa–Folie zu $x = \frac{1}{\mu} ln \frac{I_0}{I} = 0.14 mm$ an der Stelle der K_β–Linie und $I/I_0 = 0.12$ für die K_α–Linie des Ag.

15.2 Laserprobleme

In Abschn. 6.7 wurde der prinzipielle Mechanismus von Lasern beschrieben. Dabei zeigte sich, daß das richtige Zusammenspiel der drei Prozesse induzierte Absorption, induzierte Emission und spontane Emission im Lasermedium für die Funktion des Lasers maßgebend ist. Wir untersuchen zunächst den allgemeinen Aspekt, unter welchen Bedingungen eine Laseroszillation einsetzt, d.h. wann eine Laserverstärkung stattfindet. Daran schließen sich einige Aufgaben an. Im letzten Abschnitt gehen wir noch kurz auf eine besonders moderne Variante des Lasers ein, den Freie–Elektronen–Laser (FEL).

Schwellenbedingung für Laseroszillation

Unter welchen Bedingungen eine Laseroszillation einsetzt, d.h. wann eine Lichtverstärkung stattfindet, ist nicht nur eine Frage der Besetzungsinversion, sondern hängt auch von den Eigenschaften des Lasermediums und des optischen Resonators ab.

Betrachten wir der Einfachheit halber ein Zweiniveau–Atomsystem mit Energien $E_2 > E_1$, auf das ein elektromagnetisches Strahlungsfeld der Frequenz ω einwirkt. Im thermodynamischen Gleichgewicht gilt dafür Gl.(5.61)

$$N_2 A_{12} + u(\omega) B_{12}(N_2 - N_1) = 0.$$

N_1 bzw. N_2 ist die Anzahl der Atome im Zustand mit E_1 bzw. E_2 ($N_1 > N_2$), $u(\omega)$ ist die Energiedichte des Strahlungsfeldes ($u(\omega) = n^{(0)} \cdot \hbar\omega$ mit $n^{(0)}$ Zahl der Photonen pro Volumeneinheit) und A_{12}, B_{12} sind die Einstein–Koeffizienten.

Im Falle der Entartung der Zustände 1 und 2 mit dem Entartungsgrad g_1 bzw. g_2 verändert sich diese Gleichung zu (Aufgabe 153)

$$N_2 A_{12} + u(\omega) B_{12}(N_2 - \frac{g_2}{g_1} N_1) = 0.$$

Im Nichtgleichgewichtsfall werden zusätzlich Photonen vernichtet (absorbiert) bzw. neu erzeugt. Das bedeutet, daß rechts in dieser Gleichung die Null durch die zeitliche Photonenzahländerung ersetzt werden muß

$$\frac{dn_{Ph}}{dt} = N_2 A_{12} + u(\omega) B_{12}(N_2 - \frac{g_2}{g_1} N_1).$$

Daraus kann man sofort ableiten, daß eine Photonenzahlzunahme $dn_{Ph}/dt > 0$ nur möglich ist, wenn die Besetzungsinversion $\sigma = N_2 - \frac{g_2}{g_1} N_1 > 0$ ist (Aufgabe 155). Dies ist also eine notwendige Bedingung für Lichtverstärkung im Laser. Für die Praxis ist diese Gleichung aber noch nicht vollständig, weil sie die Verluste der erzeugten Photonen durch Streuung oder Absorption im Lasermaterial nicht enthält. Das läßt sich mit der **Verlustkonstanten** $\bar{\alpha}(\omega)$ berücksichtigen. Beziehen wir die Gleichung auf die Volumeneinheit, d.h. N_1, N_2 sind Anzahlen pro Volumeneinheit, und drücken die Energiedichte durch $n^{(0)} \cdot \hbar\omega$ aus, so ergibt sich

$$\frac{dn^{(0)}}{dt} = N_2 A_{12} + n^{(0)} \cdot \hbar\omega B_{12}\sigma - n^{(0)} \cdot \bar{\alpha}(\omega).$$

Die Größe $\bar{\alpha}(\omega)$ ist also die Verlustwahrscheinlichkeit pro Zeiteinheit.

Wenn die Lasertätigkeit einsetzt, steigt $n^{(0)}$ extrem stark an, sodaß die spontane Emissionsrate $N_2 A_{12}$ in der Gleichung vernachläßigt werden kann. Die Bedingung $dn^{(0)}/dt > 0$ für das Einsetzen der Lasertätigkeit lautet also

$$\hbar\omega \cdot B_{12}\sigma > \bar{\alpha}(\omega).$$

Die Gleichung kann noch umgeschrieben werden. Aus Abschn. 5.2 erhält man den Zusammenhang zwischen den Einstein–Koeffizienten B_{12} und A_{12} (vgl. Gl.(5.61) ff.)

$$(15.1) \qquad \frac{\hbar\omega^3}{\pi^2 c^3} B_{12} = A_{12} = \frac{1}{\tau}$$

wobei τ die mittlere Lebensdauer für den spontanen Zerfall des Zustandes E_2 ist. Somit haben wir die Laserbedingung

$$(15.2) \qquad \boxed{\frac{\pi^2 c^3}{\omega^2 \tau}\left(N_2 - \frac{g_2}{g_1}N_1\right) > \bar{\alpha}.}$$

Die Ungleichung ist grundlegend für die Auswahl geeigneter Lasermaterialien. Um die Bedingung zu erfüllen, muß die Besetzungsinversion σ pro Volumen genügend groß sein. Die Frequenz ω sollte möglichst klein gewählt werden. Denn offensichtlich wird es mit steigender Frequenz immer schwieriger, die Laserbedingung zu erfüllen. Gerade dies stellt den Bau von Röntgenlasern vor große Probleme. Für die Laserbedingung ist außerdem wichtig, daß die Lebensdauer der spontanen Emission möglichst klein gewählt wird. Nach Gl.(15.1) sind damit A_{12} und bei vorgegebener Frequenz auch B_{12} möglichst groß gewählt. Darin drückt sich die erforderliche große Übergangswahrscheinlichkeit für induzierte Emission aus. In Aufgabe 154 wird deren Verhältnis zur Spontanemission untersucht einschließlich der daraus folgenden Schwierigkeiten für den Bau von Röntgenlasern.

Bisher gingen wir davon aus, daß eine monochromatische Spektrallinie der Frequenz $\omega_0 = (E_2 - E_1)/\hbar$ den Übergang zwischen den beiden Niveaus erzeugt. In Wirklichkeit ist dies aber nicht der Fall. Die Spektrallinie hat nicht nur eine endliche Linienbreite, sondern ist in der Praxis auch Doppler–verbreitert. Sie kann durch eine Linienprofilfunktion $g(\omega)$, der Gaußschen Glockenkurve Gl.(6.71), mit der Halbwertsbreite Γ_D beschrieben werden mit folgenden Eigenschaften

$$\begin{aligned}
\int_0^\infty g(\omega)\,d\omega &= 1, \\
g(\omega_0) &= g_{max}, \\
g(\omega_0 \pm \Gamma_D/2) &= g_{max}/2.
\end{aligned}$$

Die Größe $g(\omega)d\omega$ entspricht der Wahrscheinlichkeit, daß beim Übergang zwischen den Niveaus E_2 und E_1 das Photon mit der Frequenz zwischen ω und $\omega + d\omega$ absorbiert bzw. emittiert wird.

Durch den optischen Resonator des Lasers lassen sich andererseits sehr scharfe Frequenzen des Laserlichts ausfiltern. Die Profilfunktion des Resonators kann man in erster Linie durch eine Summe von Delta–Funktionen darstellen

$$g_R(\omega) = \sum \delta(\omega - \omega_R).$$

Im Normalfall passen mehrere Moden des Resonators in den Bereich des Linienprofils der Spektrallinien, wie folgendes Bild veranschaulicht (F.K.Kneubühl, M.W.Sigrist, Laser, B.G.Teubner Studienbücher, Stuttgart 1995).

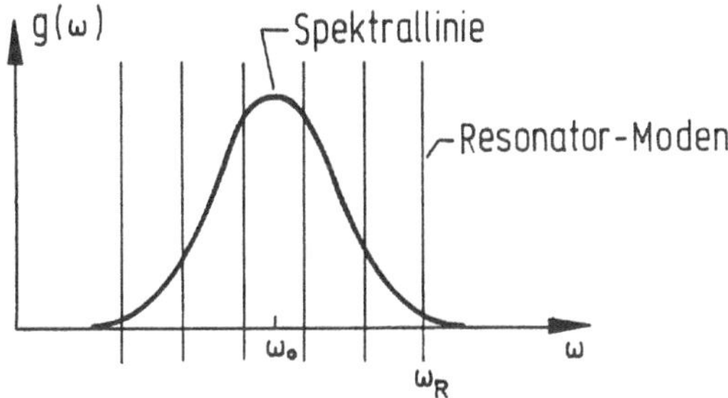

Wir betrachten nun die Energiedichte in einer auf diese Weise ausgewählten Resonatormode der Frequenz ω_R und der geringen Breite $\delta\omega_R$. Ist $\tilde{n}$ die Photonendichte in dieser Mode, so gilt

$$u_R = u(\omega_R) \cdot \delta\omega_R = \tilde{n} \cdot \hbar\omega_R.$$

Unter Vernachlässigung der spontanen Emission lautet dann die Gleichung für die Photonrate

$$\frac{d\tilde{n}}{dt} = \hbar\omega_R \cdot \tilde{n} \cdot g(\omega_R) \cdot B_{12}\sigma - \tilde{n} \cdot \bar{\alpha}(\omega_R)$$

bzw. für die Energiedichte, wenn man statt B_{12} den Zusammenhang mit $A_{12} = 1/\tau$ schreibt (s. Gl.(15.1))

$$\frac{du_R}{dt} = \frac{\pi^2 c^3}{\omega_R^2 \tau} g(\omega_R)\sigma \cdot u_R - \bar{\alpha}(\omega_R) \cdot u_R$$

Die Änderung der Energiedichte längs der Laserkoordinate z ($dz = c \cdot dt$ mit der Lichtgeschwindigkeit c innerhalb des Lasermaterials) ergibt

$$\begin{aligned}
\frac{du_R}{dz} &= \left(\frac{\pi^2 c^2}{\omega_R^2 \tau} g(\omega_R)\sigma - \frac{\bar{\alpha}(\omega_R)}{c} \right) u_R \\
&= (\gamma(\omega_R) - \alpha(\omega_R)) \cdot u_R
\end{aligned}$$

wobei die Größe $\gamma(\omega_R) = \dfrac{\pi^2 c^2}{\tau \omega_R^2} g(\omega_R)\sigma$ **Signalverstärkung** heißt und die Lichtverstärkung pro Längeneinheit angibt und $\alpha = \bar{\alpha}/c$ die Verlustwahrscheinlichkeit pro Längeneinheit ist.

Die Energiedichte ist proportional zur Intensität $I(\omega_R)$ der elektromagnetischen Welle. Anstelle der Differentialgleichung für $u(\omega_R)$ können wir die entsprechende für $I(\omega_R)$ anschreiben und über z integrieren

$$I(\omega_R, z) = I(\omega_R, 0) \cdot \exp[(\gamma(\omega_R) - \alpha(\omega_R))z].$$

Die Intensität der elektromagnetischen Welle wächst also exponentiell mit der z–Koordinate, vorausgesetzt es existiert eine Besetzungsinversion und die Verluste sind klein genug.

Bei der Realisierung eines Lasers kann man getrennt davon die Reflexionsverluste der beiden Spiegel des Resonators, die auch zur Auskopplung des Strahls genutzt werden, durch Reflexionskoeffizienten R_1 und R_2 ($R = 1$ bedeutet totale Reflexion, $R = 0$ heißt totale Transmission) berücksichtigen. Somit lautet obige Gleichung

$$I(\omega_R, z) = I(\omega_R, 0) \cdot R_1 R_2 \cdot \exp[(\gamma(\omega_R) - \alpha(\omega_R))z].$$

Die Oszillation des Lasers setzt ein, wenn im Lichtstrahl bei einmaligem Hin– und Herlauf zwischen den Spiegeln mit Abstand L alle Verluste durch die Lichtverstärkung mindestens kompensiert werden, d.h. wenn

$$I(\omega_R, 2L) = I(\omega_R, 0).$$

Diese Bedingung liefert die Signalverstärkung für $z = 2L$ (Schwellenverstärkung)

$$\gamma_S(\omega_R) = \alpha(\omega_R) - \frac{1}{2L}\ln(R_1 R_2).$$

Die Größe $\gamma_S(\omega_R)$ bedeutet also die notwendige Mindestlichtverstärkung zur Kompensierung aller Verluste.

Mit der obigen Gleichung für $\gamma(\omega_R)$ erhält man

$$(15.3) \qquad \boxed{\sigma_S = \frac{\tau \omega_R^2}{\pi^2 c^2 g(\omega_R)}\left(\alpha(\omega_R) - \frac{1}{2L}\ln(R_1 R_2)\right),}$$

also einen Zusammenhang zwischen der mindestens notwendigen Besetzungsinversion σ_S an der Schwelle zur Oszillation, den Eigenschaften des Lasermediums und des Resonators. Man nennt diese Gleichung **die Schwellenbedingung für die Laseroszillation**.

Aufgaben

Aufgabe 153: *Wie lautet die Beziehung zwischen den Einstein–Koeffizienten bei induzierter Absorption und induzierter Emission in einem Zweiniveau–System, B_{12} und B_{21} (s. Abschn. 5.2.3), wenn die beiden Niveaus entartet sind?*

Lösung: Im nichtentarteten Fall ist $B_{21} = B_{12}$ (Abschn. 5.2.2). Im entarteten Fall ist zunächst zu beachten, daß die Entartungsgrade g_1 und g_2 zu den Niveaus der Energien E_1 und E_2 bereits in die Besetzungszahlen eingehen. Somit muß Gl.(2.32) für das Verhältnis der Besetzungszahlen nach der Boltzmann–Verteilung abgeändert werden zu

$$\frac{N_2/g_2}{N_1/g_1} = \exp\left(-\frac{E_2 - E_1}{kT}\right) = \exp\left(-\frac{\hbar\omega}{kT}\right).$$

Gl.(5.61) für die Gleichgewichtsbedingung der Besetzungszahlen im thermodynamischen Gleichgewicht lautet dann, umgeformt für das Zweiniveau–System ($j = 1, n = 2$) unter Verwendung des Planckschen Strahlungsgesetzes Gl.(1.4) für die Energiedichte $u(\omega)$

$$N_2 A_{12} = N_2 \frac{\hbar\omega^3}{\pi^2 c^3} \frac{1}{\exp(\hbar\omega/kT) - 1} \left(\frac{g_1}{g_2} B_{21} \exp(\hbar\omega/kT) - B_{12}\right).$$

Da diese Beziehung für jede Temperatur T gültig sein muß, so muß sich die Temperatur aus dieser Gleichung herausheben. Das bedeutet

$$\boxed{g_1 B_{21} = g_2 B_{12}},$$

wobei B_{21} die Übergangswahrscheinlichkeit für induzierte Absorption ($1 \to 2$) und B_{12} diejenige für induzierte Emission ($2 \to 1$) angibt. Gl.(5.63) für die Übergangswahrscheinlichkeit der spontanen Emission ändert sich dadurch nicht. Ebenso wenig ändert sich das Verhältnis der Wahrscheinlichkeiten für induzierte und spontane Emission (s. Aufgabe 154).

Aufgabe 154: *Zeigen Sie, wie sich das Verhältnis von induzierter zu spontaner Emission mit der Laserfrequenz verändert.*

Lösung: Wir untersuchen das Verhältnis der Wahrscheinlichkeiten des Auftretens von induzierter zu spontaner Emission $W^{ind}_{j,n}/W^{sp}_{j,n}$ für den Übergang $n \to j$. Für das nichtentartete Zweiniveau–System mit $B_{jn} = B_{nj}$ erhält man aus Gl. (5.61) und der Beziehung $N_1 = N_2 \cdot \exp(\hbar\omega/kT)$ folgendes Verhältnis

$$V = \frac{W^{ind}_{j,n}}{W^{sp}_{j,n}} = \frac{B_{j,n} u(\omega)}{A_{j,n}} = \frac{1}{\exp(\hbar\omega/kT) - 1}.$$

Wir betrachten zwei Grenzfälle, den niederfrequenten mit $\hbar\omega \ll kT$ und den hochfrequenten mit $\hbar\omega \gg kT$ (für $\hbar\omega = kT$ ist bei Zimmertemperatur die Wellenlänge $\lambda = 5 \cdot 10^4 nm$).

a) niederfrequenter Grenzfall

Wir entwickeln die e-Potenz; $V \approx \dfrac{1}{1 + \hbar\omega/(kT) - 1} = \dfrac{kT}{\hbar\omega} \gg 1$. Das heißt, die spontane Emission spielt in diesem Bereich keine Rolle.

b) hochfrequenter Grenzfall

$V \approx \exp(-\frac{\hbar\omega}{kT}) \ll 1$. In diesem Bereich ist die Wahrscheinlichkeit der spontanen Emission viel größer als die der induzierten Emission. Dies ist ein Grund, der den Bau eines Röntgenlasers so schwierig macht.

Aufgabe 155: *Zeigen Sie, daß man eine Lichtverstärkung im Zweiniveau–System nur erreichen kann, wenn eine Besetzungsinversion vorhanden ist.*

Lösung: Wir betrachten die Photonenrate des Strahlungsfeldes im Zweiniveau–System

$$\frac{dn_{Ph}}{dt} = N_2 A_{12} + u(\omega) B_{12}\left(N_2 - \frac{g_2}{g_1} N_1\right),$$

beziehen alle Anzahlen auf die Volumeneinheit und setzen für die Energiedichte $u(\omega) = n^{(0)} \cdot \hbar\omega$ ein

$$\frac{dn^{(0)}}{dt} = N_2 A_{12} + n^{(0)}\hbar\omega B_{12}\left(N_2 - \frac{g_2}{g_1} N_1\right),$$

Die Lösung dieser Differentialgleichung als Funktion der Zeit ergibt [6]

$$n^{(0)}(t) = \frac{N_2 A_{12}}{\hbar\omega \cdot B_{12}(N_2 - \frac{g_2}{g_1} N_1)} \left[\exp\left(\hbar\omega B_{12}(N_2 - \frac{g_2}{g_1} N_1)t \right) - 1 \right].$$

Falls die Besetzungsinversion $\sigma = N_2 - \frac{g_2}{g_1} N_1 < 0$ ist, so wird für große Zeiten $n^{(0)}(t \to \infty) = konst$ (N_1, N_2 werden zeitlich als konstant angenommen). Es kommt zu keiner Lichtverstärkung. Nur für $\sigma > 0$ gilt $n^{(0)}(t \to \infty) \to \infty$. Eine Lichtverstärkung kann also erst bei Besetzungsinversion zustande kommen.

Aufgabe 156: *Schätzen Sie die Lichtverstärkung (Signalverstärkung) pro cm Länge eines Rubinlasers ($\lambda = 694.3 nm$) ab bei Verwendung einer Blitzlampe als Pumpquelle. Die Besetzungsinversion sei dabei gegeben zu $\sigma = 5 \cdot 10^{23} m^{-3}$. Die Doppler-Verbreiterung bei $300K$ beträgt $\Gamma_D = 1.3 \cdot 10^{12} Hz$. Die Lichtgeschwindigkeit in Rubin ist $c' = 0.56c$.*

Lösung: Man verwendet obige Definitionsgleichung für die Lichtverstärkung $\gamma(\omega_R)$. Die Lebensdauer τ für den spontanen Zerfall aus dem Laserniveau beträgt $\tau = 3ms$ (s. Abschn. 6.7.2). Für die durch $\int g(\omega)d\omega = 1$ definierte Profilfunktion der Spektrallinie

---

[6] $\frac{du}{dt} = A + Bu(t)$ ergibt mit $f(t) = u(t) + A/B$ die Differentialgleichung $\frac{df}{dt} = Bf$ mit der Lösung $f(t) = K \cdot \exp(Bt)$ bzw. $u(t) = K \cdot \exp(Bt) - A/B$. Mit der Anfangsbedingung $u(t = 0) = 0$ erhält man $u(t) = \frac{A}{B}(\exp(Bt) - 1)$.

genügt die Abschätzung $g(\omega_R) \approx 1/\Delta\omega \approx 1/\Gamma$. Hiermit ergibt sich $\gamma(\omega_R) \approx 0,05 cm^{-1}$. Die Lichtverstärkung beträgt also 5% pro cm Laserlänge.

Aufgabe 157: *Berechnen Sie die Schwellenverstärkung γ_S sowie die minimal notwendige Besetzungsinversion σ_S für einen He–Ne–Laser von 0.1m Länge bei Zimmertemperatur ($T = 300K$) mit dem Laserübergang $\lambda = 632.8nm$. Die mittlere Lebensdauer für spontanen Zerfall beträgt für das entsprechende Laserniveau $\tau = 10^{-7}s$. Die Reflexionskoeffizienten der beiden Spiegel betragen 98 %. Sonstige Verluste $\alpha(\omega_R)$ sind vernachlässigbar.*

Lösung: Nach der Definition für γ_S ergibt sich bei verlustfreiem Betrieb $\gamma_S = 0.2m^{-1}$, d.h. eine Mindestsignalverstärkung von 20 % über die ganze Länge des Lasers. Wie in der Aufgabe 156 kann man $g(\omega_R) \approx 1/\Gamma$ abschätzen. Nach Gl.(6.71) ergibt sich $\Gamma = 8.2 \cdot 10^9 Hz$, rechnet man in gasförmigen Medium mit $c' = c$. Nach Gl.(15.3) ergibt sich eine Mindestbesetzungsinversion σ_S von $1.6 \cdot 10^{15} m^{-3}$.

Aufgabe 158: *Mit Hilfe frequenzabstimmbarer Laser lassen sich Atome in hohe Anregungszustände bringen, sog. Rydberg–Atome werden erzeugt.*
a) Welche Wellenlänge muß der Laser haben, um ein H–Atom in den Zustand mit $n = 25$ anzuregen?
b) Wie groß ist das entstandene Rydberg–Atom ($< r >$)?
c) Wie genau muß die Wellenlänge des Lasers mindestens sein, damit nicht auch benachbarte Zustände angeregt werden?
d) Sehen Sie eine Möglichkeit, Rydberg–Atome experimentell nachzuweisen?

Lösung: Da das Niveau nur ganz knapp unterhalb der Ionisierungsgrenze liegt, muß man auf die Genauigkeit der Energie–Zahlenwerte achten.

a) Die Energie E_n des Zustandes n beträgt nach Gl. (5.13) $E_n = -E_0/n^2$, wobei $E_0 = 13.59844eV$ (vgl. Fig. 5.47) die Ionisierungsenergie des H–Atoms ist, wenn man alle bekannten Effekte (Feinstruktur, Lamb–Verschiebung, Hyperfeinstruktur) berücksichtigt. Dies ergibt die notwendige Anregungsenergie $E_a = E_0(1-1/n^2) = 13.57668eV$, was einer Wellenlänge von $\lambda = hc/E_a = 91.321nm$ entspricht.

b) Nach Gl. (5.18) ist $< r > = (3n^2 - l(l + 1))a_0/2$. Dies ergibt Radien zwischen $< r >_{l=24} = 0.3 \cdot 10^{-7}m$ und $< r >_{l=0} = 0.5 \cdot 10^{-7}m$. Noch höher angeregte Rydberg–Atome können die Größe von einfachen Bakterien erreichen.

c) Nach Abschn. 2.5.3 ist der Frequenzabstand zweier benachbarter ($\Delta n = 1$) hoch angeregter Niveaus $\Delta\nu = 2E_0/(hn^3)$. Der relative Wellenlängenunterschied ist daher $\Delta\lambda/\lambda = \Delta\nu/\nu = 2/n^3$, was für $n = 25$ und für die in a) berechneten Wellenlänge $\Delta\lambda = 0.012nm$ ergibt. Diese Trennschärfe läßt sich mit Lasern leicht erreichen.

In der Praxis verwendet man nicht H–Atome, sondern die Alkaliatome Li, Na, K, Rb, Cs. In hochangeregten Zuständen kann man die geringfügige Überlappung des äußeren Elektrons mit dem restlichen Rumpf außer Acht lassen, sodaß man das Alkali–Rydberg–

Atom wie ein hochangeregtes H–Atom behandeln kann. Alkali–Atome haben den Vorteil leichter Erzeugung und guter Nachweisbarkeit in gasförmigem Zustand. Darüber hinaus liegen ihre Absorptionslinien bei günstigen Absorptionsquerschnitten in für abstimmbare Farbstofflaser passenden Spektralbereichen. Häufig erfolgt die Anregung in Stufen in einem Atomstrahl (um Stöße zu vermeiden) mit Hilfe von 3 Laserstrahlen hoher Intensität quer zum Atomstrahl, wobei die ersten beiden Laserpulse einen Zwischenzustand erzeugen (z.B. $n = 3$) und der dritte, über einen breiten Frequenzbereich variable Laserpuls die Atome in den gewünschten Rydberg–Zustand anhebt.

d) Die mittlere Lebensdauer τ von Rydberg–Atomen ist extrem lang verglichen mit der Zeitdauer ihrer Erzeugung (Laserpulse ca. $5 \cdot 10^{-9} s$). Das läßt sich leicht einsehen. Die Zerfallswahrscheinlichkeit pro Zeiteinheit $A = 1/\tau$ ist nach Gl.(5.63) $A \sim \omega^3 r_{ij}^2$, wobei das Quadrat des Matrixelements nach Gl. (5.18) zu $r_{ij}^2 \cong \; < r^2 > \sim n^4$ abgeschätzt werden kann und für Kaskadenzerfälle bei hohen n–Werten $\omega \sim 1/n^3$ ist (s. oben). Das liefert die Abhängigkeit $A \sim 1/n^5$, was z.B. für $n = 25 \rightarrow n = 24$ die mittlere Lebensdauer von ca. $900 \mu s$ liefert. Bei größeren Sprüngen $n \rightarrow n'$ ist zwar ω viel größer, die Abhängigkeit lautet dann $A \sim 1/n^3$, was für $n = 25$ immerhin noch $\tau \approx 10 \mu s$ liefert. Übliche Dipolzerfälle z.B. im optischen Bereich haben hingegen $\tau \approx 10^{-9}$ bis $10^{-8} s$.

Wegen der relativ langen Lebensdauer erfolgt der experimentelle Nachweis von Rydberg–Atomen daher nicht über die Registrierung der spontanen Emission, sondern über die Messung des hoch angeregten Elektrons, das infolge seiner nur noch schwachen Bindung mit Hilfe von Feldemission leicht vom Atom abgetrennt werden kann; z.B. reichen bei $n = 60$ bereits Felder von einigen $10^4 V/m$ aus, erzeugt durch einen Spannungspuls an planparallelen Platten, die in den Atomstrahl gestellt werden. Diese Methode ist sehr empfindlich und spricht schon bei ganz wenigen erzeugten Rydberg–Atomen im Laserpuls an.

Rydberg–Atome wurden erstmals Mitte der 60er Jahre im interstellaren Raum mit Hilfe radioastronomischer Methoden an H–Atom–Übergängen bei $n = 100$ nachgewiesen. Rekombinationsprozesse von Protonen und Elektronen führen zu hochangeregten Zuständen mit Kaskadenübergängen, deren im Mikrowellenbereich ausgesandte Strahlung mit Radioteleskopen gemessen werden kann. Man beobachtet im Weltraum solche Zustände bis $n = 350$.

Rydberg–Atome in äußeren elektrischen und magnetischen Feldern sind besonders interessante Studienobjekte. Wegen der hochgradigen Entartung ihrer Zustände liefern sie eine lineare, große und daher gut beobachtbare Stark–Verschiebung in elektrischen Feldern. Im äußeren Magnetfeld kann die Wechselwirkung der Elektronenbahn mit dem Magnetfeld so groß werden, daß demgegenüber die Wechselwirkung des Coulomb–Feldes zwischen Elektronen und Kern (Restrumpf) als Störung betrachtet werden kann. Das führt zu anderen Energieverschiebungen als wir sie in Abschn. 5.3 besprochen haben (es sind Energieaufspaltungen infolge des quadratischen Zeeman–Effekts).

Aufgabe 159: *Die Atomstrahlkühlung ist eine wichtige Methode, z.B. um die Voraus-*

setzung für das Einfangen neutraler Atome in Atomfallen zu schaffen. Sie gelingt durch optisches Pumpen mit Hilfe eines abgestimmten Laserstrahls, wie weiter unten erläutert wird. Untersuchen Sie hierzufolgendes Problem an einem Na–Atomstrahl.

a) Skizzieren Sie die HFS–Energieniveaus für den Grundzustand 3S und die angeregten Zustände 3P des Na–Atoms (s. Fig. 6.11). Der Spin des Na–Atomkerns ist $I = 3/2$.

b) Geben Sie jeweils für die Fälle mit dem größten Gesamtdrehimpuls F in a) die Energieaufspaltungen der Niveaus in einem äußeren schwachen Magntfeld an (Quantenzahl M_F). Was geschieht, wenn mit rechtszirkular polarisierten Laserlicht σ^+ Übergänge zwischen den Zeeman–HFS–Niveaus induziert werden ?

Lösung: a) Gem. Fig. 6.11 ergibt sich folgendes HFS–Termschema (s. W. Ertmer, Physikalische Blätter 43 (1987) 385)

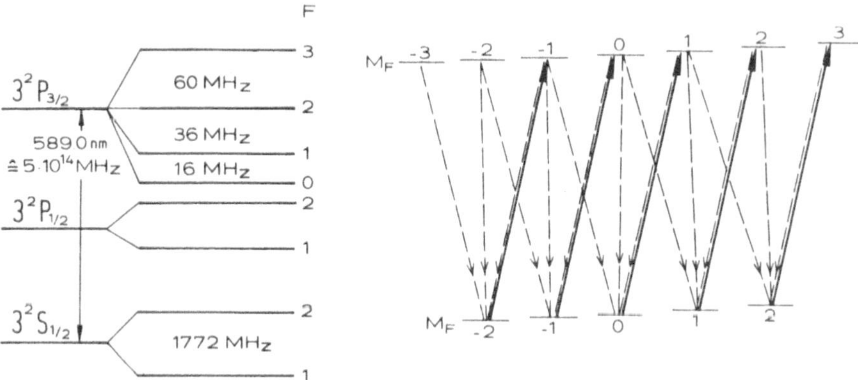

Die Drehimpulse der Hülle sind $J = 1/2$ im Grundzustand und $J = 1/2, 3/2$ in den angeregten Zuständen. Der Gesamtdrehimpuls F ergibt sich gem. Gl. (5.176) aus der Kopplung zwischen dem Hüllendrehimpuls J und dem Kernspin I zu $F = 1, 2$ in den Zuständen $3S_{1/2}, 3P_{1/2}$ und zu $F = 0, 1, 2, 3$ im Zustand $3P_{3/2}$, wie sie an den Termen entsprechend angegeben sind. Als Maß für die Größe der HFS–Aufspaltungen sind einige Frequenzabstände eingetragen. Die rechte Figur zeigt die Zeeman–Unterzustände $-M_F \leq F \leq M_F$ für $F = 3$ im $3^2P_{3/2}$-Niveau und für $F = 2$ im $3^2S_{1/2}$-Niveau. Die spontanen Übergänge in diesem Schema (gestrichelt) sind durch die Auswahlregeln $\Delta F = 0, \pm1$ und $\Delta M_F = 0, \pm1$ festgelegt. Strahlt man rechtszirkular polarisiertes Licht σ^+ für die Induzierung des Übergangs $3^2S_{1/2}(F = 2) \rightarrow 3^2P_{3/2}(F = 3)$ ein — für σ^+-Licht ist nach Abschn. 5.2.1 $\Delta M_F = +1$ —, so sieht man aus der Folge der Zerfalls- und Pumpübergänge, daß nach kurzer Zeit praktisch nur noch der Zustand $F = 3, M_F = +3$ besetzt ist. Wegen der Auswahlregeln ist von hier aus ein elektrischer Dipolübergang in den Grundzustand $3^2S_{1/2}(F = 1)$ nicht mehr möglich.

Diesen Mechanismus macht man sich zur Atomstrahlkühlung zu Nutze, d.h. zur Beschränkung der längs des Strahls vorherrschenden, mehr oder weniger breiten Geschwindigkeitsverteilung auf einen möglichst kleinen Geschwindigkeitsbereich. Die meisten Experimente hierzu sind mit Na–Atomstrahlen unter der Einstrahlung der D_2–Linie $3^2S_{1/2} \to 3^2P_{3/2}$ durchgeführt worden. Es werden aber auch Atomstrahlen mit anderen Alkaliatomen verwendet; selbst Ca– und Mg–Atome eignen sich dafür.

Betrachten wir einen Na–Atomstrahl und schicken wir diesem gegen seine Strahlrichtung einen Laserstrahl entgegen mit Quanten der leicht rotverschobenen Na–D_2–Linie. Wegen des Doppler–Effekts kommt es im Atomstrahl zur Anregung von Na–Atomen ganz bestimmter Geschwindigkeiten, abhängig von der Größe der Rotverschiebung. Der durch das Laserphoton übertragene Impuls bewirkt eine Abbremsung der getroffenen Na–Atome. Die nachfolgende spontane Emission eines Quants aus dem angeregten Zustand hat zwar nochmals einen Rückstoß jedes Atoms zur Folge; da aber diese Emission isotrop, d.h. jeweils in eine beliebige Richtung erfolgt, gibt es über viele solche Prozesse gemittelt keine weitere Geschwindigkeitsänderungen der Atome. Für eine merkliche Abbremsung benötigt man etwa 20.000 Photonenstöße pro Atom. Von einer Kühlung des Strahls kann man insofern sprechen, als die betreffenden Atome insgesamt mehr Photonenenergie abgestrahlt als aufgenommen haben. Das Defizit wird der kinetischen Energie der Atome entnommen, was effektiv einer Temperatursenkung entspricht.

Mit diesem Effekt erfaßt man allerdings nur Atome mit bestimmter Anfangsgeschwindigkeit. Um die Atome aber über die ganze Geschwindigkeitsverteilung abzubremsen, leitet man den Atomstrahl längs der Achse eines koaxialen, in der Feldstärke abnehmenden B–Feldes und schickt ihm Laserlicht fest abgestimmter Frequenz entgegen (W.D.Phillips and H.Metcalf, Phys. Rev. Lett. 48 (1982) 596).

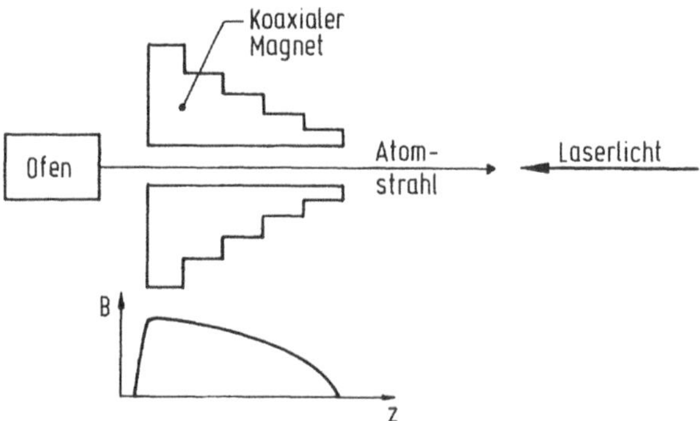

Das hat folgende Wirkung. Mit dem Eintritt in das B–Feld erfahren alle Terme entsprechend dem Aufgabenteil a) eine Zeeman–Aufspaltung, wobei sich die Energieabstände mit zunehmender Strahlkoordinate vermindern. Der auf eine bestimmte Frequenz abgestimmte Laserstrahl kann somit zu jeder Stelle z durch die Doppler–Verschiebung Atome mit einer anderen Geschwindigkeit abbremsen. Somit sind die Voraussetzungen für die Kühlung des gesamten Strahls geschaffen.

Die Methode würde für alle Atome aber nur dann funktionieren, wenn wirklich ein reines Zweiniveau–System, also nur zwei Energiezustände im betrachteten Spektralbereich vorhanden wären. Das ist aber beim Na–Atom nicht der Fall (s. Figur zu a)), die offensichtlich eng aneinander liegenden HFS–Zustände bilden ein Multi-

Niveausystem. Wenn die Laserfrequenz z.B. auf die Frequenz des Übergangs $3^2 S_{1/2}(F = 2) \to 3^2 P_{3/2}(F = 3)$ abgestimmt wird, so wird zu etwa 1% auch der $3^2 P_{3/2}(F = 2)$ Zustand angeregt. Dieser zerfällt aber zu 50% spontan in den Grundzustand $3^2 S_{1/2}(F = 1)$ und ist somit für die Strahlkühlung verloren, weil eine Anregung aus dem Grundzustand mit der Frequenzabstimmung des Lasers nicht resonant ist und daher auch nicht mehr erfolgt. Diese Situation verbessert sich sofort, wenn man rechtszirkular polarisiertes Laserlicht verwendet. Dann spielt sich der zu Anfang beschriebene Pumpmechanismus in den $3^2 P_{3/2}(F = 3, M_F = +3)$–Zustand ab, von dem aus ein Übergang in den nichtresonanten Grundzustand infolge der Auswahlregeln verboten ist, und der Kühlmechanismus kann mit hoher Effizienz erfolgen.

Die Verwendung Laser–gekühlter Atome ist vielfältig. Einen deutlichen Schwerpunkt bildet das eingangs erwähnte Füllen von Atomfallen. Sie entsprechen den in Abschn. 5.4 geschilderten Elektronenfallen (Penning–Käfig) mit dem Unterschied, daß im vorliegenden Fall elektrisch neutrale Atome auf einen kleinen Raumbereich gefangen werden sollen. Auf die verschiedenen hierfür entwickelten Methoden soll hier nicht näher eingegangen werden.

15.3 Der Freie–Elektronen–Laser (FEL)

Der Freie–Elektronen–Laser ist eine neuartige Quelle elektromagnetischer Strahlung, die sich durch hohe Kohärenz und ungewöhnlich hoher Leistungsdichte auszeichnet. Die Entwicklung des FEL steht im Zusammenhang mit der Entwicklung von Elektronenbeschleunigern und beruht auf folgendem Prinzip.

Bekanntlich emittiert ein schwingender elektrischer Dipol elektromagnetische Strahlung. Steht eine zusätzlich vorhandene elektromagnetische Welle passender Frequenz mit dem Dipol in Wechselwirkung und hat seinen Feldvektor in Dipolrichtung ausgerichtet, so kann je nach Phasendifferenz zwischen Welle und Dipol die Welle verstärkt oder geschwächt werden. Bei einer Dipolbewegung entgegen bzw. in Feldrichtung wird das Feld der Welle geschwächt bzw. verstärkt. Das entspricht dem Vorgang einer induzierten Absorption bzw. Emission (s. Abschn. 6.7). Der Vorschlag, diesen Effekt für eine hochintensive Lichtquelle zu nutzen, stammte von John Madey von der Universität Stanford (1971) und war der Beginn der Entwicklung des FEL. Wir haben den FEL in Abschn. 8.1.1 kurz aufgeführt und wollen seinen Mechanismus nachfolgend beschreiben.

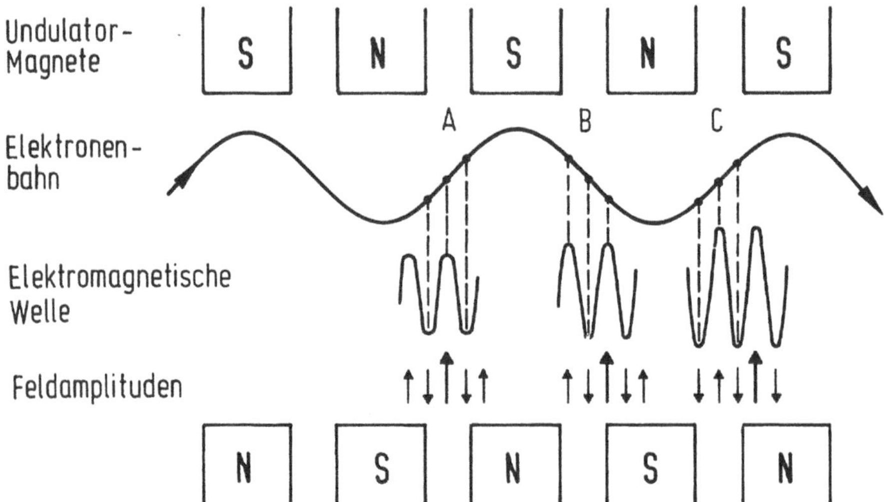

Elektronen eines Beschleunigers werden durch einen Undulator geschickt (s. Abschn. 8.1.1, Fig. 8.9 (b)) und emittieren infolge ihrer Schlingerbahn hauptsächlich in Vorwärtsrichtung elektromagnetische Strahlung, die ihrerseits bei passender Frequenz in der oben beschriebenen Weise wiederum mit den Elektronen in Wechselwirkung tritt und je nach Elektronenenergie bis in den Röntgenbereich reichen kann. In obiger Figur ist schematisch in einer Ebene die Schlingerbahn der Elektronen im Undulator, und getrennt darunter das elektrische Feld der Welle skizziert. Wir greifen drei Elektronen heraus, die sich in Punkt A nach oben bewegen. Der elektrische Feldvektor ist für den Ort des mittleren Elektrons ebenfalls nach oben gerichtet mit der Folge, daß das Feld durch die Bewegung des Elektrons verstärkt wird, das Elektron also entsprechend viel Energie verliert und gebremst wird. Für die beiden benachbarten Elektronen ist das Feld nach unten gerichtet, wird also geschwächt, und die Elektronen werden beschleunigt. Das Feld bewegt sich etwas schneller als die Elektronen, was durch die Phasenlage des dicken Pfeils der Feldamplitude angedeutet werden soll. Die Elektronen erfahren also längs ihrer Bahn eine Relativbewegung zueinander, die sich bei passender Frequenz der Welle bei weiteren Phasenlagen der Elektronen wiederholt und zu einer lawinenartigen longitudinalen Dichtemodulation im Elektronenstrahl führt. Im Gleichschritt dazu wächst die Anzahl der Photonen in der Welle lawinenartig an. Am Ausgang des Undulators ist die Leistungsdichte des Photonenstrahls um viele Größenordnungen höher als bei gewöhnlicher Abstrahlung des Undulators. Da die erzeugte Strahlung kohärent ist und durch induzierte Emission an freien Elektronen entsteht, nennt man eine solche Anordnung mit speziell dafür eingestellten Parametern einen Freie–Elektronen–Laser. Es existieren bereits FEL, die eine Strahlung bis in den UV–Bereich hinein erzeugen (der neueste Wert bei DESY beträgt $\lambda = 109nm$; s. J. Andruszkow et al, PRL 85 (2000) 3825). Ein FEL bis in den weichen Röntgenbereich ist bei DESY in Entwicklung.